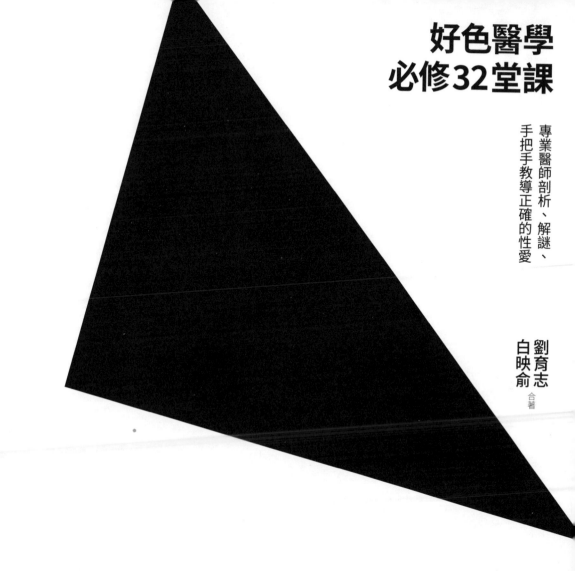

好色醫學
必修32堂課

專業醫師剖析、解謎、
手把手教導正確的性愛

劉育志
白映俞 合著

貓頭鷹

好色醫學必修32堂課
專業醫師剖析、解謎、手把手教導正確的性愛

一

劉育志、白映俞 合著

華文界金賽夫婦亦莊亦諧、旁徵博引的性學寶典。

　　　　　　　　　　　　　── 吳佳璇（醫師作家）

　　本書作者以大膽而健康的態度，帶領大家來面對「好色」的醫學話題。所以，也請大家以健康的心態，面對這本「好色」的醫學。　　　　　　── 施景中（臺大醫院婦產部主治醫師）

　　兩位醫師以幽默的陳述力、篩選專業知識，從歷史、醫學、文學、科學、心理學面面俱到，處心積慮要你掩卷嘆息！性竟是這麼精力盎然、高潮起伏啊。

　　　　　　　　　　── 許佑生（知名作家、性學博士）

　　這是我歷年來翻閱的第一本性書，從第一個字讀到了最後一個字！有輕鬆笑也有專注動腦的皺眉時刻，是買了你會想保存、反覆閱讀的專書，認真誠懇地回答了對性的疑問。我特別喜歡「性學小站」專欄，趣味橫生。跟著作者兩夫妻表達、懂

得彼此，卻又不拆穿，可以學習兩性相處的最高境界。祝福各位讀者在獲得此書後，功力大增並更加聰明。我要來去練將軍椅（Captain's Chair）了！　　── 陳羿茨（新時代性教育專家）

本書旁徵博引，從醫學到文化，精準破解許多令人困擾的性愛疑惑。在此推薦給所有對性愛感興趣的讀者，無論你是因為好奇或是想尋求解答，這本書都能讓你輕鬆閱讀、收穫滿滿。

── 曾寶瑩（心理學博士）

兩位可愛又有才氣的作家，合體創作，為大眾揭開性的神祕面紗，是難得的性教育參考書。如何琴瑟和鳴登峰造極？讓我們繼續看下去！　　── 蔡秀男（高雄市立民生醫院泌尿科主任）

光是目次的各個主題就頗具震撼力，更別說吸引人想一睹為快！而且一讀就停不下來！因其內容旁徵博引教會讀者許多課本沒教的「知識」，更釐清大夥兒原本誤會的「常識」。

── 饒夢霞（成大教研所副教授）

〔作者序〕
課本沒教的、大家誤會的，真正重要的「性」事

　　我們成長於一個幾乎可說是「零」性教育的環境，課本只有薄薄的幾頁，上課還可以全部略過。經過了二十多年，狀況似乎仍然沒有改善。

　　學校教育一直以來都把國、英、數、理視為「人生大事」，強迫孩子們花費成千上萬個小時反覆練習背誦強記，卻對於性教育置若罔顧；諷刺的是，在他們長大之後，會在很短的時間內將曾經學過的國、英、數、理忘得一乾二淨，但懷孕、育兒、性生活將會是大多數人延續數十年的課題。當我們強求學生記下「節肢動物門」的成員們各有幾個分節又有幾隻腳時，為何不讓他們先搞懂哺乳類動物也就是我們自己身上的每一個器官？教育的目的究竟是為了讓下一代活得更好，抑或只是為了考試？

　　無需道貌岸然故作姿態地否認，性本來才是真正的「人生大事」。打從自然界發展出有性生殖以來，這場活力充沛的生命之舞已經延續了好幾億年。遠古時代的性非常自然，不過在人類穿

上衣服之後，性就漸漸演化出另一種樣貌，而雌性與雄性間的博弈也變得更加多姿多采。

或許有人會認為性事不需要教，像小狗小貓一樣，生下來長大了自然就會了。這樣的想法可就把「性教育」給瞧小了，性教育的內容又不是只有做愛。「做愛」這個行為勉強還能算是「與生俱來」的本能，但是避孕、性病防治、墮胎可都不是本能，不教、不學是絕對搞不懂的。

大部分的人對於性的認識都只來自於以訛傳訛的道聽塗說，很多人的性觀念更是被成人電影裡荒謬不堪的劇情所建構出來的，搞到後來，連大人自個兒都搞不清楚哪些是虛構的、誇大的，哪些才是真實的性。

搞懂「性」不代表就會放蕩淫亂；對性避而不談，大人們也不會因此變得比較高尚，少男少女們更不會變得比較清純。若沒有正確的認知，在性慾這個無比強大的驅動力下蒙起頭來不明就裡地胡搞瞎搞，那衍生出來的問題才是無窮無盡的可怕啊。直到今天仍有太多年輕人以為自慰會生病折壽，或是只在體外射精就不會懷孕，殊不知這些個延續了幾千年的想法完全是大錯特錯。時代進步了，為何我們還讓年輕人停留在這類陳舊迂腐錯誤的性教育呢？若是老師、家長感覺難以啟齒、開不了口，那至少也該提供給孩子正確的書籍，讓他們獲得必要的知識，別讓他們在網路上胡亂搜尋，愈看愈糟。

這本書從 G 點、自慰談起，從五千年前聊到二十一世紀，許多精采的有趣的故事盡在其中，讓大家能從輕鬆的觀點來看待這個人生大事。有時候我們經由世界各地的文字、典籍，循著先民的思路推敲理解他們對於性事的看法，有時候我們在現代期刊中探索關於性事的種種疑問，嘗試用科學方法找到答案。「性」是生命存在的重要目的，愈是深入愈覺得這檔事實在博大精深且妙趣橫生。融合歷史、醫學與科學的性學專書，能替您解開許多誤解及困惑，破除以訛傳訛的謬論。

　　課本沒教的、大家誤會的，真正重要的「性」事，就讓咱們把來龍去脈好好地說清楚、進入穿越古今談性說愛的繽紛旅程！

劉育志、白映俞

目　次

〔各界好評強推〕   5

〔作者序〕課本沒教的、大家誤會的、真正重要的「性」事   7

第一章　性味盎然快感解剖學

第 1 課　G 點傳說   16

第 2 課　一個人的性愛 —— 自慰   23

第 3 課　那話兒的尺寸愈大愈好？   44

〔性學小站〕鞋子愈大，陰莖愈大？   52

第 4 課　睡前維他命 —— 威而鋼   55

第 5 課　乳房愈大愈性感？   69

〔性學小站〕靠按摩保養攝護腺？   78

第 6 課　隆乳一百年   80

第 7 課　有潮吹才算性高潮？   92

〔性學小站〕高潮與否就差一點點   105

第 8 課　吞下春藥，慾火焚身？   107

〔性學小站〕喝酒吸毒可以助性？   120

第 9 課　　男人的包皮割不割？　　　　　　　　　　121

〔性學小站〕陰毛留不留？　　　　　　　　　　　128

第二章　　情慾相談室

第 10 課　　通往女人心的路，是陰道？　　　　　130

〔性學小站〕令人意亂情迷的費洛蒙　　　　　134

第 11 課　　腎虧損身，精盡人亡？　　　　　　　136

〔性學小站〕看 A 片會導致性功能障礙？　　　144

第 12 課　　吃鞭補鞭，睪丸可以回春？　　　　　145

〔性學小站〕精液大學問　　　　　　　　　　　155

第 13 課　　久久神功，性福久久？　　　　　　　157

〔性學小站〕陽痿戰爭　　　　　　　　　　　　162

第 14 課　　男人勃起，愈久愈好？　　　　　　　164

〔性學小站〕女上男下，當心陰莖骨折！　　　172

第 15 課　　男人也有更年期？　　　　　　　　　174

〔性學小站〕看小電影看到天長地久　　　　　180

第 16 課　　男人老了膀胱就無力？　　　　　　　183

〔性學小站〕坐馬桶染性病？　　　　　　　　　192

第 17 課　　維納斯的詛咒 —— 梅毒　　　　　　195

第 18 課　　世紀末的瘟疫 —— 愛滋病　　　　　211

第三章　當精子碰上卵子

第 19 課　不可或缺的小雨衣 —— 保險套　226

第 20 課　改變女人命運的小藥丸 —— 避孕藥　238

第 21 課　避孕與墮胎　252

第 22 課　孕與不孕的大學問　263

第 23 課　難道我懷孕了嗎？　279

〔性學小站〕讓人難分難解的陰鎖　290

第 24 課　男人可以懷孕嗎？　292

〔性學小站〕男人女人都煩惱　301

第四章　彩虹般的人間顏色

第 25 課　同性戀　304

第 26 課　變男變女變變變　317

第 27 課　山腳下的變性之都　327

第五章　性愛醫學史

第 28 課　充滿性愛的文字　336

〔性學小站〕熱鬧非凡又害羞無比的陰莖祭典　345

第 29 課　陽具、乳房相命術　348

〔性學小站〕床伴滿天下？ —— 有趣的「性伴侶計算機」361

第 30 課　按摩棒竟然也是醫療器材　363

〔性學小站〕 健身房裡的性高潮　　　　　　　375

第 31 課　月經是靈丹妙藥？　　　　　　　377

〔性學小站〕 陰毛趣話　　　　　　　　　386

第 32 課　引刀自宮，武林至尊？　　　　　388

〔性學小站〕 做愛可以減肥？　　　　　　398

注釋　　　　　　　　　　　　　　　　　399
索引　　　　　　　　　　　　　　　　　444

第一章

性味盎然快感解剖學

第 1 課

G 點傳說

是的，今天的主題是「G 點」。

在 Google 裡搜尋「G 點」會有一百八十四萬筆資料，如果用英文「G spot」來搜尋，那會有一千七百五十萬筆資料；相較之下，搜尋「相對論」會出現一百三十八萬筆資料，若用英文「Theory of relativity」僅會出現四百四十六萬筆資料。

毫無疑問的，G 點是個相當熱門的話題，甚至遠比宇宙的真理還要教人類著迷。如果硬要拗成「人體奧祕浩瀚如宇宙」，嗯……也是說得通啦！

究竟 G 點存不存在，是否為一個真確解剖構造的爭論從未停過。有時我們會看到新聞說，科學家宣稱：「G 點不存在。」但有時，又會有科學家宣稱：「找到 G 點了！」甚至，更多更多的飲食男女，在午夜夢迴之際也會仰天長嘯：「哇哈哈，我找到 G 點啦。」

G 點到底是個什麼樣的構造？是個按鈕，按下去就能像打開水龍頭、或啟動電動馬達一樣嗎？還是，G 點是一些腺體或導

管，會膨脹變大，能夠流出液體？

目前，G 點大多被描述為位於陰道前壁約 2.5 至 7.6 公分的範圍，是女性的性感帶。據稱 G 點受到直接刺激時，會引起女性性高潮及潮吹。

為什麼叫「G 點」？

G 點這個名稱是從哪兒來的呢？為什麼不是 X、Y，或 Z 點呢？

G 點這個名稱是在一九八一年時，由阿迪哥[1]等學者提出。他們在一個案例裡發現，刺激女性陰道內的某個部分，會引起女性極大的歡愉及高潮。

但是，他們沒有把這個發現當成自己的新主張，而是提到了距離當時三十年前由葛雷芬柏格（Ernst Gräfenberg）所發表的一篇論文。當時這個葛雷芬柏格醫師在論文裡曾提到，陰道的前壁有部分神經存在[2]，從此他被尊稱為開發此神祕地點的始祖。而這個部位也被稱為 Gräfenberg Spot，簡稱「G spot」，中文就是「G 點」。

我們稍微提一下葛雷芬柏格醫師，他是德國頗負盛名的婦產科醫師，「子宮內避孕器」也是由他發明，所以當時稱「子宮內避孕器」為「Gräfenberg ring」。因為他是猶太人，在納粹主政年代曾經被逮捕入獄，之後輾轉到美國定居行醫。發現傳說中 G

點的論文就是在美國時所完成，實際上這篇論文題目是「尿道在女性高潮裡的角色」，內容並沒有提供任何 G 點存在的證據，而是講到一些女性病人的自述，有患者表示若用物品塞入尿道會較有性快感。所以整篇論文從頭到尾只有蜻蜓點水地提到「陰道的前壁有部分的神經存在」，卻因此被後世稱為 G 點，意外開啟了 G 點的傳說。

將 G 點發揚光大

一九八一年提到 G 點的論文屬於個案報告，自然不足以引起話題。但一九八二年《G 點與其他近期人類性學發現》[3] 這本書的出版，成功地將 G 點的觀念發揚光大，無論是媒體、男人，或女人，幾乎都相信了 G 點的存在。在 G 點問世的三十多年後讓我們一起來瞧瞧，目前科學界對 G 點的研究。

一九八三年，有個研究請婦產科醫師按順時針方向依序觸診檢查十一名女性的陰道。[4] 發現有四名女性在接受陰道前壁的碰觸時，會有欣快感，似乎暗示著 G 點存在的可能性。然而接下來能佐證 G 點位置的論文，案例依然是非常非常地少，大概都是個位數，或十幾個、二十幾個病人的研究，實在很難令人信服。後來，學者們連古印度的性學書籍《kamaśastra》[5] 都搬出來了，據說，十一世紀、十三世紀和十六世紀都各有印度性學書籍，闡述許多 G 點和女性潮吹的觀點。

問題是，近代學者做了大體解剖，研究了組織、生理、病理，及神經等等各領域，還是沒有辦法確切地看到 G 點的存在。如果說，G 點只存在幻想裡，根本只是個充滿魅惑的誤會，一定會讓大家很失望。

　　女性可以在陰蒂受到刺激後引發高潮，這個大家應該都同意。但，G 點能引發高潮，許多人就不同意啦。有人說，上帝是公平的。既然男性只能由陰莖引發高潮，那女性應該也只能由一個器官——陰蒂——引發高潮，不該跑出一個莫名的 G 點來。

　　傳統的陰蒂組織在教科書上只會露出個小頭。二〇〇五年時學者利用核磁共振及過往的文獻研究[6]，重新探討陰蒂的組織構造，發現陰蒂組織可能有延伸至尿道及陰道的前壁。只要陰蒂的組織及神經延展的愈廣，女性就可以不只在直接刺激「看得到的」陰蒂小頭時引起高潮，還可以藉著刺激所謂的 G 點（也是陰蒂的延伸組織）而引起高潮。因此，大家開始朝著「G 點－陰蒂本一家」的觀念前進。

　　二〇〇八年時，義大利的科學家利用超音波檢查二十名女性的陰道[7]。接受檢查的二十名女性裡，有九位自述有陰道性高潮的經驗，有十一位沒有。義大利的科學家發現，有過陰道性高潮經驗的女性，超音波測量到的陰道尿道組織較厚；相反的，沒有陰道性高潮的女性其組織較薄。因此他們認為可以用超音波預測女性會不會有陰道性高潮。

二〇〇九年時，法國的團隊利用超音波檢查五個自願的女性受試者，在她們剛結束性愛後用超音波檢查其會陰的收縮。研究者認為，所謂的 G 點，應該是陰蒂富含神經的根部，因此在刺激後會引起快感，再度強調「G 點－陰蒂本一家」。

在 G 點的觀念快要變成歷史名詞時，有個波蘭學者於二〇一一年解剖了一具離死亡不久的八十三歲女性屍體。發現在陰道壁的第五第六層之間有個像葡萄般群聚的組織。他認為這算是女性的海綿體，如同男性陰莖海綿體般受到性刺激會硬起來，應該就是所謂的 G 點。此篇論文題目為「G 點的構造：一個全新發現」[8]，登在二〇一二年的《性學雜誌》期刊（*Journal of Sex Medicine*）。不過呢，因為他沒有提供組織學上的特性，無法證明這個組織含有神經成分，因而受到批評。大部分的人還是認為，沒有任何證據可以證明波蘭學者找到的這一團東西就是 G 點。

深植人心的 G 點

不過，無論科學界有沒有找到 G 點，在現實生活中，G 點的觀念已經深植人心。在 G 點的觀念推出不到十年後，針對美國及加拿大婦女做了份的匿名問卷調查[9、10]，在一千二百四十五個二十二歲到八十二歲的婦女裡，認為自己有 G 點的比率為 65%。也就是，至少有超過一半的女性，相信了 G 點的存在。

在二〇一〇年英國進行一份大規模的匿名問卷統計[11]，研究調查了一千八百零四個年齡於二十二歲至八十三歲的女性，以問卷的方式詢問這些女性是否認為自己身上有 G 點，發現 56% 的女性認為自己身上有 G 點。不過，年齡愈大的人相信有 G 點的比率逐漸變少。

另外這個研究最有趣的地方是，受訪者都是同卵、或異卵雙胞胎。研究人員繼續探討後發現，認為自己有 G 點存在的女性，會與自身兩性關係的滿足程度與對性的態度有關。但是，與是否為「同卵雙生姊妹」並無關係，不會因為帶有相同的基因，姊妹倆就會同樣傾向相信 G 點存在與否。

因此研究人員推論，這樣的結果可以顯示「G 點存在」並沒有生理上或解剖學上的證據。他們發現，認為自己有 G 點的女性，對伴侶的表現也較滿意，較容易達到性滿足，對性的態度較開放較不緊張，因此，研究者認為 G 點的存在與環境有關。

這個英國雙胞胎 G 點問卷調查的研究者指出，他希望免除女性對於因自身缺乏 G 點而導致的失落感。大眾媒體總是把 G 點塑造成像「甲狀腺」或是「乳房」這樣，存在非常明確的一個「點」。似乎只要觸動了這個點，就能帶給女性極大的歡愉暢快。但 G 點的存在與否，如果變成如此單純的是非題，就可能使許多女性在未達到性高潮時，會怪罪於伴侶「找不到 G 點」；或者可能有些女性自己會用「有沒有 G 點」，來懷疑自己是否

「正常」或「夠女人」，如此一來 G 點的存在，反倒就失去了意義。

　　行文至此，G 點的爭辯也該告一段落了。目前，總和的結果大概是這樣的。超過半數的女性相信有 G 點存在，但不是每個相信的女生都曾經經歷過刺激 G 點引發的高潮。而目前的研究方式無法確切提供 G 點存在的實證，不過確實有許多人以自身經驗認為陰道前壁是敏感帶。

　　最後，我們用英國雙胞胎研究人員之一赫班尼克的話做結：「假如有個人發明了一樣事物，而且大家都因此而感到愉快，那我覺得很好啊。」[12]

　　我們要曉得，「G 點」可以是個「發明」，也可能是個「發現」。但是，無論如何，G 點存在的唯一目的，就是要帶來快樂。千萬別因此而患得患失喔！

第 2 課

一個人的性愛 ── 自慰

你自慰嗎？

猛然聽到這個問題，還真是很難回答，說「有」很尷尬，說「沒有」又好像怪怪的。我們實在很難正面回答這樣的問句。

在開始自慰這個話題之前，讓咱們先來看個笑話。

《笑林廣記》裡提到，有個男子到了四十多歲才打算結婚，因為自己覺得太晚婚，所以便自稱是喪妻再娶。婚後他的妻子察覺其對床第之事相當生疏，不像是結過婚的人，於是便問他的前妻姓什麼。男子猝不及防，便回答：「姓手。」[1]

這樣的小故事令人莞爾，也點出了許多的男人「以手為妻」。

雖然古人視精液如珍寶，認為「精少則病，精盡則死」，不過畢竟這是人之大欲，想要禁絕是絕對不可能的。

從五姑娘到打手槍比賽 ── 男人的自慰

對於自慰，在過去有個相當文雅的說法，稱做「指頭兒告了

消乏」。這是起自於元代王實甫的《西廂記》，後來又被其他的小說沿用。像是《紅樓夢》裡的賈瑞因為癡迷於王熙鳳，神魂顛倒卻不可得，於是便有了一段「他二十來歲的人，尚未娶親，想著鳳姐，不得到手，自不免有些『指頭兒告了消乏』」。

這樣的說法不只用在男人，也同時被用在女人。清代小說《隔簾花影》裡有一段姐兒單戀俏書生的橋段，丹桂姐臥房的隔壁是個面白唇紅的書生，念起書來煞是好聽，丹桂姐時常從牆壁的裂縫偷窺，心嚮神往。「丹桂見他生得一表人才，白生生的和美女一般，恨不得摟在懷中：『免得我半夜三更叫著名兒，胡思亂想，指頭不得歇息。』」偏偏這書生目不斜視，絲毫不理會丹桂姐的勾搭，最後還把牆上的裂縫用泥填滿，「從此後，丹桂姐只好聞聲動念，害了個單相思，再不能勾半夜隔牆窺宋玉，西鄰擲果引潘安，也只好在枕頭上、被窩中，悄悄叫幾聲『風流哥哥』，心裡想著，口裡念著，指頭兒告了消乏罷了。」

除了文雅的說法之外，自慰也有相當「擬人」的稱呼。因為是用自個兒的五個手指頭來擺平性慾，所以便會稱之為「五姑娘」或「五姐兒」。

明代小說《歡喜冤家》裡，國卿和巫娘正在熱戀、打得火熱，花生為了成全他們便假裝醉倒早早睡了，國卿當然迫不及待地找巫娘共赴雲雨，假寐的花生聽見他們親熱交歡的聲音，當然按捺不住，只好請出了五姑娘來滅火。[2]

既然有「擬人」的說法，當然也有「象形」的說法。由於勃起的陰莖配上陰毛，很像一把拂塵，所以自慰也被稱為「弄拂塵」。另外，「且」[3]這個字是陰莖的象形，崇拜生殖力、崇拜陽具在人類文明中是相當常見的行為，所謂的「祖」也是這樣的意涵。直接把「且」用來描述自慰，就叫做「擼且」，非常生動。

　　《笑林廣記》收錄了一首描述自慰的詩：

「獨坐書齋手作妻，此情不與外人知。

　若將左手換右手，便是停妻再娶妻。

　一擼一擼復一擼，渾身騷癢骨頭迷。

　點點滴滴落在地，子子孫孫都姓倪（泥）。」

　　詩句很好懂，也能讓人會心一笑。

　　後來，隨著槍砲火器愈來愈普及，明代開始有人用「打手銃」來作為自慰的代稱。《初刻拍案驚奇》裡有這樣的情節：「兩個小伙子興發難遏，沒出豁各放了一個手銃，一夜無詞。」

　　明清的小說裡，常可見到「打手銃」的出現，到了今天就成了白話所說的「打手槍」，很淺白，也很傳神。

　　自慰是青少年在探索世界的一個過程，清代小說《別有香》裡有一段趣味的描述：「十二三歲的孩子，欲竇就開，曉得去勒

罐兒。三四個立將攏來賭勒，看那個勒得精遠。」「勒罐兒」就是「打手槍」的另一個稱號，青春的孩子們不只比賽誰「尿」得比較遠，還會比賽誰「射」得比較遠。這樣的畫面與九把刀在《那些年，我們一起追的女孩》電影裡所呈現的「打手槍比賽」有異曲同工之妙，都充滿著歡樂的戲劇效果。

寂寞芳心 ── 女人的自慰

男人的自慰很容易，大概雙手就能夠搞定，女人的自慰就比較複雜一點，常常需要使用輔助工具。如今出現在情趣用品店裡的人造陽具其實也有久遠的歷史。

距今兩千多年，西漢中山靖王劉勝的墓室裡出土的文物中，除了名聞遐邇的「金縷玉衣」之外，還有著銅製的人造陽具。這些人造陽具的設計很特別，裡頭是中空的，在使用前可以注入溫水來加熱，非常貼心。在西漢時期的墓室裡還挖掘出多種不同形式的人造陽具，包括可讓兩人一起使用的雙頭陽具，這些傢伙在當時可能已是流通的商品。

不過這些做工精美的情趣用品在早期應該是昂貴的奢侈品，大多流通於宮廷或是大戶人家。明代小說《歡喜冤家》裡有這樣的對話：「丘媽道：『我同居一個寡女，是朝內發出的一個宮人，她在宮時，那得個男人！因此內宮中都受用著一件東西來，名喚三十六宮都是春。比男人之物，更加十倍之趣。各宮人每每

更番上下，夜夜輪流，妙不可當。她與我同居共住，到晚間夜夜同眠，各各取樂，所以要丈夫何用！我常到人家賣貨，有那青年寡婦，我常把她救急。她可不快活哩！」在寂寞的後宮裡，一個皇帝顯然不可能滿足萬千佳麗，於是這些人造陽具悄悄地流傳開來，名字便叫做「三十六宮都是春」。

這玩意兒甚為實用，有市場，也有人專事生產，普及之後黎民百姓也能夠取得。《七劍十三俠》裡的虔婆[4]王媽媽是這樣說的：「這個法兒，大娘娘諒沒曉得，卻是外洋來的，名叫『人事』。我自三十歲嫁了人，不上一年，那男人故世。直到今日，做了二十多年寡婦，從沒偷過漢子，幸虧得這件東西，消遣那長夜的淒涼。」

不懷好意的王媽媽講得天花亂墜，還進一步說明這東西的用法：「這件東西一人不能用，卻要兩個女人更替落換。我明日去拿了回來，等到夜裡，滅了燈火，在匣內請出來。上面有二條帶子，把來束在我腰內，此物恰好在兩腿中間，與男人的一般。大娘若不嫌我身上齷齪，我就與大娘同衾共枕，你只當做我是男子，便與你行事，還你勝如真的十倍。」王媽媽所說的人造陽具還可以讓女人穿戴在腰間用來滿足女伴。

除了人造陽具，《七劍十三俠》裡還有一段精采的敘述，讓我們有機會見識當年的情趣用品大全，「沈三不惜重資，購取春方媚藥。又買得一套淫具，共有十件家伙，裝在楠木匣內。這十

件家伙，有硬有軟：有的銀子打成的，或是套在此物外面，或是挖耳等類，可以在女人的裏面攪弄；有的是魚脬做成，亦是套在陽具上的，行起事來，隔了一層，便能久戰不泄，名叫如意袋；有的用鵝毛做成一個圓圈，帶在龜頭上，行起事來，周圍著力，便能格外爽快，名叫鵝毛圈。種種都是奇技淫巧，各有名目，不能枚舉。沈三同蘇月娥二人，今日用這件，明日用那件，只管取樂。後來逐漸膽大，索性留在高樓，省得夜來朝去，只圖日夜宣淫。」裡頭提到用魚鰾製成，套在陽具上的「如意袋」，就很類似保險套，不過當時的目的並非避孕，而是為了要「久戰不泄」。

人造陽具也被稱為「廣東人事」、「景東人事」，《碧玉樓》裡也有個不懷好意的馮媽媽，她這麼說：「大娘子你不會法，我那年輕時乍沒了丈夫，成幾夜家睡不著。後來叫我買了個廣東人事，到想起丈夫來的時候，拿出來用用，便睡著了。……這樣東西，不得一樣。有長的、有短的、有大的、有小的，不知大娘子用那一等？……到明天，我把賣廣東人事的叫到咱家裡來，大娘子試著買，也買個如意。」想來當時販賣人造陽具的商販並不難找，甚至有到府服務，並提供了大小長短不同的尺寸。

另外的人造陽具還有「角先生」、「明角先生」，或許是因為以角製成，才得此名。下頭這段敘述提到了一位專營情趣用品的商家，不但供應優質貨品，還體貼地顧及了買家羞赧的心理：

「京師有朱姓者，豐其軀幹，美其鬚髯，設肆於東安門之外而貨春藥焉。其『角先生』之製尤為工妙。聞買之者或老嫗或幼尼，以錢之多寡分物之大小，以盒貯錢，置案頭而去，俟主人措辦畢，即自來取，不必更交一言也。」他們的交易方式很便捷，客人只要將錢裝在盒子裡放在櫃檯上便可離去，待老闆將角先生打包好，再來取貨，一句話都不用說。對於羞於啟齒的買家們而言，實在是一大福音，怪不得生意興隆，連老婦、女尼都來光顧。

五百年前的跳蛋和電動按摩棒！？

　　人造陽具的樣式很多，材質各異，從陶器、金屬到象牙都有，雖然名稱不同，但是使用方法大同小異。除了人造陽具之外，古代還有個非常特別的情趣用品叫做「緬鈴」，這東西看起來可真是厲害。

　　先來看明代小說《武宗逸史》裡的這一段，武宗與楚玉交歡之後「楚玉似乎仍不滿足，伸手從衣衫中摸出一個銀球，放入胯下，扭動著身體，嬌啼聲聲。武宗待她靜下來問道：『此為何物？』『緬鈴。』楚玉從胯下取出一個銀球遞給武宗。武宗拿來觀看，只見此鈴大如龍眼，四周光滑無縫，握在手中，鈴自動，切切如有聲。」這緬鈴是顆龍眼般大小的銀球，光滑無縫，最特別的是會自己滾動、震動。

看這樣的描述，實在像極了今日的「跳蛋」，不過，當年既沒有電池，又沒有馬達，真的有辦法製作「跳蛋」嗎？

讓咱們來看看西門慶和潘金蓮的這段對話，風流成性的西門慶也是緬鈴的愛用者，他詳細說明了緬鈴的使用方法：「婦人（潘金蓮）認了半日，問道：『是甚麼東西兒？怎和把人半邊胳膊都麻了？』西門慶笑道：『這物件你就不知道了，名喚做勉鈴，南方勉甸國出來的。好的也值四五兩銀子。』婦人道：『此物使到那裡？』西門慶道：『先把他放入爐內，然後行事，妙不可言。』」看來要將緬鈴「放入爐中」，然後便會「妙不可言」。

另一部禁毀小說《杏花天》裡，提到緬鈴也被稱為「金丹」，「還有一粒金丹送你，你將此丹放入情穴內，酥麻美快。我若不在，你夜夜自可歡樂，如我之具一般有趣。……忙忙取了一丸，放在手中。將他牝中塞進，珍娘等時遍體酥麻，牝內發癢非凡，猶如具物操進一樣。……此寶出於外洋，緬甸國所造，非等閒之物，人間少有，而且價值百金。若說窮乏之婦，不能得就。不餘之家，亦不能用此物也。」

不只小說裡有提到緬鈴，明人筆記《五雜俎》裡也說：「滇中有緬鈴，大如龍眼核，得熱氣則自動不休。」而《萬曆野獲編》記載：「緬鈴，為媚樂中第一種，其最上者值至數百金，中國珍為異寶。」根據記載這東西傳自於緬甸，在受熱之後，就會開始震動，被視為極樂至寶，價值數百金。

當時的九品小官月俸五石，值〇‧五兩黃金[5]，等於年薪六兩黃金。一個緬鈴若價值數百金，是非常驚人的。

這麼值錢的緬鈴究竟是什麼東西做的，為何能夠「自動不休」且「握之，令人渾身麻木。」[6]呢？

有人是這樣說的，緬地有一種淫鳥，淫鳥的精液可以提升性能力，因此將淫鳥的精液淋於石頭上，然後裹上一層銅，便可以製成緬鈴。[7]這麼說來，緬鈴只是裹上一層銅的石頭，恐怕無法「自動不休」。

在明代小說《繡榻野史》裡這段敘述倒是給了我們一點線索：「這是雲南緬甸國裡出產的，裡邊放了水銀，外邊包了金子一層，燒汁一遍，又包了金子一層，這是七層金子包的，緬鈴裡邊水銀流出，震的金子亂滾。」假若緬鈴裡有液態的水銀又有固態的金屬，在搖晃之後，或許可以有持續震盪的效果。不過這樣的震盪強度有限，恐怕無法達成小說裡所描述的「緬鈴在裡頭亂滾，一發快活難當。」

仔細辨識這些個關於緬鈴的敘述，我們可以發現，經過小說家的加油添醋，把緬鈴寫成了又震又盪，讓人欲生欲死的跳蛋，顯然不可信，真正的緬鈴肯定沒有這麼大的能耐。

緬鈴應該是這麼回事。《三岡識略》裡記載緬鈴又稱太極丸，只有綠豆般大小。接下來這一段是重點：「男子微割其勢，納鈴於中，旋復長合，終其身弗復出矣。」這是說男人會在陰莖

上割出小傷口，然後將緬鈴塞進去放在皮下，待傷口癒合之後，便會終身埋在裡頭。[8]啊哈！如此說來，緬鈴和今日的「入珠」相同，男人在陰莖上植入人工的「突起」希望給予女伴較強烈的性刺激。原來，小說裡描述的「使用方法」壓根兒就錯了。該書作者也說：「今世所傳，大如龍眼，俱係贗作，聊以欺人耳。」這並不難理解，因為要在陰莖上植入龍眼大小的「入珠」，在實務上並不可行。

《五雜俎》裡同樣提到：「緬甸男子嵌之於勢，以佐房中之術。惟殺緬夷時活取之者良。其市之中國者，皆偽也。」推想起來，應該是戰爭之時有人偶然發現緬人男子的陰莖上有突起的入珠，便將之割取下來，並視為珍寶，認為可以增強性能力。經過小說家的想像與渲染，以訛傳訛、誤打誤撞便成了活蹦亂跳的「跳蛋」。不過，這些個關於緬鈴的誤會延續了幾百年之後，竟然真得被實現了，也成為情趣用品店裡的重要成員。

除了緬鈴之外，在清代屢次被禁的明代小說《怡情陣》裡還提到了一個東西叫做「鎖陽先生」要價一百兩銀子，書裡是這樣描述：「只見有酒杯還粗，五寸還長。看看似硬，捏了又軟，霎時間又長了約二寸，霎時間又短了二寸。忽而自動，忽而自跳，上邊成黑成白，或黃或綠或紅或紫，恰似一個五彩的怪蟒在包裹裡顧顧擁擁，似活的一般。」您瞧這東西「看看似硬，捏了又軟」，相當符合現今矽膠或橡皮的特性，而且可以自動、自跳，

又有五彩顏色，從現在的眼光看來活脫脫便是個帶有霓虹閃光的電動按摩棒，讓人不得不佩服數百年前小說家無邊的想像力。

今日的自慰

自慰聽起來總會給人「年輕氣盛」又「寂寞難耐」的聯想，或許是些嘴上無毛的小男孩，因為還沒有機會偷嘗禁果，只好自己解決；或許是像美國影集《欲望城市》裡的熟女，致力於追求事業，無心看顧愛情，因此認為拿出櫃子裡的按摩棒，凡事操之在己才會最舒服、也最愜意。不過你知道嗎？其實一般人自慰的頻率，比我們想像中都還要普遍。

根據一份二〇〇七年的調查[9]顯示，台灣就讀高三，大約十七、八歲的男孩子裡，95% 有自慰的經驗。而女孩子的比率比較低，大概有三成的人有自慰的經驗。

英國的大規模調查發現，十六歲至四十四歲的英國人中，九成五的男性和七成的女性曾經有自慰的經驗；而在過去四周內曾經自慰的比率，男性為 73%，女性為 36.8%。該研究發現，性行為較頻繁的女性較常自慰，而男性則恰好相反，性行為較頻繁的男性較不常自慰。[10]

我們可能會認為，年紀大了、找到伴侶或世面見多了，就不會靠著自慰解決性需求。可是啊，《新英格蘭醫學期刊》在二〇〇七年提供了一份針對五十七歲到八十五歲中老年人的統計，[11]

我們會驚訝地發現，在五十七歲到六十四歲的這個族群裡，有高達六成三的男人會自慰，而女性會自慰的比率也超過了三成。年紀若再大一點，變成六十五歲到七十四歲的這個區塊呢，男性在過去一年裡曾經自慰的比率還是超過了一半，不過這時女性會自慰的比率就降到了二成。那，當年紀已經到了七十五歲到八十五歲呢？嗯，到了這個年紀，男人會有自慰舉動的比率驟降，四個男人裡只有一個在過去一年中曾經自慰，而女人自慰的比率自然也更少，降到了 16% 左右。[12]

想想看，原來六、七十歲的男性，自慰的比率竟然超過五成，而且一路活到了八十幾歲，還有四分之一的男人有自慰的動力。難道這些銀髮族們，都是老來無伴、無法宣洩，才選擇自慰的嗎？

事情顯然不是這樣的。在這份研究報告裡，我們可以看到，無論有沒有性伴侶，男人平均有一半的人會自慰，而女人自慰的比率大概就是四分之一。[13] 那既然自慰與感情狀態無關，到底和什麼有關呢？答案並不難想像。老年人會不會自慰，與他們的健康狀態有關。健康狀態愈不好，尤其像是罹患了糖尿病，導致男性勃起功能障礙，就會讓長者自慰的機會變小。

在所有的統計數據裡都顯示，男性比女性有更多的自慰經驗。女孩子自慰的機率比較少，啟蒙也較男孩子晚。同年齡的男生會自慰的人數是女生的兩倍以上，頻率更是超過女生的三倍。

至於男女性趣強弱的差異和體內睪固酮濃度有關，睪固酮濃度愈高的女性，自慰的機會就比較高。有實驗針對十三歲到十五歲的女孩做研究，發現如果女孩體內睪固酮的濃度較高，自慰的機率較高，自慰機率與是否曾有性經驗倒是沒關係。不過，補充睪固酮的人，會因此更愛自慰嗎？有個實驗在每個星期替受試者施打安慰劑或是睪固酮，持續八個星期後，發現接受外來睪固酮的受試者與施打安慰劑的受試者其自慰頻率一樣，看來外來睪固酮並無法讓自慰的頻率增加。[14]

至於方才所提到歷史悠久的按摩棒，對於自慰的貢獻如何呢？

印第安納大學的學者針對女性做了相關的調查，有八成的受訪者回覆曾經在自慰的時候使用按摩棒，其中有六成的受訪者表示經由按摩棒能夠更快達到高潮，但是僅有 35% 的受訪者經由按摩棒獲得更好的高潮。[15] 顯然單只有按摩棒並無法完全滿足心理上對於性的需求。

自慰是動物的天性？

自慰在人類是如此常見的行為，讓人不禁好奇，為何在我們的基因裡會存有這樣的「方程式」。因為動物的行為往往都具有生存與繁衍的目的，那自慰除了帶來歡愉之外，是否扮演其他的角色？還有，其他的動物們，也會自慰嗎？

答案是肯定的。曾經被生物學家觀察到有自慰行為的動物，可說是族繁不及備載，諸如豬、狗、牛、鹿、松鼠、山羊、綿羊、駱駝、大象、鯨魚、企鵝等都曾被觀察到自慰的行為。但，這些動物都沒有手啊，沒有了「五姑娘」，動物牠們到底是怎麼辦到的？

　　這並不難想像，相信許多人也都有過類似的經驗，就是家裡的小狗興匆匆地把主人的腳當成「性伴侶」，拚命衝刺。而根據生物學家的說法，蝙蝠用腳自慰，海象用鰭狀肢自慰，小鳥會在草皮上摩擦自己的生殖器官，草原狒狒則是用尾巴自慰。和人類一樣雙手萬能的母猩猩甚至會將樹皮及木頭弄得像陰莖一般，插入自己的體內。還有，不僅公馬會自慰，連被閹割後的公馬也是會靠著東西來摩擦陰莖。

　　二十世紀初英國性學專家亨利‧哈維洛克‧艾利斯[16]在《性的心理學研究》是這麼描述的：「假使一隻母雪貂發情時找不到可交配的公雪貂，那這隻母雪貂會變得消瘦、憔悴、無精打采。然而，若飼主在籠子裡放幾顆鵝卵石，母雪貂就能在這上面摩擦，完成自慰的動作，那這一季飼主就不需要擔心母雪貂的健康了。不過這個方法只適用一次，第二年飼主再提供鵝卵石時，母雪貂可就不滿意了。」

　　這樣看來，在動物族群裡無論雌雄，都會有自慰的行為。

　　有位研究生為了要完成碩士論文[17]，在日本屋久島[18]待了好

一陣子觀察日本獼猴，記錄每隻猴子不同的樣貌與習性。數個月過去後，研究生已可以辨識大概五十隻不同的猴子，日子開始變得有點無聊。直到有一天，他見到有隻公猴在樹上坐了下來，專心看著自己的陰莖，然後開始用一隻手激烈地前後摩擦陰莖，一分鐘後，這隻公猴就射精了。射出的精液看起來很像口香糖般黏黏地留在公猴手上，而這隻公猴子毫不猶疑地將精液吃了下去。

研究生看到這個畫面時很震驚，這是他第一次就近觀察到公猴子自慰，更讓他訝異的是，公猴做的動作與男人的自慰行為竟然還超像。此後這個研究生就打定主意，以「靈長類的自慰行為」作為研究主題。他發現，如果公猴無法找到伴侶交配，就會有自慰的行為，而公猴若有固定的伴侶，自慰的狀況就會減少。他還發出問卷詢問其他的生物學家，統計結果顯示，至少有五十二種靈長類會自慰。值得注意的是，屬於一夫一妻、較離群索居的靈長類，較少出現自慰的行為；而群居且社會關係複雜的靈長類族群，雄性自慰的機會就會增加。根據這樣的觀察，他做出了推論：**靈長類的自慰行為，是為了能讓自己的精子擁有較強的競爭力。**

這個說法最早是由演化生物學者羅賓・貝克[19]所提出。貝克認為精液就像口水一樣，會不斷產生，所以當精液積存於體內時，總量雖然變多了，但是品質卻退步了，無論是穿刺進入卵子的能力及精子游泳的速度都比較差。自慰像是一種生殖學的策

略，當精子部隊老化了，儘管壯志未酬，還是該卸甲除役，動物藉由自慰把老化的精子排出，將有限的空間讓給衝撞力十足的精子新兵，才能在關鍵時刻與對手的精子一決勝負，確保基因的傳遞。畢竟，精子進入子宮之後，不僅要仰賴人海戰術，還得要有生猛的精子，才能夠成功達陣。所以自慰也可以被視為規律性的洩洪，確保精子部隊年輕力壯。

自慰會不會影響健康？

看到這裡，我們曉得自慰幾乎可說是動物的天性，不過，關於自慰最常出現的疑問就是：「自慰有礙健康嗎？」

會有這樣的困惑，主要是因為我們對於自慰的觀念大都來自道聽塗說。從十八世紀以來，自慰變成不能說的祕密。父母不提，老師也不教，大家都只能偷偷摸摸地做，偷偷摸摸地學，缺乏正確的教育與認識。「自慰」又被稱為「手淫」或「自瀆」，充滿了「過度沉迷又不自我尊重」的負面評價，也常常被和「骯髒」聯想在一起。像我們開頭所提到台灣高中生的調查報告顯示，高達九成五的男生曾經自慰，不過其中有近六成的同學在自慰之後的感受，並非歡愉的自我滿足，卻是赤裸裸的不安及無助感。那篇《新英格蘭醫學期刊》的統計論文裡，即使研究對象都是上了年紀的人，仍然有 14% 的長者拒絕回答自慰這個話題。想來大家對於自慰充滿了誤會與誤解。

我們這邊就將自慰對於健康的影響，分為兩個層面探討。

就心理層面而言，學者主張自慰可以讓人更了解自己，能夠達到高潮這點也會提高自尊心，高潮後的休息和熟睡更能減輕憂鬱的病症。而且，若能用自慰來紓解性慾，便不會因為一時衝動而召妓，更無需背負染上性病的心理負擔。另外，在一段親密關係裡，如果男女任一方的性慾明顯高過於另一方，那有什麼好方法可以不強迫對方發生性行為，又能避免自己出軌呢？就自慰吧！

接下來看看自慰對生理的影響。在東方古代醫家認為「一滴精十滴血」，排多了會腎虧，而西方社會也流傳著「流失一盎司精液等於失去四十盎司血液」，皆強調精液的寶貴，似乎不該輕易糟蹋在衛生紙上。不過呢，現代醫學認為，射精是有好處的，因為性高潮可以紓解壓力，進而改善血壓或心血管疾病。

二○○三年一份研究顯示，如果男性在二十幾歲的階段每星期有超過五次的射精，那往後罹患攝護腺癌的機會比較低。除此之外，靠自慰紓解性慾，就不需要擔憂自己在床上的「表現」，也少掉了一層不必要的焦慮。所以，只要不過於頻繁，或使用太微小、或太巨大的插入物的話，自慰還真是有益身心呀。[20]

相信嗎？不少歐洲國家，包括荷蘭、英國等政府，為了要減少青少年懷孕和性病氾濫，將自慰視為「健康好習慣」，建議青少年每天自慰呢。

關於自慰的誤會

說來有趣，其實在更早期的年代裡，自慰才不是什麼罪大惡極的事。從古早古早的史前時代，就留下了一些關於自慰的壁畫；印度人的古籍裡，還曾介紹自慰的「最佳方式」。

至於神話故事裡最妙的大概是埃及神話中的創世神了。這個創世神名為亞圖姆[21]，為九柱神之首。亞圖姆自原始之丘中誕生後很是孤單，所以就藉由自慰，從射出的精液裡誕生其他的埃及神祇，爾後才創造了天地。在古埃及人的觀念裡，尼羅河的漲潮、退潮，就是根據創世神亞圖姆自慰的頻率而定。為了榮耀創世神亞圖姆，歷代埃及法老也常在尼羅河畔自慰，將精液射入尼羅河。

希臘人稱自慰為「上火」，認為應該要適時的宣洩，否則人就容易沮喪。看來，希臘人同樣把自慰視為一種正常的性行為。中世紀對於自慰的紀錄很少，但我們可以看到，十七世紀的英國保母要哄小男孩睡覺時，是會撫摸陰莖到射精來幫助入睡。

佛教雖然教條裡要人「戒淫」，但基本上多數的佛教領袖贊成，除了出家人不該自慰之外，對其他人而言自慰應該是無害的。除非等到此人的修行層級愈來愈高，才不該沉溺於自慰的歡愉裡。

不過，到了十八世紀，自慰卻被打入罪惡的地獄。當時的英國醫師說，沒有任何一種犯行及得上自慰，因為自慰不但會讓人

喪失食欲、帶來背痛、癱瘓、發燒、失意、智力減退等悲劇，最終還會導致自殺。學校開始主張長褲不該有口袋，以避免學生透過口袋觸摸自己的私處。也有人說，好女孩要坐馬車或走路，因為從事騎馬或騎腳踏車這些運動都可能帶來類似自慰的快感。

我們從過去的醫學文獻也能看出一些端倪，十九世紀時，《新英格蘭醫學期刊》裡談論自慰的文章不外乎是「自慰帶來的發瘋及死亡」[22]、「自慰造成的視力缺陷」[23]、「無可救藥的自慰與夢遺之手術治療」[24]，可說是一面倒地批判自慰。當然，那時候的父母會警告小朋友不該自慰，恐嚇的說詞就類似「自慰會讓你的手長毛」、「自慰會讓你眼睛瞎掉」，或「自慰會讓你長不大，可能還會死掉」。曾經，父母們還流行帶男童去割包皮，也是基於「割包皮的人比較不會自慰」這種道聽塗說的謠言。為此也設計出給男孩使用的「貞操帶」，防止觸摸生殖器或是自慰。

宗教的道德教條讓大眾認為，沉溺於自己腦中所創造的幻想，就是自我玷汙，會讓身體一蹶不振，並承擔苦果。多數的宣傳都指稱，自慰會致死，而且更恐怖的事情是，自慰的人是死在自己手裡。如此一來，用電擊或是更激烈的去勢手術「治療」自慰，就不足為奇了。

從十八世紀到二十世紀之前，自慰都被視為是一種精神疾病。大家會反對自慰，表面上的理由是，精液流失讓健康受損，

不過實際上大家批判的應該是自慰時所不可或缺的「性幻想」，認為這是種自我耽溺，是一個人放棄靈魂，而產生充滿獸性的邪念。

性幻想真的如此罪大惡極嗎？近年來，學者們對於性幻想這東西倒是開始有不同的見解。有人認為「幻想」是人類腦袋所擁有的特殊能力，因為有強大的想像力，讓我們能在這種虛擬性愛裡獲得高潮。有些生物學家說，動物們會玩弄性器官，但是不一定能夠達到性高潮；若是周遭有其他同類正興奮地高聲交配，動物較容易經由自慰而高潮射精。此間差異便是想像的能力。

過去曾有實驗找來六十六位年齡介於十八到三十三歲的年輕異性戀男子，比較他們單純靠想像力，或是藉由情色電影激起性興奮程度的高低。實驗結果顯示，單純使用幻想時，想像能力愈好的人，性興奮的程度愈高；而觀看情色電影時，所引發的性興奮與一個人的想像能力就完全沒有關係。[25]

可以想見，想像力愈好的人，腦子裡所播放的性幻想就愈精采。這時候就出現了一個有趣的論點，想像力可以提升性幻想，而性幻想也可以促進想像力的提升。當然，不限於性幻想，所有的幻想都可以視為想像力的「鍛鍊」，只是性幻想具有最強大的驅力使人投入。隨著科技的普及，好萊塢的電影取代了孩子對於外太空的想像，隨處可見的情色電影也取代了我們腦子裡的性幻想，人們不再需要腦力激盪便能輕易取得繽紛的聲光刺激，鍛鍊

想像力的機會也愈來愈少。這種趨勢會對於人類的想像力與創造力造成什麼樣的影響，沒有人曉得，可以確定的是想像力與創造力是讓我們的生活更加精采的元素，多多鍛鍊，應該是有益無害。

　　自慰不是疾病更無關罪惡，我們應該提供正確的教育與認識，而非蠻橫的責罵與禁止。自慰是天性，也是認識自己、釋放自己的好方法。需要的時候，就好好享受一個人的性愛吧！

第 3 課

那話兒的尺寸愈大愈好？

Min 是古埃及的生殖之神，當祂出現在神殿的壁畫時非常好認，因為祂擁有一根高聳勃起極為醒目的陰莖。希臘神話裡的普利阿波斯同樣擁有巨大無比的陰莖，希臘羅馬時代有許多與祂相關的創作，在圖畫或雕像中人們賦予了祂一根粗壯如手臂的陰莖，可以撐住一大籃水果。

碩大的陰莖常被視為力量的象徵。從現存的原始部落，我們可以稍稍見到遠古住民的樣貌。許多原始部落的男人雖然赤身裸體，但是都有配戴陰莖套的習慣，他們可能從身邊取材，直接使用植物的鞘，或是精心編織打造，有些陰莖套細細長長，有些陰莖套則巨大粗壯，除了試圖替柔軟外露的陰莖提供些許保護之外，「炫耀自己」、「彰顯地位」絕對也是目的之一。

陰莖是男性身上相當顯眼的外生殖器，其尺寸大小當然是備受關注。男人喜歡誇耀自己是「大鵰」，也常用「小雞」來嘲弄別人。這種想法非常普遍，也有許多人用陰莖的尺寸大作文章。

來看看收錄於清代《笑林廣記》中的故事。這則笑話題為

古埃及的生殖之神擁有一根高聳勃起的陰莖。（圖片來源：zolakoma, flickr）

普利阿波斯用陰莖托住整籃水果象徵豐收的雕像。（圖片來源：Sailko, Wikipedia）

〈娶頭婚〉[1]，話說有個男人打算娶妻，但是因為擔心自己的生殖器太小會被取笑，於是想找一個不曾見識過男人的處女。有人告訴他說：「洞房花燭夜時，若女方不認識男人陽具，就一定是處女。」

他聽了之後覺得很有道理，便叮嚀媒人務必替他介紹一位處女，否則立刻退婚，媒人滿口答應。

不久後，他娶回第一個女孩。新婚之夜他脫了褲子露出生殖器，問女孩認不認識，女孩回答說是「卵」，讓他很生氣，於是便退了婚。

後來他娶了第二個女孩，洞房花燭夜時他又問女孩同樣的問題，結果女孩說是「雞巴」。他吃了一驚，心想：「連俗名都曉得，肯定不是處女。」所以再次退婚。

第三次，他娶了一位年紀更小的女孩。當他問同樣的問題時，女孩回答：「不知道。」這男人很高興，便握著自己的生殖器說：「這東西叫做卵。」不料，女孩搖搖頭說：「不是吧，我看過那麼多，才不相信天底下有這麼小的卵呢。」

另一個笑故事是〈半處子〉[2]，這回的主角換成了女人。有位寡婦打算再嫁，她要求男方要提供一筆為數不小的聘金。媒人就告訴她說：「再嫁和初婚不同，不會有人願意付這麼多錢的。」

寡婦說：「我還是處女耶。」

媒人說：「都已嫁過人，當了寡婦，誰會相信啊？」

寡婦道：「實不相瞞，先夫的那話兒相當渺小，所以我裡邊的半截還是處女。」

除了這些嘲諷陰莖短小的故事之外，當然也有些講述巨大生殖器的傳說。

胯下雄偉，陰囊大如山？

專門談論鄉野傳奇的清代筆記小說《子不語》[3]中有位「大胞人」，這兒的「胞」指的是陰囊。袁枚說，他在路邊見到一位四十多歲的男子背上背了一座又高又大的「肉山」，足足有身體的兩倍大，不曉得是什麼東西，走近仔細一看才發現肉山的表面有毛細孔且長了陰毛，這才曉得肉山即是他的陰囊。

這描述實在令人瞠目結舌，竟然有人的陰囊可以比身體大，駝在身上彷彿就是一座小山。相信很多人都會感到好奇，這種「大胞人」是否存在呢？

雖然很離奇，但是的確有可能，當陰囊的淋巴回流受阻時，淋巴液便會不斷地蓄積在裡頭，讓陰囊愈來愈大。經由蚊蟲傳播的血絲蟲便寄生於淋巴管中，漸漸造成阻塞，引起陰囊水腫或是象皮病，患者的下肢會嚴重浮腫，腫得像是象腿一般，而陰囊則會大如籃球。

根據調查，在一九五〇年代澎湖居民的血絲蟲感染率約14%，而大小金門居民的血絲蟲感染率接近二成，對健康造成很

大的危害。經過多年的努力，才終於在一九八〇年代徹底根除。短篇小說《沒卵頭家》正是以此為主題，爾後被改編為同名電影。

除此之外，還有許多已知或未知的原因可能導致淋巴水腫，帶給患者極大困擾。

從二〇〇八年開始，住在拉斯維加斯的韋斯利·沃倫發現自己的陰囊愈來愈大。接連找過了幾位醫師，皆無法得到改善。在短短的幾年內，沃倫的陰囊已經垂到腳踝，嚴重影響他的社交、工作與生活。由於沒有夠大的褲子能夠容納他的陰囊，所以他都是把大尺寸的連帽衫反過來當褲子穿。沃倫無法用一般人的方式解尿，因為他的陰莖被埋在腫大陰囊的深處，連摸都摸不到，更不可能有任何性生活。出門時，沃倫需要隨身攜帶一個木箱子，讓他在坐下來的時候能夠置放巨大無比的陰囊。

沃倫於二〇一三年接受了手術，四位外科醫師通力合作替他切除並重建陰囊，手術時間長達十三個小時，切下來的陰囊重達七十二公斤。[4] 可以想見，在沒有能力治療淋巴水腫的年代，患者的陰囊的確會隨著時間愈腫愈大，終有一天的確有可能演變成駭人的「大胞人」。

順道一提，雖然發生率較低，但是同樣的問題也可能在女性身上出現。曾經有位年輕孕婦在懷孕八周時發現自己的右側大陰唇開始腫大，到了懷孕三十七周，陰唇已經變成籃球大小的腫

塊。

另外有位四十歲婦人的雙側陰唇在五年內皆變得巨大無比，最大徑長達四十五公分，站立的時候可以垂到膝蓋。後來，婦人接受手術切除雙側陰唇，取下的檢體重量分別是 9 公斤與 7.2 公斤。[5] 術後該名婦人的恢復狀況良好，成功脫離了這個死不了人卻困窘無比的怪病。

現實中的那話兒

在診間裡進行身體檢查時，偶爾都會遇到男性病患吞吞吐吐，支吾了半天，才忸怩地問：「醫生，我這樣……會不會太小。」顯然這是個常見的疑惑，而日益氾濫的成人電影更會強化巨大陽具的迷思並加深這樣的焦慮。

男人的陰莖在青春期時會顯著地發育，根據世界上幾個較大規模總計涵蓋一萬多名成年人的報告[6]，未勃起的陰莖長度約 6.8 至 10.7 公分，勃起之後的長度約 12.9 至 16.4 公分，勃起之後的周長約是 12.3 公分。這樣的數據應該可以讓男人們鬆一口氣。要曉得成人電影中擁有巨大陰莖的男優只是少數而已，無須為此感到自卑。超大尺寸的陰莖當然存在，但是那絕非常態。

男人對於陰莖尺寸的焦慮，恐怕還有一部分是源自周遭一些常見的哺乳動物，例如小狗、小豬或綿羊的體型雖然不大，但是生殖器的尺寸皆相當可觀。與牠們相比，人類的陰莖可說是小巫

見大巫。

這些物種會擁有大尺寸生殖器可能有幾個原因，一個是較長的陰莖能夠將精子送到雌性生殖道的深處，而有較高的受孕成功率；另一個是較顯眼的生殖器有較高的機會受到雌性動物的青睞，而獲得交配的機會，所以雄性的陰莖尺寸或許是性擇的結果。

澳洲的生物學家嘗試藉由實驗來驗證男人的陰莖大小與吸引力之間的關係。[7] 研究人員使用電腦製作一系列裸體男性的正面圖像，然後分別調整成不同的身高、肩髖比、以及陰莖尺寸。當「肩膀－髖部」比值愈大時，男性的上半身會呈現 V 字型，而顯得愈陽剛。研究人員讓女性受試者觀看真人尺寸的圖像，並請她們就「性吸引力」給予評分。

實驗結果發現，身高變高、肩髖比變大時，性吸引力會增加。而陰莖尺寸較大的男性圖像也具有較高的吸引力，不過隨著陰莖尺寸加大，性吸引力增加的幅度會漸漸變少。若將陰莖尺寸與身高或肩髖比同時比較，會發現陰莖尺寸變化對性吸引力的影響在身高較高時會較為明顯。

既然大尺寸的陰莖有較高的性吸引力，那未來男人的陰莖是否會因為性擇而愈變愈大呢？答案是不會。因為自從人類在數千年前穿上衣服之後，擁有大尺寸陰莖的男人就不再具有顯而易見的優勢，當然無法讓後代往大尺寸陰莖的方向演化。

以上實驗雖然可以佐證陰莖尺寸的確會影響性吸引力，不過實驗中使用的圖像面容死板，既沒有頭髮、也沒有表情，和真實世界裡的男性有很大的差異；再說自從人類穿上衣服之後，性器官被隱藏起來，女性在擇偶之前並沒有太多的機會進行比較，所以陰莖尺寸對於擇偶的影響肯定不會太大。

　　那真實世界中的女性究竟是如何看待伴侶的陰莖尺寸呢？

　　一份涵蓋五萬二千餘名成年人的調查報告指出[8]，有六成七的女性認為伴侶的陰莖尺寸適中，有二成七的女性認為伴侶的陰莖尺寸偏大，而只有 6% 的女性認為伴侶的陰莖尺寸偏小。**雖然有接近一半的男人希望擁有較大的陰莖，不過有八成四的女性表示對伴侶的尺寸「非常滿意」，僅有一成四的女性希望伴侶擁有大一點的陰莖。**

　　該結果應該相當貼近真實世界的狀況，也清楚告訴我們，絕大多數的女人皆認為伴侶的陰莖尺寸「適當且合宜」，可見長短粗細並非幸福的關鍵。那些對陰莖尺寸斤斤計較還處心積慮想要增大增長的男人們真的是想太多嘍！

鞋子愈大，陰莖愈大？

有句話是這麼流傳的：「欲察陰陽二道，男觀其鼻，女觀其口。」[9]意思是說，從男人的鼻子可以推估陰莖的大小，而從女人的嘴巴可以推估陰門的大小。這類說法當然不足為信，但是世界各地的人們對於猜測「陰莖大小」可都是興味盎然。

類似的傳聞在西方人是「鞋子愈大，陰莖愈大」。於是有兩位英國的泌尿科醫師決定進行驗證[10]，他們實地量測了一百多位男性的陰莖與鞋子的尺寸，分析之後發現兩者之間並沒有關聯。

另外，位於非洲西部的奈及利亞有個傳聞說：「男人的屁股愈平，陰莖愈大。」當地的外科醫師亦很有實驗精神地著手驗證[11]，在量測了一百多位男性之後，發現男人的臀圍與陰莖的尺寸的確有所關聯，不過卻和傳說相反，因為他們的數據顯示，臀圍較大的男人可能擁有較大的陰莖。

說來有趣，這樣一個看似無關緊要的話題，竟然吸引了許多學者投入，而且還策畫出不少相當大規模的研究，只為了解答陰莖尺寸究竟和那個人體部位較有關聯。他們究竟會找到答案，還

是破解流言呢？

流言追追追

　　先來看看土耳其的報告，有一千一百餘位土耳其男性，平均年齡為二十九歲。[12] 他們的陰莖在未勃起時的長度平均為 9.3 公分、完全拉長時為 13.7 公分。分析發現陰莖的長度與身高、體重及 BMI（身體質量指數）[13] 皆呈現些微正相關。

　　伊朗的報告中有一千五百位男性，年齡介於二十至四十歲之間。[14] 多元迴歸分析的結果顯示，陰莖尺寸與年齡及身高有關，而與體重及腰臀比無關。特別的是，這一回研究人員將食指的長度列入檢測，還發現陰莖的尺寸與食指的長度有關聯，實在是非常有趣的現象。

　　這個想法被埃及的醫師沿用，他們量測了兩千位健康男性，年齡介於二十二至四十歲之間。[15] 統計結果發現，陰莖的長度與 BMI 及食指的長度呈現正相關，與腰臀比呈現負相關，而與年齡、身高、體重、腰圍、睪丸尺寸無關。

　　除了拿食指長度來和陰莖長度比較之外，還有人拿「食指對無名指長度的比值」來做比較。

　　因為「食指對無名指長度的比值」被認為與胎兒時期雌激素或睪固酮的濃度有關，男性的比值較小，而女性的比值較大。研究人員由羊水檢測觀察到這樣的現象。[16]

進一步分析「食指對無名指長度的比值」與陰莖長度的關係，泌尿科醫師發現，該比值愈小，陰莖長度愈長。[17]

順道一提，德國的心理學家還曾經分析「食指對無名指長度的比值」與性伴侶數量的關係，他們發現該比值愈低的異性戀男性擁有較多的性伴侶。[18]

文獻中最大規模的調查報告是由義大利佛羅倫斯大學所發表，泌尿科醫師對三千三百位年輕男性進行測量，結果發現陰莖尺寸與身高及體重有關聯。[19]

看過這幾份不同國家，涵蓋數千位男性的報告，不難發現調查結果莫衷一是，甚至彼此矛盾。所以目前會比較建議將這些長短粗細高矮胖瘦的數據視為個體之間正常的變異，而不要試圖藉由身高、體重、腰圍或鞋子的大小來推斷陰莖的長短，那顯然是極不可靠的做法。至於「食指對無名指長度的比值」能否當作參考標準，恐怕也還需要更多的證據才能夠做出結論。

第 4 課

睡前維他命 ── 威而鋼

自古以來，男人對於性能力總是有著莫名的偏執，所以也流傳各式各樣號稱能夠壯陽的偏方，期待可以又大、又硬、又久。

強精、壯陽、養靈龜

明代小說《金瓶梅》裡年輕力壯的西門慶雖然日夜都在溫柔鄉裡打滾，但是依然渴望著強精壯陽的藥物。有天，西門慶遇見了一位「豹頭凹眼，形骨古怪」的胡僧，便向他求藥。在酒足飯飽之後，胡僧說道：「我有一枝藥，乃老君煉就，王母傳方。非人不度，非人不傳，專度有緣。既是官人厚待於我，我與你幾丸罷。」除了藥丸，胡僧還送給西門慶一塊粉紅膏兒。

對於此藥之神妙功效，胡僧做了一番生動的解說：「形如雞卵，色似鵝黃。三次老君炮煉，王母親手傳方。外視輕如糞土，內覷貴乎玗瑯。比金金豈換，比玉玉何償！任你腰金衣紫，任你大廈高堂，任你輕裘肥馬，任你才俊棟樑，此藥用托掌內，飄然身入洞房。洞中春不老，物外景長芳；玉山無頹敗，丹田夜有

光。一戰精神爽，再戰氣血剛。不拘嬌豔寵，十二美紅妝，交接從吾好，徹夜硬如槍。服久寬脾胃，滋腎又扶陽。百日鬚髮黑，千朝體自強。固齒能明目，陽生姤始藏。」

其中所敘述的「一戰精神爽，再戰氣血剛」、「徹夜硬如槍」、「滋腎又扶陽」完全命中男人們心底的渴望。

胡僧還建議西門慶可以自個兒進行「動物實驗」來驗證藥效。胡僧是這麼說的：「恐君如不信，拌飯與貓嘗：三日淫無度，四日熱難當；白貓變為黑，尿糞俱停亡；夏月當風臥，冬天水裡藏。若還不解泄，毛脫盡精光。」據稱小貓服用此藥之後，會慾火難耐，若不解泄，全身的毛會掉個精光。

此藥雖然神效，但是胡僧有特別吩咐不可多用，只需少量服用就能「縱橫情場」，「每服一釐半，陽興愈健強。一夜歇十女，其精永不傷。老婦顰眉蹙，淫娼不可當。有時心倦怠，收兵罷戰場。冷水吞一口，陽回精不傷。快美終宵樂，春色滿蘭房。贈與知音客，永作保身方。」

小說家所言當然是加油添醋而來，不過我們可以約略知曉當時民間所流傳對於壯陽藥物的需求與想像。除了口耳相傳的偏方之外，古老的典籍裡也有數不盡的壯陽配方，口服、外用俱全。

十六世紀中葉，《古今醫統大全》裡有可以外用的「保真種子膏」，宣稱貼在身上就能「固精不泄，養靈龜不死，壯陽保真，百戰不竭。貼腎俞，暖丹田，子午既濟，百病自除。一膏能

貼六十日，金水生時，用功即孕，大有奇效。久貼，返老還童，烏鬚黑髮，行步如飛，延年不憊，有通仙之妙。」從古老的敘述裡能夠發現「壯陽保真」和「延年益壽」、「返老還童」常常都被綁椿在一塊兒，可見男人們不單只是在意自己在床上的表現，甚至將「性能力」視為「生命力」的展現，重視的程度可見一斑。

採用內服的壯陽藥方多如牛毛，不過有個方子相當趣味，這是清代《驗方新編》[1]裡治早洩的配方，「有人交合之初，陽舉即泄，百治不效。後用大蚯蚓十一條，破開，長流水洗淨，加韭菜汁搗融，滾酒沖服，日服一次，服至數日，即能久戰，可望生子。」您瞧，男人為了增強性能力，可是連大蚯蚓都願意大口吞服呢！

十九世紀末的學者康有為雖然倡導「男女平等」、「一夫一妻」，不過自己可是妻妾成群，接連幾房太太都不滿二十歲，直到六十多歲還迎娶了第六房。傳說康有為晚年為了恢復性能力，請一位德國醫師將公猿的睪丸移植到自己身上。

這個故事的真實性當然受到質疑，但是在二十世紀初期，歐洲確實有醫師會將動物睪丸植入人體，或將睪丸萃取物注射到人體內，希望能夠提升活力。當時的異種移植當然不會成功，對於有勃起障礙的患者大概只有心理慰藉的效用。

對自己陰莖動手的醫生

由於具有實際功效的壯陽藥物遲遲沒有問世，泌尿科醫師們開始嘗試在不舉病人的尿道內插入支撐架，或動手術替患者在陰莖裡安裝植入物，也有人採用機器抽吸以幫助陰莖勃起。這幾招大概都算是物理性的介入治療，效果有限，男女雙方的滿意度都不會太好。

真正第一個有效治療不舉的藥物出現在一九八三年。那年美國泌尿科學會在賭城拉斯維加斯舉辦年會，布林德利醫師[2]於會中報告時神祕兮兮地對台下的醫師同行說：「你們稍候一會兒，我馬上回來。」台下為數眾多的泌尿科醫師皆一頭霧水，搞不清楚布林德利醫師究竟在玩什麼把戲。不過，大家都覺得布林德利醫師怪怪的，在這麼正式的場合發表醫學報告，居然連件西裝褲也不穿，而是穿著運動休閒長褲。一分鐘過後，布林德利醫師回到會場，接著，他就在大庭廣眾下，脫下自己的長褲。

當眾脫褲子的舉動已經夠驚人了，更驚人的是在如此短的時間裡，五十七歲的布林德利醫師已呈現完全勃起的狀態！接著他還走到台下，邀請眾泌尿科醫師近距離觀察，想測試硬度的人也可以動手觸摸，惹得大家驚呼連連。泌尿科醫師們都很訝異，在一分鐘就能讓陰莖變得這麼挺，到底是怎麼辦到的？

原來，布林德利醫師在洗手間替自己注射了「罌粟鹼」[3]這種藥物，罌粟鹼其實是個發明一百多年的老藥，具有放鬆平滑肌

的功能，因此原先是用在治療腸胃道、尿道、膽道的痙攣，有時也可以在冠狀動脈手術時放鬆血管。當布林德利醫師將「罌粟鹼」打入自己的陰莖後，陰莖血管就放鬆了，血流也因此注入陰莖海綿體，造成堅實的勃起。

布林德利醫師的勃起示範，振奮了在場的泌尿科醫師，眾人紛紛互相握手道賀，慶幸在有生之年，得以見證一樣超級有效的「壯陽神藥」。不過，縱使有泌尿科醫師親身作證，但是願意拿著針具、自行對著陰莖施打藥物的患者畢竟不多。後來雖然有藥廠將罌粟鹼製成可以直接塗抹的凝膠，使用較方便，可是效果就沒那麼神奇了。

口服壯陽藥

千百年來，男人們望眼欲穿的口服壯陽藥，一直到了二十世紀末才出現。

一九九六年和柯林頓角逐美國總統寶座的是高齡七十三歲的候選人鮑勃·多爾[4]，敗選之後逐漸淡出政治舞台。不過呢，多爾依然經常公開演講，並活躍於螢光幕上。

有一回，多爾受邀上美國最著名的脫口秀《賴瑞金現場》[5]，暢談罹患前列腺癌並接受手術的心路歷程。在節目中段的廣告時間，主持人賴瑞·金[6]傾身向前問了個頗難啟齒的問題：「前列腺手術最糟糕的副作用應該是勃起障礙，你都怎麼面對？」

聽到這個問題時，多爾沒有一絲尷尬，反倒興奮地表示，他服用效果神奇的壯陽新藥後，完全解決了勃起障礙的煩惱。

賴瑞‧金一聽，馬上追問：「你介意我們在節目中討論勃起障礙的話題嗎？」多爾露出老神在在的神情，笑著說：「當然可以，為什麼不呢？」

廣告過後，主持人賴瑞‧金開宗明義地說：「我們今晚要聊的，是很少在電視上被披露的話題，『不舉』……」多爾接著表示，全美國可能有幾千萬的男士有不舉的毛病，並且感到很可恥。自從他成為新藥的臨床試驗受試者之後，似乎看到了一線曙光。

多爾所介紹的藥物就是聲名遠播的威而鋼，這次多爾於脫口秀節目裡的發言，在在顯示出老當益壯的怡然自得，等於是替威而鋼打了十幾分鐘的廣告。

幾天之後，多爾的夫人伊莉莎白‧多爾訪問紐約市。擔任美國紅十字會主席的多爾夫人與紐約市長會面，討論紅十字會的責任及發展。偏偏，舉手發問的記者完全將焦點放在多爾幾天前關於威而鋼的發言。記者問道：「既然你先生公開表示他是最先使用威而鋼的人之一，也對藥物效果感到滿意。那我想請問多爾夫人，在威而鋼的用藥方面，您對國人有沒有任何建議？」一旁的紐約市長聽到這種問題馬上垮下臉，倒是多爾夫人露出淺淺的微笑，沒有絲毫緊張或尷尬地回答：「我會說，這個藥，真的好

棒。」

　　瞬間整個會議廳歡聲雷動，記者們紛紛叫好，掌聲不斷。接著有記者問：「多爾夫人，你有買輝瑞的股票嗎？」多爾夫人說：「沒有，但我希望我有。」這樣的回答證明了多爾對於威而鋼的讚美不是「廣告」，而是真實的「使用者心聲」。後來即使主持記者會的紐約市長很想把話題導回紅十字會，但是記者卻繼續追問有關威而鋼的問題，直到多爾夫人說：「我把我知道的都說完了，沒其他感想了。」才結束這場混亂的記者會。

　　威而鋼在一九九八年問世，如今這個藥幾乎可說是無人不知，無人不曉，堪稱是治療勃起障礙的神藥，也有人說這是自避孕藥發明之後最重要的藥物。

　　有趣的是，威而鋼在一開始並非壯陽藥物，而是計畫拿來治療心絞痛及高血壓的藥物，威而鋼能夠治療勃起障礙完全是個偶然發生的意外。

最美好的副作用 ── 勃起

　　事情是這樣的，輝瑞藥廠研究人員在一九八五年發現有一群名為「PDE 抑制劑」的藥物，似乎可以讓身體的平滑肌放鬆。為什麼呢？PDE 是 phosphodiesterase 的縮寫，中文是磷酸二酯酶。PDE 這種酵素在人體的功用，是把體內的 cGMP 或 cAMP 破壞分解，讓 cGMP 或 cAMP 失去效用。因此，「PDE 抑制劑」

這群藥物的功能，就是讓 PDE 酵素功能減弱，這時 cGMP 或 cAMP 不會被破壞，細胞內就能維持較高的濃度，促使平滑肌放鬆。

藥廠發現這群「PDE 抑制劑」時，將這些類似的藥物編號從一號到五號，並陸續進行實驗。研究人員發現，心肌裡不含 PDE5，但心臟冠狀動脈血管裡含有 PDE5，也就是說，用這個藥物時，能夠使冠狀動脈血管放鬆，而不會導致心肌無力，故認為這個藥物應該很適合拿來治療心絞痛。

可惜在進行人體試驗時卻發現，隨著藥物濃度愈高，頭痛的副作用就愈明顯，治療心絞痛的成效卻不如預期，因此在九〇年代初期，「PDE5 抑制劑」的臨床研究正式宣告失敗。然而當研究人員請受試者繳回試驗用藥時，受試者都不願交還剩餘的藥物。研究人員非常好奇，經過一番追問，受試者才腼腆地回答：「吃了這個藥，就會莫名其妙地舉起來，讓我一整晚都精力充沛！」

研究人員恍然大悟，趕緊回頭查看陰莖勃起的生理機轉。的確，當陰莖接受性刺激之後，陰莖海綿體會釋放一氧化氮，導致 cGMP 含量上升，使陰莖海綿體內的平滑肌放鬆、舒張，也讓血液流入造成陰莖勃起。只要服用「PDE5 抑制劑」，就可以抑制 PDE5 酵素分解 cGMP，血管就能持續擴張，達到持久勃起的效果。而且，「PDE5 抑制劑」除了作用於陰莖海綿體的平滑肌之

外，還會作用於血管平滑肌上，造成陰莖海綿動脈之擴張作用，同樣會增加陰莖之血液供應量。有了這個意外的發現，藥廠決定讓「PDE5 抑制劑」以「UK-92, 480」的編號名稱，進入新的臨床實驗。

剛開始的實驗裡，受試者要每天服用「UK-92, 480」，並寫下「勃起日記」，看看自己對於硬度滿不滿意。一個星期後，研究人員讓受試者服用「UK-92, 480」並觀看成人電影，同時用機器測量陰莖勃起、持久的程度。

研究結果發現，服用劑量達五十毫克時，有高達九成的受試者認為自己的勃起強度增加，也非常滿意。甚至在試驗結束之後，有近九成的受試者希望繼續取得這項藥物，看起來效果實在很好。經過二十多個臨床試驗，藥廠認為「UK-92, 480」可以治療不同原因引起的勃起障礙，對老年人或年輕人都很有用。而且，藥廠不只訪問受試者，連受試者伴侶的感受都進行了解，結果證實，受試者的伴侶們對這個藥物的口碑也都很好。

根據這些實驗結果，「UK-92, 480」藥物於一九九六年以 Sildenafil 之名取得專利，Sildenafil 的商品名稱就是 Viagra —— 威而鋼。一九九八年，美國食品藥物管理局審核通過，允許威而鋼可用在治療男性勃起功能障礙。

威而鋼狂潮

威而鋼是第一個合法又有效的口服壯陽用藥，藍色小藥丸的身影馬上攻占各大報章雜誌及新聞版面。有人暱稱它為「維他命V」，也有人恭維它是「藍色蠻牛」，另外，由於威而鋼是菱形藥丸，所以又獲得「藍色鑽石」的美名。雖然威而鋼並不便宜，在美國一顆定價二十五美元，不過就算身價不菲，威而鋼依舊讓全世界皆為之瘋狂，簡直可以說是有史以來最受歡迎、最討人喜愛的藥物。

由於威而鋼屬於處方用藥，需要持醫師處方箋才能夠至藥房購藥，威而鋼的出現使泌尿科醫師的門診瞬時被擠爆，部分醫師為了平息病患久候的怒氣，還得在周末加開門診，才能消化完所有的病人。在威而鋼剛問世時的每個星期，全美國泌尿科醫師平均就開出二十萬份的威而鋼處方箋。

看過電影《愛情藥不藥》的觀眾應該對劇中擔任藥廠業務的男主角有很深的印象，原先男主角挖空心思、辛辛苦苦地在醫院裡頭推銷藥品，投入許多時間卻無法打通人脈、四處碰壁；而當藍色小藥丸一出現，醫院從上到下都臣服於小藥丸的致命吸引力，讓男主角的業務生涯意外地一帆風順。

對照真實情景，電影情節並不算誇張。輝瑞藥廠推出威而鋼的第一年，銷售額就達十億美元，讓輝瑞藥廠一舉躍升為全美第二大藥廠，之後也成功併吞其他製藥公司，成為美國最大的藥品

生產企業，全世界平均每秒鐘就消耗掉四顆威而鋼。

　　威而鋼在台灣上市的時間大概晚了美國快一年，同樣也創造出空前的盛況，第一批總量五萬顆的威而鋼運到台灣時，不出三天就被各個醫療院所搶購一空。

　　如果說避孕藥的誕生是「第一次性革命」，那威而鋼可說是引發了「第二次性革命」，對於人類與性事產生強烈的衝擊。

　　威而鋼有效地改善了勃起障礙，挽回許多男人的信心。有位七十歲的華爾街富商[7]靠著股利分紅，一年賺得二千萬美元。他想要替社會做點事情，讓眾人更快樂，於是拿出一百萬美元買威而鋼送給許多負擔不起的人，對於威而鋼的效用顯然是讚譽有加。當老牌影星麥克‧道格拉斯被問到如何與小他二十五歲的嬌妻凱薩琳‧麗塔瓊斯相處時，道格拉斯也承認自己服用威而鋼。這個藥簡直讓所有的長者都再度年輕起來。

　　不過，威而鋼的出現也對男男女女造成了一些始料未及的負面影響。曾有七十歲的老翁在服用威而鋼後，感到自己渾身精力充沛，因此決定離開結褵多年的妻子，再次追逐一柱擎天的「砲哥生涯」。有的老翁在服藥之後勇猛無比，便打算和妻子好好親熱一番，可惜，邁入老年的妻子完全提不起性致，無論老夫表現得再怎麼熱情，老妻都是冷漠以對，渾身是勁的老翁只能出門獵豔、發洩精力。也有些老夫老妻原本將婚姻問題歸咎於性生活不美滿，但當丈夫服用威而鋼企圖挽救「性福」時，兩人才終於意

識到，是夫妻之間整體溝通出了問題，不能僅怪罪於性生活不美滿，如此一來，威而鋼反成了離婚的導火線。

我需要吃威而鋼嗎？

威而鋼的「威」名遠播之後，有勃起障礙的男人們深深愛用，而那些原本性功能正常的男子也充滿好奇，一直想知道威而鋼能不能讓自己更加威猛。

正常男性在夜裡睡覺時平均會有五次勃起，也就是說，一個晚上本來就有一到三個小時的時間處在勃起的狀態。勃起功能障礙指的是陰莖硬度不足、無法性交，或是陰莖的硬度無法維持到射精。至於導致勃起功能障礙的危險因子，常見的有年齡、抽菸、糖尿病、高血壓、憂鬱症，或者是曾經接受過骨盆腔手術或放射線治療的患者。另外像是肥胖或久坐等較不健康的生活型態，也會影響男性雄風。

平均而言，糖尿病患者不舉的機率比一般人多了三倍，而使用威而鋼後，陰莖的血流充足，陽痿的情況會大幅減低，至少有一半的糖尿病患者認為威而鋼非常有效。後來亦有實驗結果顯示，對於脊髓損傷患者，或是憂鬱症藥物引起的勃起障礙，同樣能靠著「PDE5 抑制劑」的威力讓陰莖充血，看起來既安全又有用。

藥廠的廣告說，四十歲到七十歲的男人有一半以上有勃起障

礙，更強調不舉會讓男人的自尊心銳減、憂鬱、緊張、焦慮，又沒有自信。因此藥廠的廣告宣稱，威而鋼對八成以上的男人有效，並建議即使是久久才遇到一次勃起障礙的男人，只要服用威而鋼，就會有更好的表現，不用擔心出糗。

這樣的說法讓超過四十歲的中年人躍躍欲試，甚至連沒有性功能障礙的男人都愛用，希望藉由威而鋼讓自己成為「硬漢」。據統計，使用威而鋼的男人之中，多數沒有任何需要治療的部分，只是純粹希望讓自己覺得更勇猛，所以「真正」需要用的人可能只占使用者的三分之一強。

威而鋼成了許多人必備的「睡前維他命」，不過在享受性愛的同時也傳出了一些憾事。有人使用威而鋼後上床拚戰結果發生心肌梗塞致死；也有老翁服用威而鋼後決定一夜御兩女，後來死於床上。自威而鋼問世後不滿一年，全世界各地就已經有大約三百位疑似因為使用威而鋼致命的案例，可能都是起因於興奮過度。

另外，使用威而鋼還有一個必須注意的禁忌症，就是絕對不能與硝化甘油藥物併用，例如舒緩心絞痛的舌下含片。因為「PDE5 抑制劑」和硝化甘油類藥物的作用都會讓血管擴張，兩者併用時會導致血壓過低，很容易發生危險。心臟衰竭合併低血壓的病人，或目前服用多重降血壓藥物的患者，亦不適合使用威而鋼。

再起波瀾

威而鋼的成功，促使其他藥廠推出不同的「PDE5 抑制劑」，像是犀利士[8]和樂威壯[9]等來搶占勃起功能障礙的廣大市場。至於名聞遐邇的威而鋼，在引領風騷多年之後，其專利保護期在許多國家將陸續到期，輝瑞藥廠順勢推出平價版的威而鋼，其他各個藥廠也伺機而動，可以想見這個市場絕對會更加熱絡。

即使研究告訴我們，大於七十歲的男人裡，會在意自己有勃起障礙的人還不到五分之一，但是無所不在的廣告依舊熱切宣傳著提振雄風的好處。有人說，威而鋼的出現將性愛目標設定在「一定要高潮」，反而讓性愛失去了分享、探索，及溝通等心理層面的體驗。

不過，男人對威而鋼的癮，或許就如同女人對保養品的癮一樣，沉迷的人戒不掉。

第 5 課

乳房愈大愈性感？

　　「讓男人無法一手掌握」是大家都耳熟能詳的廣告詞。環顧四周，我們已被「巨乳」的形象占據，各式各樣的媒體與廣告皆不斷鼓吹並強化豐滿乳房的重要性。隆乳、豐胸彷彿成了女人的必需品。除了可以擠、靠、托、抬的魔術胸罩之外，有人嘗試吃藥、進補、按摩，有人則接受手術把矽膠或鹽水袋裝進乳房裡，希望可以立竿見影，偶爾還會聽到有人大剌剌地宣稱可以「催眠豐胸」。身在今天的我們，無論是男人或是女人，幾乎已經將「愈豐滿愈性感」這樣的觀念照單全收。

　　男人是否天性容易被豐滿的乳房吸引呢？讓我們從古早談起。

　　史前時代有許多雕塑都擁有巨大豐滿的乳房或是很多對乳房，當時的創作者看待乳房的觀點和現代肯定截然不同。由於男男女女皆赤身裸體，乳房自然毫無神祕可言。他們雕刻出豐滿的乳房絕對不是因為「性感」，而是因為可以哺育生命。石器時代的新生兒若是缺少了奶水，恐怕很難存活，所以人們會嚮往擁有

龐貝城中描繪女神阿芙羅黛蒂的壁畫。

西元前 25,000 年的女性雕像，收藏於捷克的摩拉維亞博物館。（圖片來源：Petr Novák, Wikipedia）

「豐乳肥臀」，這在食物來源有限的年代是彌足珍貴。隨著時代演進，人們穿上了衣服，也發展出了不同的看法。

小巧玲瓏的乳房

兩千年前的希臘時代，人們偏好的乳房尺寸是蘋果大小。代表愛與美的女神阿芙羅黛蒂（Aphrodite），即羅馬神話裡的維納

斯，便擁有「蘋果」一般小巧、圓挺的乳房。當時女人不能隨意到公共場所拋頭露面，穿著也都包得密密實實。

在羅馬人眼中，豐滿下垂的乳房屬於缺乏吸引力的老女人，所以年輕的女孩會穿上束胸，一方面可以固定乳房，一方面則希望避免乳房變大。

爾後長達一千多年的時間裡，被宗教主導的西方世界當然不會刻意強調乳房所具有的性吸引力。畫作中的乳房大多小小的，位置與比例皆與事實不符，看起來頗為突兀。這些作品的目的是讚揚哺乳，具有神聖、養育、奉獻的意涵，全然無關情愛。順道一提，由於聖母馬利亞的乳汁被認為是聖潔、珍貴，甚至具有神力的聖物，所以在當時許多教堂或修道院都宣稱擁有「聖母馬利亞的乳汁」，以此來吸引信眾。關於聖母乳汁還有個相當知名的故事，中世紀的聖伯納德[1]說他在禱告的時候，聖母馬利亞忽然現身並射出一道乳汁進入他的口中。後來有許多以此為主題的畫作流傳於世。

文藝復興之後，藝術家們對於身體的關注大幅提高，乳房成了作品中的常客。畫作裡頭的女人，往往有著小巧的乳房和寬大的臀部。

富貴人家的女人費心保養自己的乳房，坊間宣稱可以美胸的配方大行其道。貴婦們擔心乳房變形走樣，使聘用奶媽成為一股風潮。在他們的眼中，小巧堅挺的乳房是高貴的、觀賞用的，而

十六世紀的畫作，貴
婦與奶媽的乳房截然
不同。

豐滿碩大的乳房是泌乳的工具，屬於窮苦人家。

　　至於古代中國，流行的也是玲瓏精巧的「丁香乳」。女人會
穿著一件貼身胸衣，雖然名稱有很多種，例如袔子、褘襠、抹
胸、胸巾、襪肚、肚兜等，不過大抵上便是將胸腹或連同背部一
起覆蓋。作法很簡單，將一塊布的其中一角摺起來，然後穿過繩
索繫在脖子上，再將橫端兩個角穿繩繫在後腰。他們穿肚兜的目
的是要「防風迫乳」，而不是為了「波濤洶湧」。[2]

　　過去的女人若是肚兜沒束緊，還可能被當成調侃的對象。來

看一則收錄在《笑林廣記》中的故事，從前有位婦人胸前生了一對巨乳，平常都需要用抹胸束緊。有一天，婦人忘記束緊抹胸便會見客人。客人問：「你的兒子是何時出生的？」婦人說：「我還沒生過孩子。」客人又問：「既然沒生過孩子，那你胸前的袋子裡裝了什麼東西？」客人明知故問，顯然是刻意嘲諷碩大的乳房。看來，豪乳、巨乳在過去並不甚討喜，居然還會被收進當時的笑話大全中。[3]

而流行千餘年，強調陰陽調和以延年益壽的房中術對於乳房的看法又是如何？《玉房指要》所偏好的並非容色妍麗，而是年輕、乳房小巧、結實的女人。[4]另一部《玉房祕訣》則說「欲御女，須取少年未生乳、多肌肉、絲髮小眼、眼精白黑分明者。」文中的「生乳」雖然可以解讀為「平胸貧乳」或「尚未泌乳」，不過兩種解釋應該都是偏向小巧的乳房。

從文人墨客的作品中，我們也可以稍稍窺見他們對於乳房的審美觀。明末詞人朱彝尊[5]曾寫下「詠美人」的系列作品，從耳、鼻詠到背、膝，他是這麼描寫乳房：「隱約蘭胸，菽發初勻，脂凝暗香。似羅羅翠葉，新垂桐子，盈盈紫藥，乍擘蓮房。賽小含泉，花翻露蒂，兩兩巫峰最斷腸，添惆悵，有纖褋一抹，即是紅牆。」字裡行間皆是秀氣含蓄的乳房。

出版於十七世紀的明代小說《醒世恆言》中有這麼一段：「慧娘此時已被玉郎調動春心，忘其所以，任玉郎摩弄，全然不

拒。玉郎摸至胸前，一對小乳，豐隆突起，溫軟如綿；乳頭卻像雞頭肉一般，甚是可愛。」

用「雞頭肉」比喻乳頭是頗常見的用法，但是這裡的「雞頭」並非「雞的頭」，而是一種名叫「芡」的植物。「芡」為睡蓮科的水生植物，其葉脈、葉柄、花梗皆布滿棘刺，故別名刺蓮。由於花苞的外型像雞頭，所以又被稱作雞頭蓮。芡與蓮一樣會開花、長出蓮蓬，最後結成的芡實即是「雞頭肉」。[6]

類似這樣提到小巧乳房的敘述很多，清代小說《二十年目睹之怪現狀》中這闋詞：「遲日昏昏如醉，斜倚桃笙慵睡。乍起領環松，露酥胸。小簇雙峰瑩膩，玉手自家摩戲。欲扣又還停，盡憨生。」亦是用「小簇雙峰」來描寫乳房。

連《脂浪鬥春》這種以情慾為主題的禁毀小說也沒有刻意強調「豪乳」或「巨乳」，且看正德皇帝與鳳姐的這段風流：「鳳姐便褪去長衣，身上只餘抹胸，那突起的峰乳，將抹胸頂得似要穿透。那鳳姐嬌喘微微，峰乳一起一伏，熬是好看。正德相得發呆，便令鳳姐褪去抹胸，鳳姐秀眼微閉，將抹胸慢慢褪去，身如白玉，峰乳小而圓挺。」

大賺乳房財

讓我們將鏡頭拉回到歐洲大陸，十七世紀正處在黃金時代的荷蘭，開始有人描繪豐滿碩大的乳房，乳房的尺寸突飛猛進。到

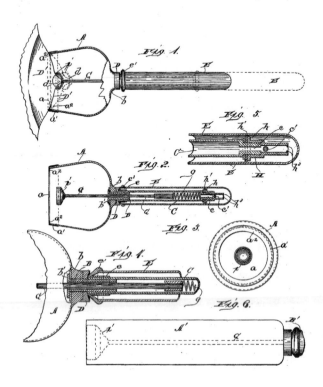

於西元一八九五年申請
專利的乳房增大器，希
望靠著吸力使乳房變
大。（圖片來源：美國
商業專利資料庫）

了十九世紀，塑身內衣大為風行。工業化的大量生產，讓塑身內
衣成為人人都負擔得起的用品，各式各樣的設計也推陳出新，希
望能夠滿足每一位女人的需求（或者可以說是「製造需求」）。

　　想要讓自己看起來豐滿的女性可以購買襯墊裝進內衣中，而
隨著「豐胸巨乳」的流行，宣稱可以隆乳的配方、乳液或器材便

如雨後春筍般冒出。類似馬桶吸把的工具也被設計出來，希望靠著吸力使乳房變大。

「豐胸巨乳」的浪潮會在近一百多年來達到鼎盛，可說是肇因於世界的商業化。曾經被視為神聖的、哺育的、情愛的乳房已經變成商品或誘餌，頻頻出現在電視、電影之中。廠商絞盡腦汁只為了能夠把東西推銷給男人或是女人，彷彿是帶有魔力的吹笛手領著我們走進一片無邊無際、炫惑人心的叢林。

面容姣好、凹凸有致的模特兒成了鎂光燈的焦點，而使用修圖軟體創造出來的完美身材早已成了大眾媒體的主流，卯足全力只為了大賺乳房財。

然而，美麗、性感、繽紛、華麗的形象雖然促成了消費，不過留給多數人的卻是深沉的失落。加州大學的心理學家做了一份調查，涵蓋五萬二千餘位異性戀成年人。結果發現有七成的女性對自己乳房的尺寸和外型感到不滿意，年紀較輕或體重較輕的女性會擔心乳房太小，而年紀較大或體重較重的女性則抱怨乳房下垂。不過有五成六的男性表示對伴侶的乳房感到滿意。

縱使是模特兒本身也不好過，世界名模卡麥蓉‧羅素（Cameron Russell）[7] 從十幾歲便開始擔任模特兒，當時的她連月經都還沒有來，便已被塑造成性感誘人的模樣。她清楚曉得自己其實是「基因大樂透」的幸運得主，才能擁有傲人身材與臉蛋，更明白打造出這些美麗表象的真相，所以對自己的身體形象

充滿不安。她的坦誠凸顯了這一個日益惡化的問題，我們不得不回過頭來思考，當龐大的商業利益扭曲、主宰了人們對於美麗的認知時，將奪走生命中真正的美好。

　　生活在五光十射的環境中，我們要時時提醒自己，千萬不要被媒體塑造出來的「芭比神話」給迷惑，而讓自己陷入莫名的自卑之中。畢竟，自信才是美麗的關鍵。

〔性學小站〕

靠按摩保養攝護腺？

　　「攝護腺按摩」、「攝護腺保養」是特種行業經常標榜的服務項目，由於經常看到這樣的廣告所以很多人會信以為真，認為男人的攝護腺真的需要靠按摩來保養。網路上有些文章會信誓旦旦地說按摩攝護腺能讓男人精力充沛、神采奕奕，還說這是醫師常替患者做的治療，真的是如此嗎？

　　在過去的確有醫師會替患者做攝護腺按摩，他們認為這樣可以治療攝護腺炎，不過，後續出現的研究報告卻不支持這樣的說法。[8] 由於加上攝護腺按摩的治療效果並沒有比抗生素治療有效，所以較建議依照細菌培養的結果來使用抗生素。

　　如今，醫師進行攝護腺按摩的目的大多是為了取得檢體，因為輕輕按壓攝護腺能把裡頭的分泌物擠入尿道，再從尿道口收集檢體進行培養或化驗。

　　不難理解，會有這麼多人對攝護腺按摩感到好奇甚至躍躍欲試主要是為了獲得性快感，可能用手指頭，也可能用情趣用品。然而攝護腺這個腺體本來就不是設計來「感覺」的器官，所以刺

激、按摩攝護腺所能帶來的快感應該有限，因此乘興而去、敗興而歸的肯定不少。

最後要提醒大家，直腸其實非常脆弱，只要稍有不甚便可能導致出血、破損，甚至穿孔，所以千萬不要把太長、太硬、銳利的東西塞進肛門，如果用力過猛弄破直腸便得緊急進開刀房處理，還可能需要施作人工肛門，非常棘手。

此外按摩棒、跳蛋、玻璃瓶等異物留在直腸內取不出來，也是經常遇到的狀況，務必多加留意，發生的時候要趕緊就醫。

第 6 課

隆乳一百年

乳房是女性的重要性徵，在青春期過後會開始發育，其最主要的功能當然是哺乳，但是在很多的時候，乳房所呈現的體態與曲線更讓人在意。

利用眼球追蹤系統所做的實驗發現，在觀看裸女正面的照片時，47% 男性的視線會先注意到乳房，33% 會注意到腰部，其餘才是臉部、腿部、會陰等部位。[1]

為了讓胸部變大，人類可真是費盡心思。在十九世紀末，就有人把加熱的石蠟注射到乳房，增加乳房的大小。因為石蠟降溫之後就會變成固體，馬上就有塑形的效果。這樣的做法會讓人忍不住想到蠟像館裡的蠟像，實在是有點驚悚。不過，顯然石蠟注射的效果好極了，馬上便吸引不少客戶，蔚為流行。

但是，到了一九〇四年，維也納的醫師寫了篇論文，描述接受石蠟隆乳的病人後來會產生許多難以解決的膿包。隨著石蠟移行到身體的其他地方，導致感染、化膿和潰爛，甚至死亡。一九二六年時，美國的專家就直指石蠟隆乳是個由美容醫師及其

他騙子所犯下不可饒恕的行為，但石蠟隆乳持續在亞洲發燒，到一九六〇年代後才被禁止。

石蠟隆乳的失敗，並沒有阻止人類想要追求偉大胸部的企圖。在一九二〇至一九五〇年間，有許多種物質被找來當成乳房的填充物。諸如象牙球、玻璃球、植物油、礦物油、羊毛脂、環氧樹脂、蜜蠟、蟲膠、橡膠、牛軟骨、鐵氟龍、山羊奶、海綿等等，大概是黏黏軟軟、可塑形，或是球狀的東西都被用上了，由此可見人類真是很有實驗精神。

這裡稍微離題聊一下八卦。歷史上的「波神」瑪麗蓮夢露因為有對美好的無重力胸部而遠近馳名，坊間也盛傳她曾經接受海綿植入來隆乳，不過呢，瑪麗蓮夢露的驗屍官後來證實，瑪麗蓮夢露的身上只有接受膽囊切除和闌尾切除的疤痕。

言歸正傳。這些五花八門的隆乳材質，統統都失敗了。而成千上萬的女性因為這些注射物或植入物造成乳房感染、潰爛，甚至得開刀取出植入物，或切除全部乳房。

隆乳，從奇蹟變成大災難。

矽膠隆乳的開始

談到這裡，我們不禁想要知道，實現隆乳的矽膠是什麼時候誕生的呢？

欸……就像威而鋼一樣，本來發明威而鋼是為了治療心絞

痛，卻意外發現了威而鋼治療陽痿的功效。矽膠的出現也不是打算用來隆乳。

二次大戰時，廠商為了生產武器以及飛機，亟需可以防水、絕緣的材料，矽膠便扮演了重要的角色。戰爭結束後，廠商嘗試將矽膠運用於醫療用途，於是開始生產燒燙傷病人專用的裝束。

但是，顯然還有更具吸引力的非法用途。有人腦筋一轉，便把矽膠用在隆乳。操作的方法雷同，只要用針筒注射液態矽膠，就能輕易達成隆乳的目的。當時，光是內華達州的拉斯維加斯，就有超過一萬人接受矽膠注射隆乳。

不過，注射矽膠隆乳的下場還是很悽慘。因為注射到乳房的液態矽膠會造成刺激，使組織纖維化，並且會移行到身體各處，導致許多難以收拾的併發症。內華達州甚至還頒布了禁令，嚴禁運送矽膠進入州內，可惜大家依然沒怎麼理會這檔事。

美國食品藥物管理局從未核准注射液態矽膠來美容，但是仍有許許多多的人經由黑市進行矽膠注射來隆乳，這股風潮也在世界各地流行。

一九六一年，整形外科醫師法蘭克·格魯[2]來到了血庫。當時，血庫的血已經不是裝在玻璃瓶裡面，而是改裝在袋子裡，類似我們現今捐血會看到的血袋。

格魯醫師拿著血袋，在手上掂了掂重量，血袋的觸感似乎有著乳房的柔軟，突然，他有了個想法。格魯醫師與同事湯瑪士·

柯林[3]找到了正在發展新技術的公司，創作出全新的乳房填充物，將矽膠裝進袋子裡！這樣乳房摸起來會有矽膠的柔軟，同時把矽膠裝進袋子固定後，矽膠就不會亂跑到體內其他地方！

他們先找了隻名為艾絲摩瑞達的狗狗做實驗，將如血袋形式的乳房填充物裝進狗狗的身上。在觀察期間，狗狗似乎都與牠體內的新玩意兒相安無事，沒有引發任何過敏或發炎反應。然而幾個星期過後，狗狗扯掉了牠身上的縫線，醫師們只好將填充物取出。

若狗狗沒好奇扯掉縫線，這個乳房填充物應該是能安好地停留在狗狗體內吧！這個實驗結果令整形外科醫師大為振奮，於是，他們決定進入人體試驗，另覓一個願意接受隆乳手術的病人。

蒂美·琳賽[4]是個德州人，十五歲結婚，生過六個小孩後，於二十五歲之際離婚，後來她與另一個男人拍拖時，男人要她在乳溝上刺青，刻上藤蔓，琳賽的雙乳間就爬滿了玫瑰花。當這段關係結束後，琳賽急著想把這個令人羞愧的記號抹去，於是她找上了整形外科醫師。

整形外科醫師告訴琳賽，那些刺青可以用磨皮處理，結束看診時，醫師又問了琳賽一句：「那你想要隆乳嗎？」

「我從沒想過這個問題。」琳賽吃驚地回答：「真要說的話，我的身體裡面，最不滿意的是我那對讓我看起來蠢斃了的耳

朵。」

整形外科醫師說：「沒問題，那個我們會一起幫妳處理。」

就這樣，琳賽在西元一九六二年，成了史上第一位接受矽膠隆乳手術的人。

「我一回家的時候，就覺得胸前無比地沉重。」琳賽說：「可是那種不舒服，三、四天後就過去了。」

格魯醫師及柯林醫師興奮地在整形外科醫學會提出這個成功的案例，也開啟了龐大的隆乳市場。

風波不斷的矽膠隆乳

乍看之下，矽膠似乎是隆乳的完美解答，其實不然。

格魯醫師、柯林醫師及道康寧公司[5]共同設計第一代的矽膠植入物。外層是矽膠及橡膠，內含黏液狀矽膠，外形像眼淚形。

第二代矽膠植入物在一九七〇年代推出，外層更薄，讓隆乳後的胸部有更好的外觀及觸感。可是，袋狀矽膠填充物不是沒有缺點，當矽膠填充物被廣泛使用後，醫師就發現這個矽膠植入物破掉機會很大，仍然會造成許多併發症。

在一九七七年道康寧公司遭遇第一起訴訟案件，因為植入物破裂而賠償十七萬美元。

在改良的過程中，廠商加上「聚胺酯」來密封植入物，可是很快的又發現聚胺酯的分解物可能會有致癌性，因此有些國家，

例如美國，就沒有通過使用。

後來設計出雙層的產品，植入物的內層裝矽膠，外層裝食鹽水，希望矽膠能讓胸部看來更自然，外層的水讓醫師可以改變植入物大小。可惜，愈複雜的設計，失敗的機率就愈高。

廠商繼續在一九八〇年代推出第三代和第四代矽膠。大致上都是往希望看起來自然、摸起來自然、不會移位、不會輕易破掉這幾個方向著手。

一九八四年，有患者提出質疑，認為矽膠植入物會導致自體免疫疾病，最後判決賠償一百七十餘萬美元。

一九九一年，又因為自體免疫疾病，道康寧公司被判賠償七百三十萬美元。

在短短幾年之間，道康寧公司遭受數千件訴訟。由於矽膠植入物引發了龐大的爭議，美國食品藥物管理局希望製造商自願暫停販售矽膠植入物，等待更多的資料來評估矽膠隆乳的安全性。一九九二年，道康寧公司和多家廠商皆終止生產矽膠植入物。

但是，訴訟案愈來愈多，有兩萬人對道康寧公司提出控告，而在集體訴訟案中更牽涉接近四十萬人。鉅額的賠償使得道康寧公司在一九九五年五月申請破產保護。

除了道康寧公司之外，其他生產矽膠植入物的公司也都付出了龐大的賠償金額。直到二〇一二年道康寧公司因為矽膠植入物的併發症，累計支付的賠償金額高達一兆二千餘億美元。

為了解決矽膠滲漏的問題，有人研發出了新的矽膠填充物，這次所使用的是半固態的矽膠，也就是俗稱的「果凍矽膠」，希望可以降低矽膠滲漏並移行到其他部位的機會。二〇〇六年，美國食品藥物管理局核准使用；而台灣在二〇〇八年時，有條件的開放矽膠隆乳，但只開放在乳房重建手術，一般的美容整形隆乳手術其實並不能使用。

今日隆乳

　　另一個常用來隆乳的植入物就是鹽水袋，醫師會把空袋子從皮膚切口放進去，再灌入生理食鹽水，因此，用這種方法隆乳的話，傷口會比矽膠隆乳小。但，大部分的人認為鹽水袋隆乳在外觀及觸感上都比較不自然。在美國一年約有三十三萬人為了美容接受隆乳手術，其中有 28% 使用鹽水袋，72% 使用矽膠，總花費高達十二億美元；接受隆乳手術的年齡層以十九歲至三十四歲最多，占 52%，其次是三十五歲至五十歲，約占 38%。[6]

　　以美容為目的之隆乳手術當然就是把植入物塞到乳房下方。要把植入物放進去，可以採用的切口有很多種，從腋下、乳暈、乳房下緣，或是從肚臍周圍打洞進入。不同的切口當然是各有利弊。

　　植入物所擺放的位置也不相同。可以直接放在乳房組織下方，但是因為植入物的質感和乳房組織不一樣，若是乳房組織太

少，會比較容易「漏餡」，所以也有人會把植入物塞到更下層，也就是大胸肌的下方。

隆乳的併發症

我們前面講了好多植入物破掉的疑慮。那麼，植入物破掉到底會怎麼樣呢？

根據美國一份十年的觀察報告發現，鹽水袋在三年內破掉的機會是 3% 至 5%，在十年內破掉的機會是 7% 至 10%，[7] 也就是說，用鹽水袋隆乳的話，十年過去約有一成的人會有植入物破掉的經驗。鹽水袋一破的話，水就會馬上流出，整個縮水，因此乳房的變形會相當明顯。不過好消息是，只要裡頭的生理食鹽水沒有細菌或真菌藏在其中的話，鹽水袋破掉僅會造成美觀的問題，較不會導致健康上的疑慮，擇期開刀取出即可。

若是矽膠的植入物破掉的話，它不會立即消氣，但裡頭的矽膠黏液會慢慢滲漏，因此，矽膠植入物破掉不若鹽水袋破掉好發覺，用看的、用摸的都不準確，常常需要動用核磁共振這類昂貴的檢查。因此，美國建議矽膠隆乳的女性在隆乳完第三年要做一次核磁共振檢查，之後每兩年都要重複做檢查，[8] 看看矽膠植入物有無破裂的情況。會這麼慎重的原因是，滲漏的矽膠會跑到身體各處，造成肉芽腫或栓塞，塞在腋下淋巴結、肺部，和全身。因此，如果發現矽膠的植入物破掉，務必要趕緊找醫師拿掉植入

物，等愈久會愈難處理。至於矽膠隆乳植入物破掉的機會，十年內的盛行率大概是 8% 至 24%。[9、10]

除了植入物破裂之外，莢膜攣縮也是常見的併發症，嚴重會造成乳房變形及疼痛不適。

隆乳後的影響

每年有這麼多婦女接受隆乳手術，當然也會遭遇許多問題，接下來就讓我們談談一些常見的疑問。首先我們得聲明，以下所說的都是以美容為目的的隆乳，並非癌症手術後的乳房重建。

Q：隆乳後，對懷孕或餵母乳會不會有影響？

隆乳會不會影響哺乳，要看施行手術的切口而定。若是手術的切口在乳暈附近，當然就可能會打斷一些乳管，而影響部分乳汁的排出。同樣地，隆乳手術也可能會打斷一些神經，減少傳送乳頭接受到的刺激到大腦。因此，假使還想哺餵母乳的話，可以和醫師討論採用其他部位的切口。

至於乳汁呢？目前，沒有證據顯示，寶寶會喝到含有矽膠的奶水。

但是，女性在懷孕的過程中胸部大小和形狀都會變化，可能得換上幾次內衣。對於曾經接受隆乳手術的婦女而言，有時填充物的位置會跑掉，或胸部形狀變化太大，在生完小孩哺餵母乳

後，甚至可能需要再次手術維持美觀。如果在產後想要隆乳，也最好等到停止餵奶六個月之後。

Q：隆乳後，乳房的形狀能夠維持多久？

萬有引力自然不會放過沉重的胸部，當植入物愈大，乳房的形狀就更有可能隨著時間逐漸下垂。若形狀變化太嚴重，可能就需要再次手術，可是，第二次手術並非把植入物拿掉就沒事了。由於植入物周遭的組織會纖維化，使得手術困難度大為增加。

Q：隆乳後，會不會增加乳癌的機會？

首先，在隆乳之前一定要先確定，乳房裡沒有任何惡性腫瘤。至於隆乳本身到底會不會增加乳癌，經過科學家們的一番激辯，目前傾向於認為「沒有證據顯示隆乳會增加乳癌的機會」。[11]

Q：隆乳後，可以接受乳房攝影篩檢嗎？

什麼是篩檢性的乳房攝影呢？這是一種用低劑量 X 光偵測乳房腫瘤的方法，有助於發現早期乳癌。包含台灣在內的許多國家都有推行定期乳房攝影的篩檢政策，以期早期發現，早期治療。

相信許多接受過乳房攝影的人一定都覺得這個檢查實在不太舒服。為了攤平乳房組織，並讓厚度一致，所以需要用壓克力板

夾住並固定乳房以利攝影。就是這個夾住的動作，讓人擔心會不會夾破放在裡面的植入物？

當然有可能。不管是鹽水袋或矽膠，受到擠壓都有可能會破裂。所以說，隆乳後可以做乳房攝影，但要留心植入物破裂的問題。

除了植入物破裂之外，隆乳還有另外的問題。因為乳房裡多了個植入物，就可能會影響乳房攝影判讀的結果。根據《美國醫學會雜誌》的研究，隆乳後會降低篩檢性乳房攝影敏感度，也就是更不容易找到腫瘤。[12]

Q：隆乳後的女性快樂嗎？滿意嗎？

曾有論文討論怎樣的女性會想要去隆乳，發現大部分是二十歲到三十歲中高收入的族群，對自己的身體不太滿意，本身有較高的離婚率，還有較多婦科和精神方面問題，或性功能障礙，[13]因此一直以來，醫師總需要對計畫隆乳的女性做完整的心理評估。

而在隆乳之後，原本不快樂的女性會變得比較快樂嗎？根據美國一份大規模統計顯示，女性在隆乳後，確實覺得自我形象及自尊心都有進步，性方面的表現也較佳。[14]但是，另外也有多篇論文指出，隆乳後的女性，自殺率是普通族群的三倍以上，隨著時間推移，自殺率還會愈來愈高；[15、16]此外還較容易出現酒精成

癮及其他藥物濫用的狀況。

　　顯然，隆乳並非追求快樂的萬靈丹，許多藏在心裡頭的紛紛
擾擾並無法用隆乳來解決。打算接受隆乳手術之前，務必要再多
想一想。

第 7 課

有潮吹才算性高潮？

在成人電影的推波助瀾下，「潮吹」已是廣為人知的名詞，更被認為是極致性高潮的表徵。然而無論男女，親眼見識過潮吹的人應該不多。大部分人對於潮吹的認知恐怕都是來自於成人電影，女優總會像噴水池一般射出大量液體，將床單、地板甚至是攝影鏡頭弄得溼答答。

初次看到這種畫面，感到懷疑的人絕對占了多數，但是久而久之，大夥兒也就見怪不怪，更有人因為自己無法達成潮吹，而懷疑自己不夠「女人味」，或是認為伴侶的技巧不夠好。

關於潮吹這個課本沒有教，但是大家都信之不疑的主題當然值得好好地談一談。

女人的精液？

潮吹亦被稱為「女性射精（Female ejaculation）」。活躍於西元前四世紀的希波克拉底曾在著作中描述到：「女人也能射出一些東西，有時候會進入子宮而變得溼潤，有時會噴到體

外。」

　　羅馬醫師蓋倫[1]主張女人和男人一樣能夠射精，而且也需要射精，否則會因為蓄積太久而生病。深受皇帝重用的蓋倫留下了一百多本著作，他的學說主宰了西方世界長達一千多年。

　　西元十一世紀，波斯醫師伊本・西那[2]提到，女人會在性愉悅時射出某種液體。伊本・西那認為那是女人的精液。

　　過去的人們還不曉得精子與卵子的存在，所以會猜想男人的精液與女人的精液混合之後便能孕育出新生命，在東方的古籍中亦有類似的論述。

　　十九世紀的《醫述》[3]中說：「氣衰者，則不能久戰，男精已泄，女精未交，何能生物？……相火盛者，過於久戰，女精已過，男精未施，及男精施，而女興已寢。」這是說若男人過於早洩，雙方的精液就沒機會相遇，而無法懷孕；相對的，若男人太持久，不能配合女方的精液，亦無法懷孕。

　　他們不但認為男女雙方的精液要適時結合才能受孕，還非常講究「先來後到」的順序，倘若男人的精液先到，會懷男孩，女人的精液先到，則會懷女孩。[4]人類便是這般靠著無限想像來探索生命的未知。

　　由於煉丹術在東方流行了千百年，所以用許多篇幅談論養生與房中術的《攝生總要》便將女人視為「爐鼎」，而女人的精液正是提煉出來的「藥酒」。

他們挑選爐鼎的標準有眉清目秀、脣紅齒白、細皮嫩肉、聲音清亮等，這當然是父權體制下純粹以男人的角度所作的論述。

　　選好「爐鼎」之後，接下來就是「煉丹」的功夫。首先是「煉丹」的時機，古人對於做愛的時間與地點皆很講究，認為在「錯」的時間做，會傷身害命、災禍連連，在「對」的時候做，則能補氣強身、延年益壽。當女人「情動昏蕩，舌下有津，陰液滑流」時，便代表「藥酒」煉製完成。女人口中的津液稱為「天池水」，乳房分泌的是「先天酒」，至於陰精則叫作「後天酒」。[5] 男人迷信這些為大補之藥，還寫了一段歌訣：

「採陰須採產芝田，十五才交二八年，

　不瘦不肥顏似玉，能紅能白臉如蓮。

　胎息有真都是汞，命門無路不生鉛，

　煉成鉛汞歸元海，大藥能為陸地仙。」

　　鉛、汞等重金屬在過去被視為蘊含神祕效力的藥物，是煉丹術士常用的原料。循著這樣的想法，我們就能夠理解為何女人的經血被稱為「紅鉛」，而乳汁被稱作「白鉛」。[6] 若能吞服女體煉出的丹藥，便可成為「陸地仙」。如此想法被廣為流傳，也提供給貪欲好色的男人一套完美的說詞。畢竟在享受性歡愉的同時

還能補氣延年，何樂而不為呢？

我們都曉得，古代的男人「視精如命」，他們相信倘若不懂房中術又好色貪欲將讓精液耗竭，而百病叢生，甚至一命嗚呼。同樣的道理也被套用在女人身上，十九世紀的婦產科醫師認為，即將分娩的產婦若「交骨不開」，就代表是懷孕期間縱慾過度。[7] 交骨即恥骨，懷孕後期孕婦的恥骨聯合會鬆動且逐漸分離，使骨盆變寬以利胎兒通過。[8] 他們認為女人洩精過度會讓恥骨聯合緊閉而導致難產。

在沒有剖腹產的年代，難產的結局往往就是一屍兩命。這些恥骨聯合未分離的孕婦竟還會受到「產前貪欲，泄精太甚」這種莫名的責怪，實在非常無辜。

既然「女人洩精」多次出現在醫書裡，那小說家們當然不會錯過。

寫於十九世紀初的小說《瑤華傳》是這麼描述：「大凡男女淫欲之暢快，各有各體，如男子則先泄精，而後銷魂，其銷魂甘美之時，止不過頃刻。女身則不然，是先銷魂而後泄精，其暢快之時，數倍與男子。若不到至快至美之地，陰精可以不泄。凡男女清液，皆血氣所凝，加以膀胱相火一扇即化為精。」作者認為女人的高潮強度比男人高出數倍，而且若能達到「至快至美」的境界便會洩出陰精。差不多同時期的《綺樓重夢》中，少女瑞香生了重病，在睡夢裡竟然見到了心上人小鈺，大是歡喜，春夢一

度竟便把被褥給弄溼了。

「洩出陰精」亦是豔情小說的常客。這些曾被查禁的小說遣詞用字都非常通俗，也更為直白露骨，相當好懂。讓咱們挑幾段來讀讀。請各位仔細看看小說中所描述的洩精有何不同之處，稍後我們再做分曉。

碧卿與麗春是《春閨祕史》的男女主角，不同於花心的西門慶，碧卿可是專情得很，小說情節皆是夫婦兩人的閨房樂事。第四回中，遠赴南京教書的碧卿放假返家，久別重逢，兩人少不了要翻雲覆雨一番，「才抽出陽物，陰漿隨著陽物一齊放出，如大水沖破閘口一般，流得婦人滿腿都是。一塊毛巾，早已溼透，床上被褥也潤溼了一大塊，婦人皺眉埋怨道：『都是你興的花樣，太弄得有味了，流出這些勞什子水來，真是麻煩！』」

這位作者偏好用潮吹來呈現性愛場面，於第八回中也有這麼一段：「夜半醒來，倆人摸摸索索，終是久別之後，容易動火，又上身乾起，這次婦人捨死忘生，亂戰一場，淫聲大作，陰漿長流，直弄到筋疲力竭，力才止住，股下淫水汪洋，溼透被褥，婦人因連乾兩次，出水太多，身體受損不少。」

接下來是《搗玉台》裡俏二小姐拿手柄自慰的橋段：「忽然間，俏二小姐覺雙眼一花，自己恍若置於二哥懷中，二哥那黑壯陽物正全根刺入她之花蕊，覺得自小腹深處至那縫口皆超麻痛快，個中愉悅，難道其詳。又覺得腿間溫滑，亦知陰精又洩，欲

火漸盡，方才和衣而睡。」

遭到多次查禁的《繡榻野史》中不但描寫了陰精的質地，還拿出茶杯來量呢。「金氏閉了眼，昏昏睡去，只見陰精大洩。原來婦人家陰精比男子漢不同，顏色就如淡紅色一般，不十分濃厚，初來的時節，就像打噴嚏一般，後來清水鼻涕一般，又像泉水汩汩的衝出來。大里就蹲倒了把口去盛吃，味極甜又清香，比男子漢的精多得一半。……大里又緊抽緊頂幾百回。金氏道：『如今我過不得了！要死了！』只見金氏面皮雪白，手腳冰冷，口開眼閉，暈過去。大里把鳥兒拔出來，忙把茶鐘盛在屄門邊，只見陰精依舊流出來，流了大半茶鐘。」

雖然「洩出陰精」被小說家大書特書，但是看完以上這些說法，我們難免還是會有個疑惑，古籍中所謂的「陰精」究竟是具體的真有其物？抑或只是一種無形的概念呢？

我們沒辦法回到過去問個究竟，不過很幸運的卻能在醫書中找到答案，足以證明古人相信「陰精」是明確存在的東西。

女人也會夢遺？

西元十四世紀的醫書《丹溪心法》[9]中有個條目叫做「夢遺」，當時夢遺被認為是「夢與鬼交」，亦即於睡夢中與鬼魅交合而留下精液，是個需要治療的「疾病」。他們打算怎麼治療夢遺呢？

該條目開宗明義地說：「帶下與脫精同治法」，可見「夢遺」與「帶下」被當成同樣的問題。

　　「帶下」又被稱做「白帶」，是婦科常見的毛病，患者的陰道分泌物變得白濁濃稠。正常的陰道分泌物應該是無色、無味，能夠潤滑陰道且隨著生理週期增多或減少。會出現白帶大多是因為感染，諸如細菌、念珠菌、陰道滴蟲皆是可能的病原，大量繁殖的微生物與傷亡的白血球使陰道分泌物變得又白又稠，且會造成搔癢、異味、甚至惡臭。

　　因為又白又稠，古人很直覺地將「白帶」與「精液」聯想在一塊兒，[10] 類似的論述非常多，換句話說，他們將「白帶」視為「女人的精液」。「遺精」等同於「白帶」的想法承襲自《黃帝內經》，可謂流傳久遠。距今有兩千餘年歷史的《黃帝內經》將惱人的白帶歸咎於「淫」。[11]

　　爾後有許多醫書皆沿用這種思維衍生論述，警告大家思淫夢遺過度會導致腰痠背痛百病叢生。西元十八世紀的《素靈微蘊》認為女子帶下即精液流溢，這個問題在男人叫遺精，在女人就是帶下。[12] 該作者在另一本著作中亦直接認定「帶下」即是「陰精」，[13] 由此可知，古籍中提到的「陰精」應是具體的東西。

　　方才我們曾經提到，古時候難產的婦人會受到「產前貪欲，泄精太甚」的責怪，同樣的患有帶下的婦人也常被認定是「思想淫邪，春夢太多」，所以婦產科專書《竹泉生女科集要》中暗指

罹患白帶的女人「發了春夢卻刻意隱瞞」，害醫生無法做出正確的診斷。[14] 在衛生條件較差的年代，因為陰道感染而出現白帶的狀況應該非常普遍，但是由於缺乏微生物知識，患者非但得不到有效的治療，還可能揹上「思想淫邪」的指控，女人們真是百口莫辯呀。

潮吹的真相

縱使未曾親眼目睹，但是看完這些關於潮吹、洩精的論述，我們應該可以相信部分女性在性高潮時的確會釋放某種液體。緊接而來的問題就是：「那是什麼液體？」

回想一下那幾則禁毀小說的片段，我們可以發現所謂的「潮吹」似乎有兩種型態：一種的量很大，會「如大水沖破閘口」、「淫透被褥」；另一種的量較少，僅會讓人「腿間溫滑」。

咱們先來討論「大量的潮吹」。

大量的潮吹

根據有大量潮吹經驗的女人描述說：「潮吹發生時大量的液體湧出，會讓床單淫透或是濺到牆上」，甚至有人在感覺到即將潮吹時會跑到馬桶上。她們使用「大量水流」、「洪水氾濫」、「噴射」來形容潮吹發生的狀況。[15]

要將床單淫透，大概需要上百毫升的液體才可能達成。由於

液體很難被壓縮，所以如此大量的液體必然需要一個夠大的空間來容納，且需要寬闊的孔道才有辦法迅速排出。這樣的解剖構造肯定很顯眼，完全不可能被隱藏起來。只要看看女性骨盆腔的解剖構造，我們可以輕易發現，陰道旁邊有辦法存放大量液體的空間就只有膀胱。所以「量很大的潮吹」，顯然就是尿液。

性行為的過程中若是尿液會不自主地滲漏，稱為性交尿失禁（coital incontinence）。性交尿失禁有兩種類型，一種是在陰莖插入時發生尿失禁，另一種則是在性高潮的時候發生，排出的尿液從五十毫升到數百毫升不等。[16] 有學者認為性交尿失禁與應力性尿失禁或逼尿肌過動有關。性交尿失禁對女人來說，一點兒都不浪漫，因為每次性交之後都會弄溼床單，對性生活品質肯定有極負面的影響，可能需要尋求醫師的協助。

由於生理結構的關係，這一點在男女雙方有很大的差異，男人完全勃起時通常很難解出尿液，基本上不太會有性交尿失禁的問題，而女人在性興奮的時候則不會影響解尿，還可能出現尿失禁。

看到這裡，你應該就能猜到成人電影中頻繁出現的潮吹究竟是怎麼一回事了。想要拍攝既激情又戲劇化的畫面，最簡單的方法就是請女優解放尿液，像煙火秀一樣來場水花四濺的潮吹當作結尾。

從解剖學上我們能夠輕易指出「膀胱是唯一能夠存放大量液

體的地方」，但是如此淺白的答案肯定會扼殺許多遐想，所以讓男人很難接受成人電影中的潮吹只是製造戲劇效果的排尿而已。堅決不願意相信的朋友，可以聽聽成人電影的導演怎麼說。

在日本成人電影界赫赫有名，曾經導演過超過一千部成人電影的溜池五郎在他剖析成人電影的書中談到了潮吹，「在我的記憶中，堪稱潮吹開山祖師的 AV 女優就非一九八八年出道的中野美砂（化名，當時二十二歲）莫屬。雖然她在『宇宙企劃』旗下以單體美少女的身分登場，但她在拍片時認真做愛的模樣和本身容貌產生極大的落差，因而廣受眾多粉絲的歡迎。特別是男優對她進行局部的刺激行為時，便會開始產生一種無色透明的液體。這個被噴出來的液體便稱為『潮』，此現象著實讓不少 A 片觀眾嚇得目瞪口呆。但是過了二〇〇〇年的某個時期，這種當時突然出現的驚奇表現卻成了 AV 女優的基本能力。獲得『潮吹女王』封號的秋本圭（化名，當時二十一歲）更是當中的佼佼者。雖然她直逼天花板的潮吹會把攝影器材弄壞，但正因為她的出現才能讓其他女優爭相模仿潮吹技術。從這個時期開始，任何一個女優都能輕易施展潮吹技巧。……現在的女優們也深知潮吹技巧可以獲得觀眾的好評，所以在拍片前都會補充水分，隨時讓自己的身體做好準備。」[17]

由此可見，潮吹本來並不流行，是受到開山祖師的啟發之後，女優們才競相模仿，漸漸成為一種「表演技巧」，每個人皆

能收放自如地「釋放」，爾後發展為成人電影中不可或缺的畫面，更挑起了一整個世代的男男女女對於潮吹的想像。

順道一提，尿液的成分並非恆定，只要多喝一點水，尿液就會變得很稀。所以並不能說沒有尿味就不是尿液喔。

少量的潮吹

看完以表演成分居多的大量潮吹，接下來談談少量的潮吹。

西元十七世紀，荷蘭的解剖學家德·格拉夫[18]在著作中提到女性的尿道旁有腺體存在，且該腺體內有管道通入尿道裡。他認為這些腺體與男人的攝護腺於胚胎發育時是同樣來源，並稱其為「女性攝護腺」。性興奮時，女性攝護腺亦會分泌液體潤滑外陰部。

西元十八世紀的產科醫師斯梅利[19]認為女性攝護腺即為女性射精的來源。接下來有多位解剖學家、病理學家提到該腺體的存在，不過後來女性攝護腺被以十九世紀的婦產科醫師斯基恩[20]的姓氏來命名，稱「斯基恩氏腺（Skene's gland）」。

因為關於 G 點[21]的論述而在歷史上留名的葛雷芬柏格醫師，曾經把女性高潮時射出的液體拿去化驗，發現成分與尿液並不相同，他認為這些液體便是來自尿道旁的腺體。

從一九八〇年代開始，病理學家 Zaviačič 與他的團隊更深入探討斯基恩氏腺，進行了包含解剖學、組織學、病理學及功能上

的研究。一連串的證據皆指出該腺體與男性攝護腺為同源器官，也能表現出攝護腺特定抗原[22]與攝護腺酸性磷酸酶[23]。Zaviačič 主張直接稱該腺體為女性攝護腺是相當公允的做法。[24]除了解剖學和組織學的研究，近來也有泌尿科醫師使用高解析度的超音波辨識出這個位在女性尿道旁的腺體，並且於尿道中找到該腺體的開口。[25]

男人的攝護腺寬度約三至四公分，長度約四至六公分，重量約二十公克。男人每次射出的精液中約有三成來自攝護腺，算起來實在不多。女人的攝護腺尺寸較小，於性興奮的過程中所能分泌的液體當然更為有限，實際量測到的量大多只有一至數毫升，其中攝護腺特定抗原的濃度高達 30 ng/mL[26]（健康女性血清中的 PSA 濃度大多小於 0.9 ng/mL）[27]。

大家都曉得男人的攝護腺容易出現癌症，其實女人的攝護腺也可能產生病變。一位住在美國俄亥俄州的七十一歲婦人因為無痛感的血尿去就醫，後來被診斷為斯基恩氏腺癌。抽血檢查發現她的攝護腺特定抗原濃度高達 54,520 ng/mL。經過放射線治療之後，患者的症狀緩解，且血清中 PSA 濃度大幅下降[28]，其臨床表現與男人的攝護腺癌頗為類似。

經過千百年的摸索，如今的我們終於能夠對潮吹做出較正確的解釋。統整來說，**女性攝護腺是個確實存在的構造，能夠在性興奮時分泌幫助潤滑的液體，某些人積聚於尿道內的液體較多，**

所以能夠出現潮吹的現象，但是量並不會太多，至多幾毫升而已，古籍中提到的「洩出陰精」大概便是這個狀況。至於情色電影或禁毀小說中那種像噴水池一般的潮吹，都只是浮誇的表現手法，千萬不要當真呦！

高潮與否就差一點點

男人的性高潮很直接，只要刺激龜頭便可以達成，至於女人的性高潮便比較複雜，約有三分之一的人很少甚至不曾經由單純的陰道性交達到高潮。

一九二〇年代，深受困擾的瑪麗公主提出一個想法，她認為陰蒂與陰道之間的距離將會決定一個女人是否能夠經由陰道性交達到高潮。

為了取得較為精確的數字，瑪麗公主選用尿道口為參考點，並量測「陰蒂－尿道間距（clitoral-urinary meatus distance，簡稱CUMD，從陰蒂下緣到尿道口中點）」。在測量了兩百多位女性之後，她發表論文告訴大家說，陰蒂－尿道間距超過 2.5 公分的女性很難從陰道性交中達得高潮。後來，始終無法獲得高潮的瑪麗公主還決定接受手術，縮短陰蒂與陰道的間距，可惜成效不如預期。

到了一九四〇年代，另一位學者做了類似的研究，根據他們的紀錄，陰蒂－尿道間距變異頗大，從 1.5 公分到 4.5 公分都有。

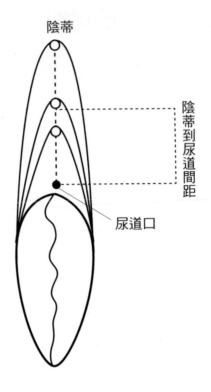

陰蒂

陰蒂到尿道間距

尿道口

將這些資料綜合分析，的確可以發現陰蒂－尿道間距愈短的人愈容易經由陰道性交達到高潮。研究人員相信，這是因為較短的間距使陰蒂能夠受到較多刺激。[29]

　　但是大家其實不需太過在意這樣的問題，只要能對彼此多一點了解，在性愛過程中改變姿勢或搭配適度的刺激，相信一樣可以獲得令人滿意的性生活。

第 8 課

吞下春藥，慾火焚身？

　　家喻戶曉的金庸小說《天龍八部》中，「天下第一惡人」用「陰陽和合散」陷害困在石屋中的段譽和木婉清，據稱，這種強力春藥霸道異常，「能令端士成為淫徒，貞女化作蕩婦，只教心神一迷，聖賢也成禽獸」。相信許多人都還記得這個橋段：「段譽和木婉清受猛烈春藥催激，愈來愈難與情慾相抗拒。到後來木婉清神智迷糊，早忘了段譽是親哥哥，只叫：『段郎，抱我，抱住我！』她是處女之身，於男女之事一知半解，但覺燥熱難當，要段譽摟抱著方才舒服，便向段譽撲去。段譽叫道：『使不得！』閃身避開，腳步下自然而然的使出了凌波微步。木婉清一撲不中，斜身摔在床上，便暈了過去。」

　　雖然同為靈長類，但是原本會在雌性猿猴身上出現的「發情期」早已消失不見，使女人的性慾變得相當隱晦不明，讓男人難以捉摸，因此自古以來，人們一直冀望有某種藥物能夠像開關一樣迅速挑起女人的性慾。

　　網路上不時會見到招攬生意的廣告，用露骨的文句促銷各式

各樣的春藥，諸如「快樂粉」、「迷情水」、「催情咖啡」、「西班牙金蒼蠅」等，皆宣稱可以挑起女人的性慾，要價不菲，縱使浮誇無稽、荒誕不經，但是卻極受歡迎。

雖然春藥是讓女人服用，但是這些春藥存在的目的常常都不是為了女人，而是肖想女人自動投懷送抱的男人。

清代小說《楊乃武與小白菜》中，知縣之子劉子和一心想要得到嬌美白皙、綽號「小白菜」的畢秀姑，於是找上了經營藥鋪的錢寶生。錢寶生得意地取出一包淡黃色的藥末，向他介紹道：「這種末藥，名喚藏春散，乃是一種最厲害的媚藥，卻又是專用於女子的妙藥。不論什麼貞節的女子，只須把這藏春散三分，和入茶水之中，使女子飲入腹中，不到半點鐘的光景，便春心大起，春意透骨，只要見有男子，都得俯就。非有男子交過，不能解去藥性，並且沒有不驗之理。這種妙藥，都是由種種興陽起陰的貴重藥品配合而成，我配這些藥末，也不知費了多少工夫精神，用了許多的金錢，方於今年四月中配就，一向不肯給人試用。如今是大少爺的事情，小白菜實是難於勾引，不得不惜這種妙藥了，設法使小白菜飲下肚去。不怕她不俯就著大少爺成就好事。」在慾念的驅使之下，心癢難耐的劉子和還豪氣地支付一千兩銀子。

無論是在小說裡或是現實世界，男人為了春藥真是煞費苦心，一方面希望讓自己加倍勇猛，一方面期待女人熱情如火。

古老春藥大賞

　　古籍中稱「春藥」為「媚藥」，來源遍及動植物，天上飛的、地上爬的、水中游的統統都有。西元九世紀《北戶錄》記載有南方人將「紅蝙蝠」當成春藥，由於紅蝙蝠經常成雙成對，當一隻被捕捉時，另一隻不會就此離去。這種看似深情的行為表現，使紅蝙蝠成了春藥的候選人。在過去這種藉著行為表現或形狀來推論「藥效」的思維非常普遍。[1]

　　西元十一世紀，宋代的《證類本草》將蚱蜢列為春藥，為何會出現如此離奇的聯想，蚱蜢究竟是如何和春藥扯上關係的呢？原來啊，他們認為蚱蜢能夠「與蚯蚓交」，所以有資格被當作春藥。可是，蚱蜢真的會跟蚯蚓交配嗎？[2]

　　當然不會，且讓我們稍稍了解一下蚱蜢的生殖過程。雄蚱蜢的腹部末端有交配器，能夠將精子送入雌蚱蜢的受精囊，待精子和卵子受精之後，雌蚱蜢會將腹部末端的產卵管插入土壤中產卵，經過一段時間便能孵化出小蚱蜢。或許就是這個產卵的過程，讓古人誤以為蚱蜢和蚯蚓在交配，進而將蚱蜢當成了催情春藥。對於莫名犧牲的蚱蜢，以及吞服蚱蜢的婦女們來說，這都是場充滿誤會的無妄之災。

　　另一個被當成春藥的小蟲子，說來亦會令人大吃一驚。書中說，雲南有種小蟲名叫「隊隊」，因為總是出雙入對所以被養在枕頭裡，希望可以治夫婦不和。[3]這小蟲其實就是壁虱，壁虱是

靠吸血維生的寄生蟲，宿主很廣泛，家禽、家畜與人類都會受到侵襲。由於壁蝨鮮少單獨出現，所以被解讀為「出必雌雄隨」，並進一步推論可以「入媚藥，治夫婦不合」，甚至價值四、五金。然而，壁蝨在吸血的過程中可能傳染多種疾病，將這種小蟲養在枕頭中顯然不是個好主意。

接下來這一味春藥取材自飽受誤會的狐。長久以來，狐被賦予了「妖媚」、「迷惑」的負面形象，直到今天「狐狸精」依舊是針對女性的貶抑之詞。不過說來有趣，在更早之前，狐可是吉祥瑞獸的象徵。他們相信當天下太平、德被蒼生時，自然界會顯示許多吉兆，諸如鳳凰、麒麟、白虎、白雉、白鹿、白鳥等祥瑞之獸會紛紛現身，而九尾狐也是其中之一。[4] 在他們的觀念裡，「狐」具有「明安不忘危」的特性，而「九尾」代表了「子孫繁息，明後當盛」。若是帝王能夠專心國事，不沉溺於美色，九尾狐也會現身。[5]

依循這樣的觀念，眾祥獸現身的次數自然備受官府重視，因為愈常見到祥獸就代表帝王的政績愈好。《東觀漢記》中詳細記載了鳳凰、麒麟、白虎、黃龍出現的次數，至於其他各式各樣的祥瑞之物更是用「日月不絕，不可勝紀」來形容，這馬屁可說拍得又亮又響。[6]《東觀漢記》是一部由官方編修的歷史，撰寫之人當然卯足全力吹捧聖上。只要能夠討主子歡心，誰又在乎事情的真真假假？經過了將近兩千年，這些空泛、浮誇、徒具形式的

表面工夫依舊讓人不禁啞然失笑。

雖然曾經與白兔、蟾蜍、三足烏並列為「四瑞」，九尾狐卻漸漸被妖魔化。西元二世紀的《說文解字》已將狐解釋為「妖獸也，鬼所乘之」。古代人覺得狐可以吸收人氣或日月精華，然後修練成精。藉著口耳相傳以訛傳訛，神話也愈來愈誇張，到了西元四世紀時，大家開始相信狐狸可以活到八百歲，滿五百歲之後，即可以變身為人形。[7]

爾後更是眾說紛紜添油加醋，有傳言「千歲之狐，起為美女」[8]，也有傳言「狐五十歲，能變化為婦人。百歲為美女，為神巫，或為丈夫與女人交接，能知千里外事，善蠱魅，使人迷惑失智。千歲即與天通，為天狐。」[9]大量的鄉野傳奇中都少不了狐仙或狐妖，狐化身美女色誘男人以吸取精氣的橋段無所不在。如此一來，狐和春藥被聯想在一塊兒也就不會太令人意外。

西元十六世紀，《本草蒙筌》將狐的唾液列為藥方，作者認為狐是淫婦的化身，狐的唾液可以當成春藥。文中還特地寫了方法教人取得狐的唾液，方法很簡單，可以將肉塊裝進開口較小的罐子裡誘狐前來，因為吃不到又取不出來，狐的唾液便會流入罐中。[10]究竟有沒有人如法炮製？能不能奏效？我們都不得而知，但是既然認定狐是仙是妖，又如何期待牠們會栽在這樣的小把戲上，那豈不枉費了千百年的修行？

回頭追溯，我們會發現「口水變春藥」的說法可能源自於古

早的奇幻文學。成書於西元八世紀的《廣異記》是部志怪小說，類似現代的奇幻文學，內容多是鬼神佚事，裡頭有許多故事都與狐狸有關。其中一則是這麼說，有位年輕人喜歡在夜裡放置陷阱來捕捉野獸。某天，獸網捕獲了一位生吃老鼠肉的婦人，年輕人用斧頭砍殺之後，現出原形，正是隻老狐。他把戰利品搬回家時遇到了一位僧人，僧人勸他饒了老狐一命，因為狐狸口中有非常珍貴的「媚珠」。於是年輕人將狐狸帶回家養，過了幾天待老狐稍微恢復之後，僧人便將窄口的小罐子埋進地下，然後放進香噴噴的燒肉誘惑狐狸。想要吃肉的狐狸會把嘴巴湊在瓶口，唾液即流入罐子裡。燒肉若是涼了，便再丟兩片進去，反覆數次之後，口水直流的狐狸終於吐出珠子，一命嗚呼。[11]

由這兩段雷同的敘述，我們可以猜測，原本屬於鄉野傳奇的情節在經過了幾百年之後被收進醫書之中，加入媚藥的行列。

與「狐的口水」一般，「龍的口水」亦被當成媚藥，而且據說還是「媚藥之首」[12]。古人謠傳「龍涎香」是龍在海邊睡覺時流口水積聚而成，不過這東西其實是抹香鯨腸胃道中產生的糞石。[13]

腸道裡的糞石真的有辦法催情嗎？當然不可能。這是因為「物以稀為好」的觀念自古以來根植人心，罕見的東西經常被視為靈丹妙藥，可以延年益壽，中世紀的歐洲曾將山羊腸道裡的糞石視為萬靈丹用來解毒治百病，龍涎香會被吹捧為「媚藥之首」

也就不是太令人意外。

又根據「物以稀為貴」的道理，龍涎香亦是價值非凡，每兩價值百金。龍涎香相當搶手，不但皇室大舉蒐購，在國際貿易中也是相當熱門的貨物。

吃多了春藥會怎樣？

記載於書中的春藥已是如此的五花八門，坊間口耳相傳的祕方更是多不勝數。男人們雖然躍躍欲試，但是對於春藥也常懷著揮之不去的顧忌。除了「精盡人亡」的考量之外，人們也擔心春藥「燥熱」、「太過上火」，可能有害健康。

以文采聞名於世的風流才子紀曉嵐有個較少為人知的事蹟，據說他非常熱中於性愛，每天至少做愛五次，清晨一次、返家一次、中午一次、下午一次、睡前一次，倘若臨時起意，還會額外加碼。[14] 即使到了八十歲，猶好色不衰。[15]

紀曉嵐擁有如此頻繁的性生活，是否為春藥的愛用者咱們無從考證，不過在他的著作《閱微草堂筆記》中有則故事提到春藥的可怕。某人借宿朋友家，在天將破曉時，忽然出現兩隻老鼠在房間裡追逐跳躍，瓶瓶罐罐都被撞翻打破。過沒多久，一隻老鼠躍起數尺，跳了幾次之後，老鼠七竅流血倒地而死。僕僮收拾殘局時赫然發現，原本放在盤子裡的春藥被老鼠吃掉了大半，老鼠因此變得「狂淫無度」。母老鼠不堪滋擾而四處逃竄，公老鼠無

處發洩終於暴斃。友人見到這種狀況驚駭不已，趕緊將剩餘的春藥統統扔掉，生怕被燥烈之藥所毒害。[16]

偽托華陀之名所作的《華佗神方》也對春藥的愛用者提出警告，認為吃多了春藥前額會長出「瘡癤」，患者會感到頭重如山，隔天會變成青紫色，再隔天青紫色會蔓延全身而死，相當可怕。[17]

後世醫書多沿用這樣的說法，西元十八世紀的《瘍醫大全》認為春藥是「大熱之藥」，吃多會結成大毒。[18] 從小說到醫書，春藥害命的觀念所在多有，可見藏在男人心中這種「既期待又怕受傷害」的矛盾心態應該非常普遍。

吞下金蒼蠅，催情？催命？

無論古今中外，吃春藥中毒的案例多不勝數，直到今天都還很流行的「西班牙金蒼蠅」即是一例。

情趣用品網站上都會拿「西班牙金蒼蠅」大肆宣傳，宣稱蒼蠅粉、蒼蠅液為催情聖品，可以讓人意亂情迷。西班牙金蒼蠅其實不是蒼蠅，而是種名叫斑蝥的甲蟲。斑蝥的體液含有斑蝥素會刺激我們的皮膚形成水泡，世界各地的人們都曾經把斑蝥當成藥材來使用。由於陰莖勃起是斑蝥素中毒的其中一種表現，所以在十八世紀就有人拿來當成春藥。

不過，拿斑蝥當春藥是非常不智且危險的行為，斑蝥素會讓

黏膜燒灼、發紅、潰爛，只要少量便可能造成嘔吐、腹痛、血便、血尿、急性腎衰竭、心律不整、呼吸困難、痙攣、譫妄等問題，影響全身許多器官。即使出現陰莖勃起，患者也完全無法感受到任何歡愉。

斑蝥素中毒的案例時有所聞，大多數患者都是肖想拿斑蝥素當春藥，結果不但沒效，還吃盡苦頭。如果您曾經服用西班牙金蒼蠅卻毫髮無傷，那代表花大錢買到了不含斑蝥素的假貨，不過千萬別懊惱，這可說是因禍得福，因為正牌金蒼蠅可能會要人性命。

在英國曾經有個男人拿了摻有斑蝥素的甜點給兩位年輕女孩吃，很快的女孩們便感到很不舒服且開始嘔吐。幾個小時後，女孩們被送到醫院時又吐又拉全都是鮮血，經過搶救，依舊命喪黃泉。

催情春藥在何方？

經過千百年的等待，具有實際功效的口服壯陽藥終於誕生。一九九八年威而鋼通過核准，上市之後旋即引爆搶購熱潮，變成史上最受歡迎的藥物之一，替藥廠賺進大把鈔票。

威而鋼的機轉是抑制磷酸二酯酶，促使陰莖海綿體內的平滑肌放鬆，而造成勃起。它可以有效改善勃起障礙，而造福那些「有性慾，勃不起」的男人，也讓人們開始思考，能否找到一種

藥物可以幫助那些「勃得起，沒性慾」的男人或者是女人。

「再來開發讓人性慾高漲的藥物吧！」見證威而鋼的狂銷熱賣，藥廠主管們莫不摩拳擦掌，躍躍欲試。

一般而言，大家會認為男人的性慾較強，但是受到生理或心理因素的影響，男人其實也會出現性慾低落的狀況。性慾低落絕非停經婦女或老年人的專利，有不少青壯年亦遭遇同樣的問題，且發生機率遠遠高出我們的想像。據估計，可能有兩成左右的男性及更高比例的女性性慾低落。酗酒、吸毒、肥胖、糖尿病或是焦慮、憂鬱及精神壓力都可能使人失去性慾。若能開發出改善性慾的藥物，應可幫助許多人重拾性愛，提升生活品質。

我們在第 4 課（第 55 頁）裡聊過威而鋼的故事。起初研究人員拿威而鋼進行人體試驗的目的，主要是希望了解其降血壓及保護心血管的功效，沒想到卻意外發現威而鋼具有讓陰莖挺立的「美妙副作用」，進而發掘出驚世之藥。

可以想見，往後藥廠在做新藥測試時，當然不會忘記詢問受試者是否感受到「提升性慾」或是「讓陰莖挺立」的「副作用」。只要發現能夠「增進性功能」的蛛絲馬跡，研究人員就會認真探討新藥的作用機轉，看看是否有開發為春藥的可能。

經過這幾年的尋找，還真讓他們找到了一個有機會成為「春藥」的新藥物。有趣的是，這款名為「布美諾肽（Bremelanotide）」藥物原本是用在「人工晒膚」呢！

原來啊，西方人覺得白皙的膚色不健康，所以很喜歡用人工的方式將肌膚晒成亮麗的古銅色，然而西方人的白皮膚相當不耐晒，很容易在照射紫外線後引發皮膚癌。藥廠開發出的新藥布美諾肽，構造類似黑色素細胞刺激素，能促使頭髮或皮膚的色素形成，使皮膚較快轉變成人們所期待的古銅色，同時亦能減少曝晒過久罹患皮膚癌的機會。

　　這款藥物進入臨床試驗後，馬上就有受試者發現布美諾肽會讓人自發性的達到高潮。還有些受試者表示自己曾經使用過威而鋼，卻仍無法提振雄風，但在布美諾肽的幫忙下就這麼舉了起來。剛聽到受試者的使用心得時，研究人員還不相信布美諾肽有這麼神奇，但他們接著做了個實驗，請十位男性服用布美諾肽，並實地觀察接下來發生的事情。研究人員是這麼說的：「你們相信嗎？試驗過程中我們沒有提供成人電影，也沒有請受試者性幻想或是自慰，他們服藥後只是乖乖坐著而已，但十位受試者中有九位的『小弟弟』就這麼站了起來！很神奇吧！」

　　當然我們需要排除受試環境具有暗示性的可能，因此藥廠同時間仍請來另外十位男性受試者服用安慰劑作為對照組，相較之下，對照組的「小弟弟」們就非常安分，沒有令人意外的「表現」。

　　既然實驗證實布美諾肽可讓男人的陰莖挺立，而且某些對威而鋼沒有反應的男人，吃了這個反而有效。藥廠推測，布美諾肽

可能是直接作用在腦部，調節大腦內參與性反應的路徑直接提高性慾，對「性趣缺缺」的人很有幫助。

這樣的想法讓研究人員靈光乍現：「何不拿這個藥讓女性試試看呢？畢竟，超過三成的女性有性功能障礙，而問題的癥結並非身體不行，而是性慾障礙，性趣缺缺啊！」

然而，進入大規模研究後，布美諾肽的壞處就出現了，由於會使血壓升高，藥廠不得不在二〇〇八年停止相關的臨床試驗。但是，研究人員實在不願意就此放棄一個具有強大潛力的藥物，因此決定改變藥物的使用方式，從原本的「鼻噴劑」變成後來的「皮下注射給藥」，然後再度進入人體試驗。

參與這次試驗的受試者是三百多位尚未停經、被診斷為性慾低落的婦女，她們均會接受「自行皮下注射」的訓練，然後把藥物領回家。她們會在性行為發生前的四十五分鐘自行注射藥物，每天最多只能注射一次藥物，而且這個藥物不能天天施打，四個星期內最多只能打十六劑，約莫每兩天能夠使用一次。

實驗結果顯示，布美諾肽確實能夠增加性愛次數，劑量愈高則增加愈多，且會提升性生活的滿意度。雖然受試者的血壓在十六週的觀察期中平均升高了 2 mmHg 左右，但因血壓問題需退出實驗的人數與安慰劑組退出的人數差不多，所以應該不是個大問題。

目前布美諾肽仍須接受更進一步的試驗與評估，雖然尚未上

市，但業界均一致看好這款春藥的前（錢）途。結果如何，就讓我們拭目以待，看看布美諾肽能否成為新一代「改變世界的藥物」吧！

喝酒吸毒可以助性？

　　毒品、酒精對人類危害深遠，卻經常被拿來狂歡作樂。有些流言說毒品酒精可以助性，既能持久又可提升性快感。這樣的說法是否正確呢？

　　華盛頓大學的研究人員曾經對毒癮患者進行調查，研究毒品對於性行為的影響。統計結果發現，使用毒品或酒精之後，有超過四成的人會出現勃起功能障礙或無法達到高潮，而有部分人會早洩，至於使用毒品的女生則有兩成五會無法達到高潮。

　　雖然有些人覺得喝酒之後變得比較持久，但想藉著酒精讓自己持久絕對是個超級爛主意，因為酒精依賴的患者中有很大比例的人會出現性功能障礙。

　　此外，吸食毒品之後，認知功能會受到影響，所以人們較容易出現性濫交，使感染性病的風險大為增加，最好還是敬而遠之。

第 9 課

男人的包皮割不割？

　　包皮環切這項手術在人類歷史上已經存在相當長的時間，因為手術不複雜且不需要太久的時間，所以即使缺乏麻醉、消毒的技術，仍可被廣泛地執行。許多文明都有替男人割包皮的習俗，基於宗教信仰是個常見的原因，例如猶太教徒會替八天大的嬰孩執行割禮，而穆斯林會替四至十三歲的孩童割包皮；另外有些是為了龜頭的清潔，有些則是將割包皮當作男子成年的儀式，也有些是認為割包皮可以讓男人擁有較佳的性能力或生殖力，如同女孩子的月經一般，他們將割包皮所流的血視為性成熟的表現。

　　距今四千餘年的壁畫裡可以見到古埃及人進行包皮環切術的景象，而古老的木乃伊身上亦可以見到割包皮的證據。多虧埃及人有替屍體防腐製成木乃伊的習慣，否則缺乏堅硬骨骼的陰莖通常無法留存下來。

　　撰寫於西元十九世紀末的《醫門補要》中有個條目叫做「龜頭皮裹」，此即包莖。由於包皮的開口窄小而無法露出龜頭，如此一來既不能清潔，甚至連解尿都有困難。嚴重包莖的患者於解

尿時，部分尿液會蓄積在包皮內，形成一顆「水球」；性交後射出的精液亦容易被包皮困住，當然會影響受孕。假使勉強褪下包皮，還可能會緊緊箍住陰莖進而阻斷動脈血流造成龜頭缺氧壞死。

想要處理包莖，手術是唯一的治療，當時他們有兩種作法。[1]一種是先用骨針將開口撐大，然後直接用剪刀剪下適量包皮，可以想見，手術過程中肯定是鮮血淋漓。於是他們發展出另一種方法，醫師將帶線細針從包皮的開口進入，然後直接由間隔一段距離的包皮穿出，接著束緊細線。被束在繩結內的包皮會逐漸壞死斷離，爾後數日一步步收緊繩結，原本窄小的包皮開口便能大為拓寬。

第一種方法看起來較殘忍血腥，製造的傷口也較大。不過，第二種方法其實也不輕鬆，雖然失血較少，但是因為被繩結束緊的組織會缺氧而伴隨劇烈疼痛，選擇這種方法的患者恐怕也會有好幾天下不了床。

如今，藉著局部麻醉藥的協助，讓患者可以在毫無知覺的狀況下接受包皮環切術，手術過程平順祥和，失血量亦相當有限，術後的止痛藥也能協助患者度過頭幾天的不適。世界衛生組織估計，全世界超過十五歲的男性中約有三成接受過包皮環切術。

割包皮的男人較不會得病？

有學者認為人類會發展出割包皮的習俗最早可能是為了清潔。起源於中東的基督教、猶太教、伊斯蘭教，以及非洲的埃及皆會替男人割包皮，這可能不是巧合，而是因為沙漠裡的黃沙滾滾。

兩次世界大戰期間，駐紮於中東和北非的部隊便深受沙粒的威脅，蓄積在步槍內的沙粒會造成卡彈，蓄積在包皮內的沙粒則會造成包皮龜頭炎，反覆性的包皮龜頭炎很棘手，還可能產生疤痕組織影響勃起，最後讓許多士兵接受了包皮環切手術。[2] 或許在數千年前便是惱人的包皮龜頭炎，促使當地的文明發展出割包皮手術，畢竟用刀割下發炎、潰爛或攣縮的包皮才有辦法一勞永逸。

除了減少包皮龜頭炎之外，割包皮還可以降低嬰幼兒泌尿道感染的機會。多倫多大學的學者蒐集了六萬九千餘位男孩進行分析，結果發現因為泌尿道感染住院的機會，在割除包皮的男孩約為每千人中每年 1.88 人，在未割包皮的男孩則每千人中每年 7.02 人。[3]

爾後有人進一步作「替新生兒割包皮」的成本效益分析，總計納入一萬四千餘位男嬰，其中有六成五接受了包皮環切手術。他們發現未割包皮的男孩發生泌尿道感染的機會較高，使治療費用、住院費用大幅上升，雖然未割包皮這一組的人數僅占全體的

三成五，但是總醫療費用卻是割除包皮那一組的十倍之多。[4] 因此他們認為無論在健康或是經濟層面，替新生兒割包皮都是有價值的做法。

另一項割包皮的好處是在一九八〇年代被發現的，那時候愛滋病正式躍上檯面成為令世人震驚且畏懼的可怕疾病。當研究人員嘗試探討愛滋病於地域上的差異時，艾西納醫師推測中非與海地的男人大多沒有割包皮，這可能與較高的愛滋感染率有關，陸陸續續提出的研究報告也認同這樣的論點。[5]

因為非洲的愛滋感染率很高，每年會增加一、二百萬名新病患，所以研究人員於南非、肯亞與烏幹達進行隨機對照試驗。約翰霍普金斯大學的研究團隊招募了近五千位沒有感染愛滋病毒的男性，然後替一半的人割除包皮。追蹤兩年後發現，愛滋感染率在割除包皮這一組人為每一百人中每年 0.66 人，在未割包皮這一組為每一百人中每年 1.33 人。[6] 這些結果提供了很好的證據說明割除包皮的異性戀男人較不會受到愛滋病毒的感染。

由於這一系列研究認同割包皮對於愛滋病具有一定程度的保護力，自然會有人希望實際運用到愛滋病的防治。世界衛生組織與聯合國愛滋防治計畫（UNAIDS）從二〇〇七年開始建議衛生單位可將割除包皮視為另一項防治策略，並於十餘個國家推行，鼓勵男人接受包皮環切術。根據估算，若替兩千萬名男性割除包皮，大約需要十五億美元的經費，但是後續的十多年間預計可以

省下一百六十五億美元的愛滋治療費用。

既然割包皮對愛滋病似乎有部分保護效果，大家當然會很好奇割包皮與其他性病之間的關係。

人類乳突病毒（Human Papilloma Virus）會讓生殖器長出密密麻麻的尖形溼疣，也就是「菜花」，更麻煩的是某些人類乳突病毒會導致子宮頸癌，而子宮頸癌是全世界女性因癌症死亡的重要原因之一。約翰霍普金斯大學所進行的試驗發現，包皮環切手術可以降低男人與其女性伴侶感染人類乳突病毒的機會。[7]

另外，由肯亞的試驗中發現，割除包皮能夠降低男性生殖道的黴漿菌感染率，[8] 但是並不會改善女性伴侶的黴漿菌感染率。[9] 至於淋病、梅毒、披衣菌等性病也都有人著手進行研究。

不過，對於割除包皮能否對性病產生保護作用仍有人抱持反對意見，並質疑為了預防性病而割除包皮的政策，相信這場論戰還會持續很多很多年。[10]

無論如何還是要提醒大家，割除包皮絕對無法讓男人完全免於愛滋病毒或性病的感染。安全性行為並使用保險套才能得到較完善的保護。

割包皮會影響性功能？

拋開關於性病的考量，男人們最關心的話題大概是割除包皮對於性能力有什麼樣的影響，究竟是會導致早洩？抑或更持久

呢？

　　有傳聞認為，缺少包皮覆蓋的龜頭會因為經常跟衣物摩擦而變得較不敏感，使男人能夠較為持久。不過，也有傳聞說，讓男人敏感的神經藏在包皮下方，割除包皮會造成男人早洩。聽到徹底相反的兩種說法，肯定會讓男人很困惑。

　　評估早洩與否的標準是參考陰道內射精前驅時間（intravaginal ejaculatory latency time, IELT），也就是從插入陰道至射精的時間。主張割除包皮可以改善早洩的醫師實際進行試驗，他們將早洩男人的包皮完全切除，然後比較術前和術後的陰道內射精前驅時間。他們發表的結果頗引人注目，因為平均時間由六十四秒延長到了七百三十一秒，使伴侶較能達到高潮，性愛的滿意度明顯上升，且每週性交的次數增加。改善早洩的原因可能是因為陰莖的敏感度下降。[11] 然而參與這項試驗的男性僅有四十餘位，所以可能需要更多的佐證才能區分是真實效果，或僅只是「安慰劑效應」。[12]

　　讓我們來看看較大規模的研究報告。一份涵蓋一千一百餘位男性的調查指出，割包皮並不會導致早洩。[13] 另一個前瞻型的研究號召了來自五個國家的五百對伴侶參與為期四周的研究，請他們用碼表記錄每次性交的時間，統計結果同樣顯示割除包皮與早洩沒有關聯。[14]

　　又根據系統性文獻回顧，總共分析四萬餘名男性所得到的結

論，學者認為包皮環切術並不會影響男人的性功能、性敏感度與滿意度。[15]

這些較大規模的報告應該具有較高的可信度，對此男人應該可以放心，若是受反覆性包皮龜頭炎所苦還是要盡早接受手術。

陰毛留不留？

　　古時候的中國人稱沒有陰毛的女人為「白虎」，並視之為不祥的象徵。然而西方世界對於陰毛有著恰好相反的觀點，他們覺得除掉陰毛之後會讓人變得較年輕、較乾淨、較性感。

　　有篇關於陰毛的報告很有意思，研究人員調查了一千一百餘位美國大學生，探討他們對於陰毛的看法。[16]

　　研究人員發現，49.8% 的女大生會除掉所有陰毛，25.6% 的女大生會偶爾除掉所有陰毛，而男大生除毛的比例就少了許多，僅 18.8% 的男大生會除掉所有陰毛，22.2% 的男大生會偶爾除掉所有陰毛。

　　人們會如此在意陰毛當然跟性伴侶的態度有很大的關係。調查發現，60% 的男大生偏好沒有陰毛的性伴侶，24.4% 的女大生偏好沒有陰毛的性伴侶。

　　在除毛工具方面，大多數人都是使用剃刀，僅有少部分的人會使用蜜蠟除毛。

　　陰毛到底該除還是該留，本來就沒有標準答案，大夥兒不需要被迷信左右，只要自己和伴侶都喜歡就行嘍。

第二章

情慾相談室

第 10 課

通往女人心的路，是陰道？

　　張愛玲在短篇小說《色·戒》裡有這麼一句話：「通往男人心的路，是胃；通往女人心的路，是陰道」。

　　在一九五○年代，那是個連比基尼泳裝都顯得驚世駭俗的年代，竟然有人寫出如此露骨的文字，而且還是出自一位女性之手，實在令人佩服不已。這部優秀的作品直到三十年後才公開發表，激起了許多討論，有趣的是，張愛玲筆下堪稱前衛的觀點，竟也逐漸被科學家給證實了。

　　原來，通往女人的心，真的跟陰道有點關係。

性·愛·荷爾蒙

　　我們曉得人體內有許多種荷爾蒙，可以調節不同的生理作用，例如胰島素能夠降血糖、腎上腺素使血壓上升、性荷爾蒙促進性成熟、甲狀腺素與代謝速率有關。其實，不只有生理功能會被荷爾蒙控制，連心理或行為都受到了或多或少的影響。

　　一九八七年，科學家使用催產素在卵巢已切除的綿羊身上做

實驗。催產素又稱為子宮收縮素，在分娩時會大量釋放使子宮的肌肉收縮，並會促使乳汁分泌。

實驗發現，當母羊腦中催產素的濃度上升時，會對周遭的小羊表現出較多的「母性行為」，例如低頻的咩咩叫、嗅聞、舔拭，並且會允許小羊吸奶。若用手刺激母羊的陰道與子宮頸十分鐘，亦會出現類似的反應，因為刺激陰道與子宮頸使腦中的催產素濃度上升。[1、2]

建立親子記憶對許多動物來說都至關重要，缺少親代的照顧，幼小的動物很難存活。從觀察發現，母羊在生產後的兩個小時內會與小羊建立親子記憶，超過這段時間就不會接納新的小羊。藉由這樣的連結，母羊可以辨識誰是自己的孩子，並會拒絕陌生小羊吸奶的企圖。不過當科學家刺激母羊的陰道與子宮頸後，母羊又會與陌生的小羊建立連結，就好像是個開關一般，讓牠從排斥轉為接納。[3]

人類的行為比綿羊複雜許多，但我們的大腦仍舊會受到諸多荷爾蒙的影響，進而產生不同的行為。分娩與性交對陰道與子宮頸的刺激會產生大量的催產素，吸吮乳頭會使催產素升高，而改變女性對於伴侶或是嬰幼兒的認知與觀感。伴侶間的性愛、幼兒吸奶都會不斷強化這樣的連結，使愛情與親情更加鞏固。除此之外，日常生活中的擁抱與觸摸，也會促進催產素分泌。

不只有女人，男人的行為亦受到催產素的影響。愈來愈多的

實驗顯示，催產素與伴侶間的感情、接納與信任有關，甚至還擴及了更廣泛的社交行為。

觀看陌生人的相片時，由鼻腔噴入催產素的受試者較容易認為陌生人是值得信賴且具有吸引力。[4] 而在進行投資遊戲時，噴入催產素的受試者較願意信賴他人。

還有一個與愛情相關的荷爾蒙是血管升壓素，雖然名稱聽起來和愛情一點兒關係都沒有，不過動物的大腦若能感受到較高的血管升壓素，就會表現出截然不同的行為。以田鼠的實驗來說，若公鼠腦中血管升壓素受體較少，牠的行為就很類似遊戲人間的花花公子，會不斷追求母鼠並與很多的母鼠交配；若血管升壓素受體較多，公鼠會變成專情顧家的乖乖牌，盡責地養育下一代。類似的狀況在人類身上也得到了印證，大腦中血管升壓素受體較少的男性其離婚的機率會大幅上升。

由種種證據看來，小至親密愛人，大至人類社群的互動，荷爾蒙都悄悄地發揮作用，讓生命得以延續。

探討性與愛背後的機制，並非企圖把它簡化成單純的化學反應，畢竟裡頭還牽涉到了太多屬於生理或心理層面非常複雜精細的微調。但是，無論如何這些根植於腦中的古老程式，仍然在不知不覺中深深影響我們的行為表現。

也許在《色‧戒》末了，讓王佳芝動了真情也讓刺殺行動功虧一簣的，不是鴿子蛋般大小的鑽石或易先生深情款款的眼神，

而是更巧妙幽微的轉折。心思細膩的女孩，經由敏銳的觀察寫下了扣人心弦的篇章，也告訴我們愛與性本來密不可分，也將永遠相依相隨。

〔性學小站〕

令人意亂情迷的費洛蒙？

一九五九年，動物學家發現雄蛾對於雌蛾所散發的某種化合物非常敏感，即使在數公里外都會受到吸引，他們稱之為費洛蒙。在昆蟲之間，費洛蒙不但用來求偶，還可用來溝通訊息。螞蟻是很容易觀察到的例子，牠們精於使用這種化學語言來標示路徑、聚集同伴。

後來有位心理學家觀察一群住在宿舍的女學生，她發現住在一塊兒的女孩子月經週期有同步化的現象，似乎有什麼看不到的東西悄悄影響著人的生理功能。[5] 這篇發表在《自然》期刊的論文激發了無限想像，許多科學家紛紛投入研究，希望找出屬於人類的費洛蒙。他們探索髮根、腋下、乳房、會陰部，或收集汗水、尿液、精液，期待挖掘出隱藏其中可以令異性神魂顛倒的女人香、男人味。

腦筋動得快的商人很快便推出各式各樣號稱添加了費洛蒙的商品，香水、乳液、面膜、護髮素，還區分為男人專用、女人專用、同志專用，配上誘人的文案，銷路應該相當不錯，只要花點

錢就能讓人意亂情迷、投懷送抱，誰不愛呢？

　　然而，事情真相恐怕會讓那些相信自己沐浴在費洛蒙中散發無限魅力的消費者們大失所望。因為經過幾十年的努力，研究人員的確發現某些氣味可能讓受試者的腦部或生理出現變化，但是尚未發現足以改變人類行為的證據。

　　這不難理解，畢竟人類行為比昆蟲複雜許多，大概不會因為某種氣味便從冷感無感陷入瘋狂熱戀，單靠氣味求偶成功的機會微乎其微。

　　至於那篇描述月經同步化的論文也陸陸續續受到許多挑戰，有人重複類似的實驗，卻發現不存在月經同步化的現象，經過多年依然沒有定論。

　　這場對於人類費洛蒙的追逐肯定還會持續很長一段時間，商人也依舊會繼續編織魅惑美夢賺進大把鈔票。在灑上要價不菲的費洛蒙香水企圖吸引心上人之前，大家可要冷靜地動腦想一想。

第 11 課

腎虧損身，精盡人亡？

「醫生，我不想要吃藥。」

「為什麼？你的血糖這麼高，不好好控制會很麻煩的。」

「因為西藥很毒，吃多了會腎虧啊！」

這是診間裡頭時常出現的對話，生怕吃了藥會腎虧陽痿。抱持這種想法的人所在多有，滿腦子想的都是養精固腎。這種觀念由來已久，十七世紀的醫書《萬病回春》說：「世人唯知百病生於心，而不知百病生於腎。飲酒食肉，醉飽入房，不節欲，恣意妄為，傷其精，腎水空虛，不能平其心火」，也就是將百病的根源歸咎於腎虛、腎虧。

縱慾過度、精盡人亡？

既然醫書都這麼主張了，小說家對於「縱慾過度、精盡人亡」的關聯更是言之鑿鑿，講得活靈活現。推測寫於唐宋年間的豔情小說《飛燕外傳》，便將漢成帝劉驁的死歸咎於荒淫無度。漢成帝寵幸趙飛燕與趙合德這對美人姊妹，而廢黜皇后，立趙飛

燕為皇后，納趙合德為昭儀。沉溺於溫柔鄉的漢成帝健康狀態頗不理想，於是求了奇藥以助性事，本來服下一顆藥丸便能享一度風流，結果有天晚上昭儀喝醉了，讓成帝一口氣吞了七顆藥，於是乎翻雲覆雨一整夜。豈料，隔天上午成帝「陰精流輸不禁」，終於倒地不起。昭儀起身探視，只見成帝餘精出湧，過沒多久便駕崩了，年僅四十六歲。[1]

另一位赫赫有名的小說人物也是這樣死的。《金瓶梅》中的西門慶富有多金、長相帥氣、身材健美，他的生活中從來都不缺美酒和女人。有一天，西門慶喝醉了酒，回到家裡倒頭就睡鼾聲大作，慾火焚身的潘金蓮可不甘寂寞，她不斷逗弄西門慶的那話兒，偏偏毫無反應，於是決定祭出壯陽藥來。「那婦人便去袖內摸出穿心盒來打開，裡面只剩下三四丸藥兒。這婦人取過燒酒壺來，斟了一鐘酒，自己吃了一丸，還剩下三丸。恐怕力不效，千不合，萬不合，拿燒酒都送到西門慶口內。醉了的人，曉的甚麼？合著眼只顧吃下去。」心急的潘金蓮生怕藥力不夠，把三顆藥丸和著燒酒全灌進西門慶的嘴裡。接著潘金蓮又拿帶子繫在陰莖根部，縱使西門慶睡得一塌糊塗，陽物依然挺拔。

「婦人將白綾帶子拴在根上，那話躍然而起，婦人見他只顧去睡，於是騎在他身上，又取膏子藥安放在馬眼內，頂入牝中，只顧揉搓，那話直抵苞花窩裡，覺翕翕然，渾身酥麻，暢美不可言。又兩手據按，舉股一起一坐，那話坐棱露腦，一二百回。」

潘金蓮的做法可是有道理的，因為在陰莖根部繫上帶子可以阻斷陰莖靜脈的回流，將血液留在陰莖裡頭，使勃起更加堅挺。這個方法至今仍有人使用，還研發出五花八門的「陰莖環」在市面上販賣。（但是千萬不能束太久，否則陰莖可是會缺氧壞死的。）顯然在四百多年前，人們便曉得這種「簡易壯陽法」。

顧不得西門慶仍呼呼大睡，潘金蓮自顧自的做起愛來，好不暢快。沒想到西門慶的龜頭卻脹得火熱，潘金蓮感到不妙，連忙想要用嘴來替他「滅火」，卻是愈弄愈糟。「婦人一連丟了兩次，西門慶只是不泄。龜頭越發脹的猶如炭火一般，害箍脹的慌，令婦人把根下帶子去了，還發脹不已，令婦人用口吮之。這婦人扒伏在他身上，用朱唇吞裹龜頭，只顧往來不已，又勒勾約一頓飯時，那管中之精猛然一股冒將出來，猶水銀之瀉筒中相似，忙用口接咽不及，只顧流將出來。初時還是精液，往後儘是血水出來，再無個收救。西門慶已昏迷去，四肢不收。婦人也慌了，急取紅棗與他吃下去。精盡繼之以血，血盡出其冷氣而已。良久方止。」精盡而血出，血盡之後只剩下涼氣颼颼，至於西門慶則已昏迷不醒。

醫官診視過後認為西門慶「虛火上炎，腎水下竭，不能既濟，此乃是脫陽之症。」在古人的眼中，「脫陽」對男人來說，應該是非常悽慘的問題。

過沒幾天，西門慶的狀況惡化，「腎囊脹破了，流了一灘鮮

血，龜頭上又生出瘡瘤來，流黃水不止。」由於睪丸的形狀和腎臟有點兒相似，所以古籍中睪丸又被稱為外腎，而腎囊就是陰囊。

「到於正月二十一日，五更時分，相火燒身，變出風來，聲若牛吼一般，喘息了半夜。」這裡描述的「聲如牛吼」通常是因為患者意識不清，使呼吸道遭到阻塞，導致呼吸困難，漸漸便會進入呼吸衰竭。過沒多久，時年三十三歲正值壯年的西門慶，終於一命嗚呼。

蘭陵笑笑生替西門慶安排了如此淒涼的下場，試圖警告天下男人「一己精神有限，天下色慾無窮」、「嗜欲深者生機淺」的道理。也呼應了《金瓶梅》第一回起頭用來破題的詩句：「二八佳人體似酥，腰間仗劍斬愚夫。雖然不見人頭落，暗裡教君骨髓枯。」

名滿天下的《紅樓夢》同樣有精盡人亡的橋段。年輕氣盛的賈瑞迷上了王熙鳳，朝思暮想相思難耐，經過一番折騰就生出病來。賈瑞的症狀很多，身心受盡煎熬，「心內發膨脹，口中無滋味，腳下如綿，眼中似醋，黑夜作燒，白晝常倦，下溺連精，嗽痰帶血……合上眼還只夢魂顛倒，滿口亂說胡話，驚怖異常。」

某天，有位跛足道人來化齋，宣稱可治「冤業之症」，賈瑞聽到了急忙求他治病救命。那道士說：「你這病非藥可醫，我有個寶貝與你，你天天看時，此命可保矣。」道士口中的寶貝是面

鏡子，雙面皆可照人，鏡把上鏨著「風月寶鑑」。道士叮嚀道：「這鏡子專治邪思妄動之症，有濟世保生之功。不過只可照背面，不可照正面。」

賈瑞半信半疑地把鏡子拿起來瞧，這一瞧可不得了，鏡子的背面裡竟然是具骷髏頭。受到驚嚇的賈瑞連聲咒罵，隨後瞧了鏡子的正面。鏡子的正面讓他喜出望外，「只見鳳姐站在裏面招手叫他。賈瑞心中一喜，蕩悠悠的覺得進了鏡子，與鳳姐雲雨一番。」

在幻境中一償宿願的賈瑞哪肯就此罷手，「賈瑞自覺汗津津的，底下已遺了一灘精。心中到底不足，又翻過正面來，只見鳳姐還招手叫他，他又進去。如此三四次。」

過不多時，沉溺在情慾中的賈瑞就沒了氣，眾人前來察看時發現他「身子底下冰涼漬溼一大灘精」。作者用雙面鏡所映出的骷髏和美色傳達「節慾者生，縱慾者死」的想法。

在古人心目中，「縱慾過度、精盡人亡」是被奉為至理的信條。傳唱已久的民間歌謠亦說「心旺腎衰色宜避，養精固腎當節制……莫教引動虛陽發，精竭容枯百病侵」，無所不在的警告都讓男人戒慎恐懼，將「性能力」視為「生命力」的指標，費心呵護。

精液有時而窮？

古時候老祖宗們認為男人的精液是限量供應的，李時珍在《本草綱目》中說：「男子二八而精滿一升六合。養而充之，可得三升；損而喪之，不及一升。」明代的一升有十合，約等於現代的一○七○毫升，「一升六合」換算起來約是一千七百毫升。他們認為男人若好好保養，可以累積到三升，若不斷耗損就會愈來愈少。精液乾涸的時候，便是男人的死期。

因為擔心精盡，所以男人們對於射精的頻率可都是斤斤計較。距今約莫兩千年，談論房中術的《玉房祕訣》主張，年輕氣盛的男子一天可以射精兩次，三十歲後一天一次，四十歲後三天一次，五十歲後五天一次，六十歲後十天一次，七十歲後可得要三十天，才可射精一次。[2]

直到今天，肯定仍有不少男士相信「精盡人亡」這種說法，或是帶著半信半疑，寧可信其有的心態。在討論「精盡會不會人亡」之前，咱們先來談談「精究竟會不會盡」。

男人每次射精約會排出一至五毫升的精液，或許是因為量不多，所以被看得特別珍貴。精液中的主角「精子」是由睪丸所製造的。男人的精子和女人的卵子有很大的不同，女人的卵巢每個月會排出一顆卵子，終其一生只會排出數百顆卵子；而男人的睪丸在青春期之後無時無刻都在製造精子，終其一生製造出來的精子不計其數。男人每一次射精會釋出數千萬甚至上億隻精子，不

過只占了精液總量的一小部分，不到 5%。精液中最大宗的組成是由精囊所分泌的液體，精囊為一對橢圓形的囊狀構造位在膀胱的後方。精囊雖然又稱為儲精囊，但是它的功用並非儲存精子，而是負責製造適合精子存活的環境。精囊所分泌的液體中含有胺基酸、蛋白質、果糖、前列腺素等，其中的果糖可以提供精子長途跋涉、衝刺達陣所需要的能量。精液中有 60% 至 70% 為精囊的分泌物。

另外，精液中有一部分來自於攝護腺，攝護腺是個栗子般大小的構造，位在膀胱的下方。攝護腺會分泌含有檸檬酸、酸性磷酸酶、鋅離子等成分的乳白色液體，在精液中大約占了 20% 至 30%。

睪丸、精囊、攝護腺其實和身體其他部位的腺體一樣，都類似小型的生化工廠，會不斷生產製造具有特殊用途的分泌物。諸如唾腺、淚腺、汗腺、胃腺、胰腺、乳腺、腎上腺等腺體，每一天都能適時地運作，發揮不同的生理機能。大家可能不曉得，這些小小的腺體其實能夠完成很大的工作量，像是成年人的胰臟每天可以分泌一千至一千五百毫升的胰液，哺乳的婦女每天可以分泌一千五百毫升或更多的乳汁，而體積不大的唾腺在不知不覺中每天也分泌了一千毫升以上的唾液。有趣的是，從來沒有人會擔心出現「唾盡人亡」、「淚盡人亡」或「乳盡人亡」的問題。

生物體內的腺體都有著相當巧妙的設計，可以持續運作，從

出生到死亡，大多數的腺體幾乎都能源源不絕地分泌，不太會有「耗竭自爆」的問題。男人們所擔心的「精液耗竭」其實不太可能發生。再說，生殖腺並不屬於「維持生命之必要器官」，因此，就算睪丸、精囊、攝護腺全數故障，甚至摘除了，也不會奪走人命。

如果有人擔心這篇文章是鼓勵男人縱慾，那可就多慮了。寫這些的目的是要讓大家對性生理有較正確的認知，而不會讓腦子裡充斥莫名的焦慮或恐懼。更何況，在除掉「精盡人亡」這個嚇阻力量之後，男人也不見得就有能力縱慾，畢竟在每次射精過後，都有一定時間的不反應期，而且就算在短時間內出現性刺激，獲得的快感也迅速減弱，使性對男人的吸引力大幅降低。所謂的「一夜七次郎」應該都只是鄉民信口胡謅的吹牛，千萬別當真呀！

看Ａ片會導致性功能障礙？

隨著網路普及，各式各樣的Ａ片愈來愈容易取得。然而，在看完Ａ片之後，開始有人擔心，太常看Ａ片會不會導致性功能障礙？

為了解答這個問題，學者們安排了一項大規模調查，研究「Ａ片使用量」與「性功能障礙」之間的關聯。[3]他們總共蒐集了將近四千筆資料，這些都是十八到四十歲之間性生活活躍的男人。

調查發現僅有 1.4 ～ 3.5% 受訪者從來不看Ａ片，其他的人可能一個月看個幾次，也可能一天看好幾次。

分析結果顯示，「Ａ片使用量」與「性功能障礙」並沒有明顯的關聯性。研究人員認為Ａ片並不會降低男人的性慾、影響勃起或導致性高潮障礙。

這樣的研究應該可以讓大家放心，不過最後還是要提醒大家，凡事要適可而止，千萬不要過度沉溺喔！

第 12 課

吃鞭補鞭，睪丸可以回春？

「腎虧損身，精盡人亡」的想法延續了千百年，衍生而來的便是「吃鞭補鞭」、「壯陽強身」的信仰。

幾乎各種動物的睪丸都有人吃，例如「羊石子」就是羊睪丸，「豬石子」就是豬睪丸，所聲稱的療效不外乎補腎、益精、助陽。至於老年人因為攝護腺肥大而導致的頻尿，也被認為可以用補腎來改善。

居住於海邊的海狗為一夫多妻制，一隻雄海狗會與數十甚至上百隻雌海狗交配，古人看在眼裡可是驚嘆萬分，不禁嚮往自己能夠獲得如此不凡的性能力，故將海狗睪丸視為壯陽好物。海狗睪丸肯定極為搶手，使得「黑心商品」有機可趁。由於雌海狗的數量較多，奸商便將狗的睪丸縫入雌海狗的體內偽裝成雄海狗，以此牟利[1]。人們花大錢買回海狗睪丸，都怕自己是被設局拐騙的冤大頭，於是也發展出鑑識海狗睪丸的方法。他們會將睪丸放在酣睡的狗兒身旁，若是狗兒驚醒跳開，便被視為真品。[2]看他們買賣雙方煞有其事地鬥智鬥法，實在令人啼笑皆非。

吃生殖器壯陽強身的想法不只在民間流傳，連宮裡的太監都趨之若鶩。《明宮史》裡記載太監們喜歡吃「牛驢不典之物」，即牛驢的性器官。[3] 該書作者劉若愚本身即是太監，從十六歲便進到宮中，所以太監們嗜吃生殖器的說法可信度應該頗高。看到這兒，難免有人會想太監既然被閹掉了，談「壯陽」豈不白搭？的確，他們吃這些卵蛋應該是想延年益壽，不過他們也沒有完全放棄「回陽」的可能性。性器官會再長出來的傳說口耳相傳著，讓他們總是懷抱希望。

除了吃睪丸之外，人們嚮往從「鞭」中獲取性能力的想像也到了相當誇張的地步。在十七世紀的古籍中，山獺這種小動物無辜被冠上「淫毒異常」的封號，讓牠的陰莖成了人類覬覦的目標。傳說山獺會抱樹而死，且陰莖會「入木數寸」，需要劈開木頭才有辦法取出。故事雖然很荒謬，但是男人們信之不疑，一枚山獺陰莖要價一兩黃金，走私山獺陰莖甚至會被處死。因為得來不易，市面上亦是假貨猖獗。[4]

吃鞭補鞭的想法更進一步擴大到各種外型類似「生殖器」的東西，十五世紀的《滇南本草》記載一種名為淫羊藿的植物，其根部長得像陰莖，於是被拿來壯陽、治療不孕症，實在很有想像力。[5] 還有一種草，叫做「狗卵草」，由於結出來的種子形狀類似狗的睪丸，而被拿來治療疝氣。[6]

從貨真價實的生殖器到形狀相似的花花草草，壯陽配方真是

多不勝數，最後讓我們來看一張名為「回陽百戰丸」的藥方，這藥方主要是為了巴結權大勢大的太監劉瑾，希望把被閹掉的生殖器長回來。雖然出自小說，不過多少也代表了過去的人們對於壯陽、回陽的看法與期待。[7]

回陽百戰丸：

紫河車一具，取少壯婦人頭產男胎，佳用鮮者，另燉極爛。

黑驢鞭全具，切片炙脆。

黑狗鞭連腎囊全具，切片酥炙脆。

真海狗腎一對，切片酥炙脆，真陽起石一兩，炭火煅紅，童便淬七次。

土術人參三錢，紅肉者佳，切片另燉。

太原熟地三錢，用酒炙透，另搗極爛。

肉蓯蓉取馬欄產者為窪。

正抱心伏神，連心木用一兩，乳炙蒸曬七次。

白澤瀉，鹽水炙一兩。

川杜衝，鹽水炒斷絲二兩。

淮牛膝去心，鹽水煮透一兩，補骨脂一兩五錢，鹽水煮透即破故紙。

金鎖陽二兩，鹽水煮透。

洋洋灑灑列出這一堆，大概就是過去人們認為極具壯陽功效的配方。有動物、有植物，連新鮮胎盤都用上了。只要早晚服用，便能讓「玉莖長大異常，硬如鐵柱，久戰不倦；長服填精益腎，保壽延年」。

　　從現代醫學的角度來看，藉由吃鞭吃睪丸來壯陽的想法非常不切實際，遑論延年益壽，但是無論古今中外的男士皆深信不疑。

從動物睪丸萃取的回春祕方

　　十九世紀末，被譽為「內分泌學之父」的布朗—塞卡醫師[8]也希望用「性能力」來替自己「回春」。當時的布朗—塞卡醫師已經七十多歲，被許多老化的問題所困擾，諸如失眠、便祕、體力衰退、容易疲倦、解尿困難。他將年輕公狗與天竺鼠的睪丸磨碎萃取出液體，接著與精液混合替自己做皮下注射。在注射過五次睪丸萃取物之後，他感到有戲劇性的轉變，不但體力改善了，腦筋也更為清楚。[9]布朗—塞卡醫師曾說：「接受注射之後，讓我年輕了三十歲！」

　　布朗—塞卡醫師的說法讓許多醫師起而效尤，讓更多的男人趨之若鶩。布朗—塞卡醫師的睪丸萃取配方被譽為「未來的藥物」，連市面上都可以買到，宣傳廣告宣稱裡頭含有「動物能量的精華」。

結紮回春術

　　注射睪丸萃取物的作法很受歡迎，可惜醫師推論每次注射的效果僅能維持四個星期，算是美中不足的缺點。

　　爾後有位維也納學者史坦納赫[10]主張，「當腺體的分泌被阻斷後，會製造更多的荷爾蒙」，亦即將輸精管結紮後，睪丸會製造更多的男性荷爾蒙，且效果持久。史坦納赫在生理學界極富聲望，曾經六度獲得諾貝爾獎提名。他的報告激起很大的迴響，使輸精管結紮成了回春抗老化的一時之選。紐約時報還曾經以頭條新聞寫著：「史坦納赫即將讓人返老還童」。

　　諾貝爾文學獎得主葉慈於六十九歲接受手術後非常滿意，他說輸精管結紮喚醒了性慾，也喚醒了創造力，讓他能夠在晚年寫下很好的作品。葉慈甚至用「第二個奇妙的青春期」來形容這項手術。心理學泰斗佛洛伊德亦曾經接受結紮回春術。

　　因為手術簡單，又符合人們內心的渴望，在媒體的推波助瀾下，輸精管結紮風行全世界。

　　既然男人可以回春，女人當然也不能錯過。此概念被進一步推展到女性身上，可是沒有輸精管該要如何下手呢？異想天開的醫師決定使用低劑量的放射線來照射卵巢，也吸引了不少想要找回青春的女性。

　　那時候的歐洲剛經歷過第一次世界大戰，百廢待舉，但是許多年輕人都在戰爭中喪命，於是「結紮回春」的支持者樂觀地

說，這項手術可以讓老年人恢復活力，就能解決勞動力短缺的問題，幫助各國走出貧困與蕭條。一項手術會被賦予如此高的期待，實在教人嘆為觀止。

睪丸植入，返老還童？

另外，也有人把腦筋動到睪丸植入上頭。

歐洲最著名的睪丸回春醫師是沃羅諾夫[11]，他由一系列動物實驗中發現，將年輕動物的睪丸組織植入年邁動物體內，能夠使其恢復活力。一九二〇年六月十二日，沃羅諾夫醫師將黑猩猩的睪丸植入人體。會選用黑猩猩或許是因為牠們擁有格外巨大的睪丸。一位體重七十公斤的男人，其睪丸的重量約四十公克，而體重四十五公斤的成年黑猩猩則擁有重達一百一十公克的睪丸，絕對稱得上是靈長類動物中的「大傢伙」。沃羅諾夫醫師並沒有將黑猩猩的大睪丸直接塞進患者的陰囊，而是將睪丸切成小塊植入人體，希望可以延長睪丸的存活。根據他的報告，植入睪丸的效果可以持續一至兩年。沃羅諾夫醫師曾替二千位患者做了這樣的手術，世界各地皆有人慕名而至。

對於想要回復青春的女性，沃羅諾夫醫師亦會替她們植入黑猩猩的卵巢，希望可以「治療」更年期。

由於有太多人想要回春，黑猩猩和狒狒可就大大遭殃，面對這股植入睪丸的熱潮，法國政府最後頒布了遏止獵殺的禁令。沃

羅諾夫醫師為了取得穩定的「睪丸貨源」，便自行設立「猴子屋」來養殖。

位在大西洋另一端的美國亦有不少醫師熱中於睪丸植入。利茲頓醫師 [12] 同樣拿自己來做實驗，他取得一位死於意外年輕男人的睪丸，並植入自己的體內。利茲頓醫師覺得睪丸植入的效果好極了，亦在醫學期刊上發表文章，他相信睪丸植入的好處多多，可以改善失智、高血壓、延緩老化、延長壽命。

加州的史坦利醫師 [13] 追隨利茲頓的論點，投入睪丸植入的研究。身為聖昆汀州立監獄的獄醫，他讓許多囚犯參與睪丸植入的實驗。史坦利醫師於一九一八年開始進行，除了使用處死囚犯的睪丸之外，還用了山羊、公豬、雄鹿的睪丸。到了一九二二年，他發表論文報告六百五十餘位患者，總共一千次的睪丸植入的結果。[14] 以他的觀點，睪丸植入根本是神奇的萬靈丹，不但改善了性無能、風溼病、全身乏力，連癲癇、氣喘、青春痘、結核病、糖尿病以及視力都有進步。

一九三一年，史坦利醫師所發表的論文已達到四千名個案共六千次睪丸植入，熱中程度可見一斑。

在史坦利醫師的報告中，接受睪丸植入的患者許多都是囚犯，是否會為了討好獄方而做出治療有效的回報，一直受到質疑。

回春抗老發大財

在二十一世紀的今天，宣稱可以除皺、再生、抗老化的產品多到令人目不暇給，不難想像，「回春抗老化」在當時也是商機無限的搖錢樹。

一九一〇年代後期，有位年輕醫師白克雷[15]掌握了人們對於回春的渴望，打造出一場「睪丸回春傳奇」，替自己創造了龐大的財富。正確地說，白克雷醫師並不是醫師。他曾經就讀於醫學院，但是沒有完成學業，為了當醫生，白克雷用五百美元買到了學位開始行醫。打從一開始白克雷便以「回復男人的活力」為號召，替自己的診所宣傳。

曾經在肉品加工廠服務的白克雷，對於屠宰場內山羊的旺盛性慾印象深刻。有天，一位患者跟白克雷抱怨說自己的性慾變差，白克雷半開玩笑地回答說：「你需要的是山羊的睪丸。」結果，那位患者很乾脆地接受這項建議。

幾個星期後，接受睪丸移植的患者前來感謝白克雷，因為他的老婆已經懷了身孕。這個消息被大肆宣傳，使白克雷聲名大噪。雖然「睪丸回春」的收費高達七百五十美元，在當時一美元的價值約是現在的十二倍，但是前來求診的男男女女絡繹不絕。是的，白克雷替男人移植山羊睪丸，也替女人植入山羊卵巢。白克雷的診所旁設置了一個羊欄，患者可以從活蹦亂跳的羊群中挑選屬意的山羊，再接受手術。如果客戶付得起更高的價錢，白克

雷亦會替患者移植貨真價實的「人睪丸」。這些取自死刑犯的睪丸奇貨可居，收費高達五千美元！

白克雷宣稱山羊的性腺能夠治療老化、性無能、攝護腺肥大，甚至是癲癇、癌症與精神錯亂，除了在平面媒體上投放廣告，更進一步投資成立自己的廣播電台。每一天白克雷都在電台上開講，讓渴望回春的聽眾心癢難耐。

曾經執行過超過一萬六千例性腺移植的白克雷成為巨富，擁有豪宅、大廈、名車、遊艇、私人飛機，還出資贊助了一支棒球隊，隊名就叫「白克雷山羊」。

白克雷如此高調的行徑當然引來許多批判。一九三〇年，白克雷的醫師執照被吊銷，他的廣播電台也無法繼續營運。

遭遇打擊的白克雷並不打算就此放棄，於是改到墨西哥成立新的廣播電台，並前往德州繼續經營回春事業。另外，白克雷三度競選堪薩斯州的州長，希望可以扳回一城。雖然差點贏得選舉，不過依然無法挽回頹勢，白克雷身陷許多官司與醫療訴訟。

引領性腺回春浪潮，叱吒風雲多年的白克雷終於在一九四一年宣告破產。隔年，窮愁潦倒的白克雷死於心臟衰竭。

現在的我們曉得，人體的精力並非來自於性荷爾蒙，而被植入人體的山羊性腺既無法繼續分泌，還可能造成感染或其他併發症，關於回春的種種功效都只是「安慰劑效用」。這樣的道理白克雷其實心知肚明。在後續的調查中，他承認這是一場騙局。名

文宣中的白克雷抱著號稱是因為移植山羊睪丸後誕生的嬰兒。（圖片來源：
http://www.newspapers.com）

噪一時的性腺回春只是一齣荒謬乖誕的瘋狂鬧劇。

　　然而，時至今日宣稱可以回春、壯陽、再生、抗老化的產品
依舊如過江之鯽，炫惑著男男女女，世人們仍然深深地沉浸在
「回春」、「富貴」的美夢中，不可自拔。

〔性學小站〕

精液大學問

　　不孕症是常遇到的問題，遲遲無法懷孕的原因約有三分之一與女方有關，約有三分之一與男方有關。不孕症是一門大學問，也是到婦產科見習的時候一定會安排的課程。

　　負責幫我們上課的學姊仔細講解著該如何評估精液的質與量：「正常男性每次射精的精液量約一‧五毫升，精子濃度每毫升要有一千五百萬以上，也就是每次要有三千九百萬以上的精子；但是光有精子是不夠的，還要評估精液的活性，精液中至少要有 58% 以上是活的精子。精子成熟且型態正常的比例愈高，就愈容易受孕。」

　　學姊帶著甜美的笑容問：「知不知道正常的精液中要有多少比例的健康精子？」

　　見我們面面相覷，學姊接著說：「型態正常的精子只要占 15% 以上，就能算是及格。」

　　「啥？這麼低也能合格？」李大頭驚訝地說，顯然很不服氣。他的體格好，又高又壯又帥氣，是班上的運動健將，也是辦

聯誼的主力成員。

　　學姊微微一笑，道：「驗一驗就曉得嘍，看看你們誰要捐點兒來分析分析？」在不孕症實驗室裡，精液分析是標準配備。

　　大夥兒邪邪笑著望向李大頭，女同學在一旁幸災樂禍，他搔著頭騎虎難下，反正每一組總要有人犧牲的。

　　「喏，標本盒給你，取精室就在那邊。」學姊指了指走廊另一端，聽說在那個小房間裡有各種協助取精的書刊。

　　精液分析的結果，不管在數量還是活力都遠遠超出了正常值，讓李大頭很有面子，不過回到宿舍我們還是忍不住挖苦：「你進去那麼久幹什麼？一定是故意躲在裡面不敢太快出來吧。」

　　「才不是咧。」李大頭忿忿地道：「你們下次自己進去看看，裡面那些雜誌搞不好是從開院擺到現在，髮型、化妝都是七〇年代的，遮三點都還是用紅色星星耶，畫質很差也就算了，裡面好多頁還都黏在一起！拜託，打得出來已經很不錯啦！」

　　聽他這麼描述，眾人莫不對他的犧牲致上最高的敬意。儀器在更新，協助「取精」的設備實在也該跟上時代，畢竟這年頭網路上性感惹火的「鄉民女神」可是多到目不暇給啊！

第 13 課

久久神功，性福久久？

「醫生，我想自費買一條藥膏。」定期回診的林先生在即將離去時這麼說道。

「你要什麼藥膏？」我問。

「就白色包裝，差不多這麼大條……」林先生用手比劃著，「上頭的英文字好像是紫色的。」

「知道藥名嗎？」

「我不曉得藥名，只知道那種藥膏裡面含有麻醉藥。」

「喔，是有這種東西，不過你打算做什麼用呢？」含有局部麻醉劑的藥膏通常是在插入導尿管或鼻胃管時使用，希望可以稍稍減緩患者的不適。

「欸……那個……就……」林先生吞吞吐吐，好不容易才腼腆地說：「就希望可以撐久一點。我聽人家講，那種藥膏既能潤滑又能持久，很好用。要不然做愛的時候都很敏感，一下子就不行了。」

「這樣啊，你希望可以維持多久？」

林先生訕訕一笑，道：「當然是愈久愈好啊。」

「那你曉不曉得所謂的『正常』大概是多久？」

他搔搔頭道：「至少也要半個小時以上吧。不像我每次都只能撐四、五分鐘，吃補品、喝藥酒，什麼都沒有效，所以才會想要買藥膏試試，看能不能進步一點。」

是的，自古以來「性能力」幾乎與「生命力」被畫上等號，男人亦總是習慣用「時間長短」來衡量自己的性能力，更殷殷期盼可以擁有傳說中的「久久神功」，彷彿這樣才能證明自己。不過，關於早洩的真相恐怕會讓許多男人失望無比。

早洩保性命？

生殖是所有動物的重要任務，也是最強大的驅力。但是在自然界中，「做愛」卻是一件非常危險的任務。唯有精子與卵子結合，才能傳遞自己的基因，然而做愛的過程，卻將使自己陷入險境，很容易遭到競爭者的攻擊或掠食者的獵殺。為了提防隨時會飛撲過來的獅子、老虎，當然需要速戰速決。例如生活在草原上的鹿，牠們為了爭奪伴侶可以鬥得你死我活，但是實際做愛過程卻只有短短的四秒鐘。顯然，想要藉著吃鹿鞭來壯陽，並不是一個聰明可靠的辦法。至於人類的遠親黑猩猩約七秒鐘射精，長臂猿約三十秒鐘射精，而體格魁武的大猩猩較久，約一至二分鐘。在危機四伏的環境中，想要纏綿溫存可是不切實際的奢求。

再說，做愛的過程中，若是雌性動物較早達到高潮，可能就會轉頭離開，那尚未排出的精子更是一點機會都沒有。因此，讓雄性動物在短時間內盡快射精才是最有效的生殖策略。況且在食物供給經常很有限的自然界裡，消耗珍貴的體能去「享樂」似乎不是個明智之舉。

另一方面，做愛時間的長短其實不會影響受孕與否，倒是做愛的次數可以提升懷孕的機會。所以大多數雄性動物傾向較頻繁的做愛次數，像是獅子能在一天內做愛四十次。頻繁的做愛才能提高基因傳遞的成功率，這可以解釋為何男性往往具有較強的性需求。

反過來思考就更容易明白，那些「天賦異稟」久久才會射精，或「清心寡慾」做愛頻率偏低的物種，恐怕早已被自然界毫不留情所淘汰了。說穿了，我們都是「快槍俠」的後代，因為快槍俠散播基因的成功率最高，也傳下最多的子子孫孫。

我們都是「快槍俠」的後代？

有一個前瞻型的研究實際計時來分析男人的持久度，共有來自五個國家的五百對伴侶參與研究。統計數據發現，從插入到射精的時間差異很大，從 0.55 分鐘到 44.1 分鐘都有，中位數則為 5.4 分鐘。該研究亦顯示割包皮與保險套皆不影響射精的時間。[1]

另外有團隊開發出了記錄性生活的應用程式，可以安裝在智

慧型手機上，程式會記錄做愛頻率、持續時間、聲音大小、震動幅度等。經由這個應用程式，他們也取得了世界各地的統計數據。

根據該團隊所公布的資料，做愛頻率最高的是美國人，而做愛時間最長的是澳洲人，平均為四分鐘，接下來依序是美國人，平均三分四十五秒；加拿大人平均三分四十一秒；俄羅斯人平均三分三十一秒；墨西哥人平均三分二十三秒；西班牙人三分二十二秒；英國人二分五十六秒；法國人二分五十三秒。由此可見，不同國家、不同人種做愛持續的時間其實相差不會太遠，大都只有幾分鐘而已。[2]

關於老祖宗的射精時間咱們無從得知，不過咱們可以由文字中找到一些端倪。甲骨文中的正三角形△，通常被用來代表男性或陽具，所以這個符號很容易理解，大概就是兩隻手握住陰莖的模樣，有人將其解讀為「男人自慰」。演變到後來，這個圖像變成了「臾」。大家都曉得「須臾」有頃刻、瞬息的意思，代表很短暫的時間。如此一來似乎也印證了我們大多是「快槍俠的後代」。

我做了一番解說，拍拍林先生的肩膀道：「五分鐘很正常也很足夠了啦！」他才終於放棄「抹麻藥拚持久」的念頭，釋懷地離去。

關上門，跟診護士小齊好奇地問：「真的假的？光塗藥膏就

能有麻醉效果嗎？」

「當然囉，因為龜頭表層是黏膜，所以麻醉藥很容易被吸收的。」

「噢，那真的可以變持久嘍？」小齊瞪大眼睛。

「當然呀，不過如果塗得太多，男女雙方的感覺都將變得很遲鈍。」我聳聳肩道：「若是雙方都麻木掉了，就算能夠持久不洩，又有何樂趣可言，畢竟床笫之趣是做愛，可不是做運動啊。」

千萬別再幻想什麼久久神功，性福不在於久不久，剛剛好才是最好呀！

陽痿戰爭

　　記得在幾年前的一個下午，老賴搬了個紙箱回到辦公室，然後很刻意地在上頭貼了張便條紙，用紅字寫著「請勿亂動，偷拿的是小狗！」沒貼還好，這麼一貼可就挑起了大家的興趣。

　　「幹嘛，這裡頭裝的是什麼寶啊？」我探頭過去問。

　　「嘿嘿嘿，搶手貨呢！」老賴得意地說著，然後從裡頭抽出一個小紙盒，印著顯眼的大字。

　　我定睛一看，「呦！威而鋼！」

　　當年威而鋼所掀起的「藍色浪潮」實在驚人，也讓泌尿科門診大受歡迎。雖然一顆藍色小藥丸要價三、四百元，但是排隊人潮依舊絡繹不絕。因為利潤豐厚，市面上的假藥、水貨愈來愈多，到醫院購買威而鋼的患者才漸漸變少。

　　「是說，沒有威而鋼的時候你們都怎麼治療陽痿啊？」我好奇地問。

　　「可以靠打針。」

「哦，打在哪兒？」

「當然是打在陰莖上啊。」老賴舉起兩隻手表演，「就拉起來，然後直接『噗哧』扎下去。」

我蹙起眉頭，彷彿感覺到一陣刺痛。

「因為很多人怕打針，所以這種方法不太受歡迎，不像口服藥一出現就征服了全世界。」老賴道：「現代的男人真是幸運。你們一定不曉得，從前的男人如果有性功能障礙，可是會遭到審判的。」

「審判？」

老賴揚起眉毛道：「嗯，在西元十五世紀，法國有『陽痿法庭』，因為男人性無能是少數被當時教會認可的離婚理由。被指控的男人得在一群鑑識專家面前展現自己的性能力。鑑識專家的成員包含牧師、醫師、助產士等，他們會詳細檢視『被告』的陰莖，評估勃起的硬度、彈性，及射精功能。在眾目睽睽下，很多男人都緊張到無法勃起，而被判定為性無能，當然也會淪為眾人的笑柄。這種誇張的審判制度一直到了十七世紀末才終止。」

經過了幾百年，男人不再會因為勃起障礙被告上法庭，甚至還能靠藍色小藥丸重拾性福，但是我們難免還是會好奇，男男女女的幸福有沒有因此而增加多一點？

第 14 課

男人勃起，愈久愈好？

「陰莖異常勃起」是泌尿科醫師偶爾會遇到的問題，指的是在沒有性衝動或性刺激的狀況下陰莖異常勃起。大多數的男人都會擔心陽痿，唯恐有那麼一天自己的陰莖將垂軟而無力。聽到可以持續勃起，想來會有許多人豔羨不已，然而千萬別傻傻地以為能夠「屹立不搖」是件天大的好事喔！

先讓大家看一段有趣的故事。

讓太監長出陰莖的春藥？

咸豐年間，任職於翰林院的丁文誠被召至圓明園。黎明時分，丁文誠坐在小屋裡等待皇帝接見。當時正值炎炎夏日，穿著葛衫袍褂的丁文誠又熱又渴。忽然，丁文誠見到房間的角落有張小桌，桌上有個玻璃盤，裡頭裝了十來顆異常肥美又新鮮的「馬乳蒲桃」，於是便取了一顆來吃。因為又香又甜，所以丁文誠便連吃三顆。結果，隔沒多久丁文誠開始覺得肚子怪怪的，彷彿燃起了炎熱炭火，接著他的陰莖迅速變硬、變大、變長，甚至長到

超過一尺。偏偏，皇上已經升殿，眼看要輪到自己，讓丁文誠心急焦慮。為免因為挺著一根勃起的陰莖晉見皇帝而丟了性命，丁文誠便抱著肚子撲倒在地並不斷哀號。聽到哀嚎趕來察看的太監問他發生了什麼事，丁文誠便撒謊說自己腹痛欲裂，完全站不起來。太監找人來攙扶，但是丁文誠生怕露餡而不敢直起身子。不得已，太監只好搬來木板，丁文誠就蜷著身子側躺在擔架上被扛到朋友家中。丁文誠的友人曾經在內務府工作，對宮中事務頗為熟悉，聽完丁文誠的遭遇，便說：「宮中的壯陽藥有數十種，這一味藥性最強，連太監服用之後都能長出陰莖，性交完畢後又會回復原狀。這一定是被太監偷出來的，卻因為來不及藏妥，而被你誤食。」雖然經過醫師診視，丁文誠還是折騰了十幾天才得以下床。[1]

「連太監都能長出陰莖」！這故事的情節實在誇大得好笑，看來應該是為了消遣丁文誠所編造。歷史上的確有丁文誠這麼一號人物，名字是丁寶楨，他在擔任山東巡撫的時候，曾處斬了受慈禧太后寵信而濫權胡作非為的太監小安子──安德海，爾後成了許多歷史小說的題材。據說丁寶楨喜歡吃乾辣椒與花生米熱炒嫩雞丁，亦是宴客必備的菜餚。由於丁寶楨過世後被追贈「太子太保」，所以又被稱作「丁宮保」，而他愛吃的辣炒雞丁便成了大家耳熟能詳的「宮保雞丁」。往後各位讀者在大快朵頤的時候，應該會想起這段令人莞爾的「奇遇」。

雖然是則穿鑿附會的故事，但是一定會有人感到很好奇，丁文誠所吃的「馬乳蒲桃」到底是什麼東西，竟然會有如此強勁的藥效？

為了不要害大家多費心思找尋這款傳說中的壯陽神藥，我們這就來做些說明。從「蒲桃」的讀音其實就可以猜到幾分，「蒲桃」就是「葡萄」，在過去又稱「葡桃」、「蒲萄」或「蒲陶」，會擁有好幾種同音不同字的稱呼，或許是因為這東西是舶來品，所以出現不同的音譯。

西元前二世紀，張騫前往西域，在大宛見到他們種植大量葡萄且釀製為酒，富有人家藏酒「萬餘石」，換算起來超過三百公噸。嘗過了美味的葡萄酒，漢使便將葡萄帶回中原，在皇帝的命令下開始廣為種植，當時他們稱之為「蒲陶」。此後葡萄酒亦常出現在文學作品中。[2]

丁文誠所吃的「馬乳蒲桃」可能是在西元七世紀引入宮中，那時候唐太宗發兵攻破高昌，收集到「馬乳葡萄」，於是便種植於長安城的宮廷御苑中，唐太宗甚至還親自釀起酒來。待釀製的葡萄酒熟成之後，皇帝免不了要拿出來炫耀，而史官們當然也要大肆吹捧，說這酒「凡有八色，芳春酷列，味兼醍盎」，肯定讓聖上龍心大悅。[3]

美味的葡萄征服了不少皇帝，乾隆皇帝的御園中便種了十種葡萄，這是從各地蒐集而來的葡萄品種，紫的、黑的、綠的、紅

的、白的都有。[4]

　　會被稱作「馬乳葡萄」是因為外形細長，類似馬的乳頭，古籍中稱這種葡萄為「果之珍者」。被稱為「果之珍者」的馬乳葡萄在當年的價格肯定不便宜，基於「貴就是好」、「貴就有效」的思維，才被賦予了「壯陽神藥」的想像。[5]

　　其實這種細長形狀、皮薄、果肉較脆的葡萄在今天的超級市場裡皆能見到，大家應該也都嘗過。別說是三顆，就算吃了一整串，男人的陰莖也不會就此勃起啊！

　　回到正題，話說丁文誠大人被勃起的命根子折騰了十幾天，才得以下床，這對男人來說絕對是一場災難。

勃起過頭，無望再舉！

　　從新生兒到老人都有機會遭遇陰莖異常勃起，白血病、地中海型貧血、鐮型血球貧血等疾病皆是可能的病因，而藥物更是誘發陰莖異常勃起的常見原因。

　　陰莖異常勃起（Priapism）這個字是源自於希臘神話的豐收之神——普利阿波斯（Priapus）。普利阿波斯是赫密斯[6]與美神阿芙羅黛蒂也就是維納斯，所生下的私生子，雖然也有人說普利阿波斯是宙斯與阿芙羅黛蒂的私生子，不過這個角色最引人注目的是那根碩大無比且持續勃起的陰莖。被火山灰覆蓋的龐貝古城裡有不少普利阿波斯的畫像，在當時應是頗受歡迎的神祇，其中

一座豪宅大院的主人便把普利阿波斯的肖像畫在牆上，畫中的普利阿波斯手裡拿著秤，正好整以暇地用一袋金幣量秤自己的陰莖。

陰莖能夠勃起是因為在受到性刺激時，陰莖動脈的平滑肌會放鬆，使較多的血液流入海棉體中。逐漸膨脹的海綿體對陰莖靜脈造成壓迫，阻止血液流出陰莖，如此一來陰莖就能維持足夠的硬度。但在此同時，血液循環受阻的陰莖也會處於缺氧的狀態。大多數時候，缺氧的狀態不會持續太久，了不起也就一、二十分鐘，射精之後陰莖便能回復正常的血液循環。

像丁文誠這樣連續勃起，只要幾個小時缺氧的組織即開始壞死，而鬱積的血液漸漸形成血栓而導致進一步的阻塞。患者會感到劇烈疼痛，連走路都有困難。若是無法及時疏通勃起陰莖的血流，裡頭的組織將嚴重壞死，患者便得面對永久性陽痿，名副其實的「無望再舉」。[7]

在二十一世紀的今天，我們對陰莖異常勃起的病理機轉已有較清楚的認識，只要患者及時就醫，便有機會解決問題且能保留日後的性功能。診斷時通常會抽陰莖海綿體的血液出來化驗，然後決定不同的治療方式，甚至動用外科手術。倘若像丁文誠這樣生活在十九世紀，患者則會接受截然不同的治療方式。

經脈理論的始祖《靈樞經》稱陰莖異常勃起為「縱挺不收」，是十二經脈中的「足厥陰經」受到損傷。古人相信「足厥

陰經」結於陰器，所以損傷之後會影響性功能，若受了寒陰莖會縮入腹中，若受了熱則會異常勃起。[8] 這麼一個「熱漲冷縮」的理論，便成了後世依循的準則。

西元七世紀的太醫稱陰莖異常勃起為「強中」，患者的陰莖會興盛不痿。太醫將問題歸咎於「過度進補」，有趣的是，他們所說的補藥是「石頭」，當時的觀念認為一個人若在年輕時吃「五石」壯陽，老了之後會問題叢生。[9]

在信仰數術的年代，數字總是具有神祕的力量，許多藥方都以數字為名，諸如五仙膏、五神湯、五龍丸、五積散、五仁斑龍膠等，族繁不及備載。既然女媧可以煉五色石來補天，那凡人用五色石來補體強身也就不足為奇。所謂的「五色石脂」即是由青石、赤石、黃石、白石與黑石組成，期待能夠「隨五色補五臟」。[10]

《抱朴子》中的「五石」是丹砂、雄黃、白礬、曾青、慈石。關於五石的使用方法，神奇魔幻有如魔法課本。想救人性命就使用青色丹藥，即可起死回生；若將黑色丹藥塗在左手，則心裡求的、嘴裡唸的都能立刻出現在眼前；想要隱形、預測未來、長生不老，便服用黃色丹藥，無論吉凶、富貴、興衰皆可瞭若指掌。[11]

後來也有人將鐘乳石、紫石英、白石英、赤石脂、硫磺湊成「五石」，號稱可以提神壯陽，王公貴族皆趨之若鶩，蔚為風

尚。但是，服用五石而中毒喪命的人恐怕不在少數。

在缺乏有效治療的狀況之下，醫家便能觀察到陰莖異常勃起的自然病程，也留下頗為生動的記載。「玉莖硬不痿，精流不歇，時時如針狀，捏之則脆，乃腎漏疾。」[12] 這段敘述形容患者的陰莖有如針刺，且一觸即痛。被男人視為寶貝的命根子突然痛成這樣，鐵定煎熬無比。

西元十三世紀的《儒門事親》將陰莖異常勃起稱做「筋疝」，患者在勃起一段時間後，便會因為組織缺氧而感到劇烈疼痛，然後可能會出現最為災難性的併發症——陰莖壞死，這便是他們所描述的「或潰或膿」，從龜頭到陰莖根部皆呈現潰爛、膿瘍，逐漸變成壞疽。如此慘烈的狀況在今日已相當罕見。[13]

過去的人們也發現，陰莖異常勃起將導致終身性功能障礙，再也無法重振雄風。[14]

親眼見過陰莖異常勃起慘狀的醫師，都會以此告誡後人，但是因為過去的資訊不發達，所以小說家依舊將「金槍不倒」當成勇猛的表現，《繡榻野史》裡的風流小秀才趙大里便愛用這種強力春藥。「大里曾遇著過一個方上人，會採戰的，贈他丸藥二包。一包上寫著字道：『此藥擦在玉莖上，能使長大堅硬，通宵不跌，倒頭，若不用解藥，便十日也不洩。』」若是見識過「陰莖變壞疽」的慘劇，應該就不會將「十日不洩」拿來說嘴囉！

水蛭救陰莖？

最後讓我們來瞧瞧地球的另一邊是如何處理陰莖異常勃起。放血、催吐與瀉劑是西方世界沿用千百年的主要治療方式，自然也被用來對付陰莖異常勃起的患者。根據病歷記載，有位水手因為陰莖異常勃起住進倫敦醫院，他曾用冰水想要冷卻陰莖卻無效，於是醫師讓他服藥催吐，然後在他的會陰部放了二十隻水蛭來吸血，可惜水蛭吸不到陰莖海綿體裡的血，亦無效。

西元一八二四年，醫師首度嘗試使用手術來治療陰莖異常勃起，他們切開陰莖海綿體讓鬱積在裡頭的血液與血塊流出來，如此一來勃起的陰莖就會消退，不過該名患者的餘生再也無法勃起。由於切開陰莖的嘗試似乎沒有很成功，所以多數醫師都選擇保守療法。

但是也有醫師認為陰莖裡蓄積的血液是阻斷血液循環的主因，於是主張手術治療應該盡早，避免不必要的延遲。他從病態生理學的角度來探索治療方法，是相當有邏輯的思考。到了十九世紀末，醫學教科書逐漸傾向使用手術來治療陰莖異常勃起。

如今，泌尿科醫師會使用藥物或侵入性的方法來處理陰莖異常勃起，既能解決燃眉之急，也能避免永久性功能障礙。男人們千萬要記得，勃起障礙固然令人苦惱，但若遇上了異常勃起也將是場可怕的災難。當察覺到陰莖異常勃起時，切莫遲疑，趕緊就醫，搶救「窒息的陰莖」可是分秒必爭呀！

女上男下，當心陰莖骨折！

　　勃起時變硬變長的陰莖總讓男人感到「雄壯威武」、「生猛有力」，不過這其實是陰莖最脆弱的時候，只要力量、角度沒有拿捏好，陰莖便可能硬生生被折斷。患者會聽到「啵」的一聲，劇痛的陰莖會迅速變軟、變腫，藍紫色的瘀血使陰莖成了一根「茄子」。陰莖裡頭雖然沒有骨頭，不過我們還是將這樣的慘劇稱為「陰莖骨折」。

　　造成陰莖骨折的原因五花八門。激烈的性行為是陰莖骨折的大宗，「女上男下」稱得上是「危險動作」，當女方呈蹲姿上下移動身體時，只要幅度過大，陰莖即滑出陰道，假使沒有順利滑回陰道便會直接撞擊會陰部，在女方全身重量的擠壓之下，細小的陰莖當然是凶多吉少。若女方呈跪姿扭動骨盆，亦容易超出陰莖所能負荷的角度，導致陰莖骨折。採「站姿性交」也要很小心，當女方突然跌倒或蹲下時，陰莖可能會被折斷。

　　從文獻統計看來，自慰是陰莖骨折的另一個大宗，使用道具或過度激烈都是可能的原因。

陰莖並沒有我們想像得那樣強壯，所以在陰莖勃起時，連脫褲子都要小心。由於陰莖勃起的方向與脫褲子的方向正好相反，若太過粗暴，可能在扯下褲子的同時將陰莖折斷。過去還曾經有患者因為要撿拾掉到床下的手機，一個翻身便造成陰莖骨折。

　　陰莖骨折雖然有機會挽救，不過復原之後可能出現變形、疼痛或勃起功能障礙。奉勸大家不要嘗試高難度、高強度的性行為，以免得不償失。

第 15 課
男人也有更年期？

「你累了嗎？」是句讓大家琅琅上口的廣告詞，短片中由瘦瘦小小、弱不禁風的演員扮演為了生活奔波的苦命中年男，整個人被繁重的工作壓力與頤指氣使的老婆逼得喘不過氣，活脫脫像顆被榨乾、皺巴巴的柳丁。當口白對著被操爆的中年苦命男問一句：「你累了嗎？」電視機前的你應該也能感受到那股力不從心的疲倦。這句廣告詞會引起共鳴，大概是因為那位中年苦命男的形象，幾乎可以說是一整個廣大族群的縮影。

力竭精衰的中年苦命男

古時候的老百姓平均壽命都很短，《黃帝內經》成書的年代，平均壽命恐怕不到四十歲，名副其實的「人生七十古來稀」。老祖宗們對於男人的一生留下這樣的觀察，他們將「八年」視為一個單位，「二八」是十六歲，「三八」是二十四歲，「四八」是三十二歲，以此類推。從十六歲過了青春期後，男人「精氣溢瀉，故能有子」；二十四歲、三十二歲皆屬壯年，當然

身強體健，筋骨隆盛；過了四十歲，男人開始掉頭髮，而在口腔衛生較差的年代，一口爛牙是很正常的表現，文中的「腎氣衰」指的當然是性功能逐漸變差，而且被認為是身體衰弱的根源；四十八歲，髮鬢斑白，面容呈現老態；五十六歲，筋骨愈來愈不靈活；六十四歲時已是老態龍鍾，沒齒髮禿，連走路都走不穩，更別妄想什麼性功能。[1]

從敘述中很容易發現，「性能力」和「生命力」一直都被擺在一塊兒談。《黃帝內經》中的《靈樞經》算得上是經脈理論的創始，作者相信經脈的運行攸關健康生死，而在他們所訂出的十二條經脈中即有四條聚結於陰器，對於性器官、性能力的重視不言而喻。[2]

現代人的平均壽命雖然已大為延長，不過老化過程並沒有因此而慢下來。美國作家戴蒙[3]於西元一九九八年出版《男性更年期》，他認為男性到了中年，大約是在四十歲之後到五十五歲之間，荷爾蒙、體力、心理、社會，和性能力都會逐漸出現狀況。根據戴蒙的說法，男人在進入更年期後，性能力會變差，可能從年輕力壯的「一夜七次郎」變成「七週一次郎」，而且好不容易才上陣的那一次還可能慘遭滑鐵盧，於重要關頭委靡不振。男性更年期不僅讓性行為大打折扣，連無意識的性反應都會降低，例如夜間睡眠時的勃起次數減少，甚至一整夜都癱軟無力。更慘更慘的是，經歷男性更年期的中年人在洗澡時還會發現睪丸縮水變

輕。[4]

　　當然，男性更年期對身體的影響是全面性的，只要稍稍回想就會發現，那些你曾經崇拜過，身材健美令人豔羨不已的帥氣男星，幾乎也都抵擋不住歲月增長所帶來的變化，即使費心健身保養，肌肉同樣會漸漸鬆弛，肚子上的肥油愈來愈多，原本結實的胸部變大變軟甚至還外擴下垂，彷彿是哺餵過一打孩子的老婆婆。

　　整個人顯得懶散、沒有元氣，年輕時候可以隨意放電的銳利眼神消失了，取而代之的是憂鬱消沉的臉龐。另外，男性更年期與女性更年期一樣會帶來臉部潮紅及失眠，讓生活品質大打折扣，精神萎靡的樣貌完全符合廣告中那位累趴了的中年苦命男。

　　經過戴蒙對男性更年期的一番論述後，「男性更年期」[5]一躍成為熱門關鍵字，不少中年男性在經歷莫名的背痛、頭痛、失眠、暴躁、易怒、情緒起伏後，會至醫院要求接受檢查。這時醫師可能會替患者安排抽血，檢查體內男性荷爾蒙的濃度。

　　隨著老化，男人體內睪固酮的濃度從三十歲後每年會下降約1%，也就是說，八十歲的男人體內睪固酮濃度大概僅有全盛時期的一半。

　　根據統計，到了五十多歲有三成左右的男人會經歷男性更年期的症狀，因此許多接受抽血檢測的患者被認定為睪固酮不足，而接受外來的睪固酮補充。光是美國從西元二〇〇〇年到二〇

一一年之間，睪固酮的處方箋數目就增加至五倍之多。於二〇一一年時，美國一年開出了五百三十萬份的睪固酮處方箋，市場價值高達十六億美元。

除了罹患乳癌、攝護腺癌、攝護腺結節性腫大，或有攝護腺癌家族史的病人不適用外，愈來愈多醫師將睪固酮當成治療方式，認為補充睪固酮後的男性患者不僅能「回春」，亦會增加其力氣和骨質，甚至可能減少日後發生骨質疏鬆與阿茲海默症的機率。

老化是病？不是病？

當然，不同意睪固酮療法的醫師也是大有人在。反對者主張，睪固酮下降並非一種疾病，而是一種自然現象，所以不存在所謂的「男性更年期」。醫界同意「女性更年期」存在，是因為女性到達更年期時，女性荷爾蒙會「急速下降」，不像男性是「漸進式下降」；而且女人在更年期後是會完全喪失生殖能力，但男人即使到了七、八十歲還是能夠播種成功。這麼看來，男性睪固酮濃度雖然慢慢降低，但是應該不需要額外補充。

另外，我們在生活上也有許多行為可能會對身體造成傷害，才導致荷爾蒙分泌失調，使睪固酮濃度下降。諸如抽菸、肥胖、飲酒過量、睡眠不足、藥物濫用、工作壓力都會讓男人體內的睪固酮下降，而高血壓、高血脂與糖尿病的患者也有較高的機會出

現這個問題。所以我們應該盡量避免不良的生活習慣，而非一邊摧殘自己的身體，又一邊補充失調的荷爾蒙。

更重要的事情是，醫學界對於長期補充睪固酮的功效如何還有爭議，且目前沒有大規模的研究報告能證明長期補充睪固酮的安全性。二〇一三年有份關於補充睪固酮的大型觀察性研究報告發表於《美國醫學會雜誌》，該研究涵蓋了八千多名睪固酮濃度低於 300 ng/dL 的男性，並將他們分成「補充睪固酮」及「沒有補充睪固酮」兩組來探討發生心肌梗塞、中風及死亡的比率。統計結果發現，這兩組人的血壓、血脂等數據並沒有差異，但補充睪固酮那組發生心血管疾病的機會卻顯著地提高了。補充睪固酮的那一組於三年後發生心肌梗塞、中風或死亡的機會是 25.7%，沒補充睪固酮的話是 19.9%，兩組間相差 5.8%。學者推測，長期補充睪固酮可能使得血小板較容易凝集，形成血栓的機會也較高；而且睪固酮的代謝產物亦可能加快動脈硬化的速度，對患者的健康造成負面影響。[6]

雖然後續有學者對這篇論文提出質疑，但是計畫補充睪固酮的人務必要了解，目前醫界對於長期使用睪固酮的副作用尚未完全明瞭。除此之外，長期使用睪固酮可能會加重睡眠呼吸中止症、攝護腺肥大、乳房變大、睪丸萎縮，或讓已經存在的攝護腺癌變嚴重。

簡而言之，老化是正常且必然的過程，要不要把老化當成

「疾病」來治療，肯定還需要更多的證據與更深入的思辨。

　　最後讓我們用汽車打個比方來提醒諸位男士朋友，縱使是鋼鐵打造的引擎也會因為歲月而影響性能，若想延長愛車的壽命，平時就要好好保養，千萬別以為加瓶神藥就能大踩油門，否則老爺車絕對會爆缸拋錨的。

看小電影看到天長地久

　　成人電影的歷史悠久，幾乎是在十九世紀末電影技術剛起步的同時，便已經出現成人電影。當然，那時候只有黑白且無聲的影像。

　　在二十世紀初，成人電影的產業迅速竄起，並在世界各地發展。二次世界大戰之後，隨著科技的發展與家庭電影的普及，成人電影的市場更是大幅成長。一九六〇年代，彩色電視機的技術成熟且價格滑落，成人電影也進入彩色時代。

　　爾後，丹麥率先廢止電影審查制度，荷蘭、美國等許多國家也修改相關法規，在合法化之後，成人電影產業更呈現爆炸性成長。

　　絕大多數成人電影的場景都很局限，劇情也很有限，所以又被稱為「小電影」。回想十五年前的「小電影」，在男生宿舍裡基本上屬於「稀世珍寶」，「影片所有人」幾乎擁有類似「掌門人」的地位。那個時代，燒錄機仍屬高價物資，雖然僅有四倍龜速燒錄，但依舊非常昂貴，於是窮學生們只好集資購入。在寢室

裡排隊燒片的畫面，相信許多人都不陌生。

那時候的空白光碟片也不便宜，號稱不壞軌可永久保存的光碟每片動輒一、二十元。拚著不吃飯也要購入的人所在多有，只為了「永久保存」那些「倩影」。

在男生宿舍裡，擁有裝滿光碟片的「布丁筒」儼然是一種「傲人資產」。但是，光碟片上用麥克筆寫的常常是看不懂的編號或縮寫，不然就是寫上「大體解剖」、「大家說日語」這類掩人耳目與內容物完全不符的標題。

隨著科技的演進，網路資源愈來愈豐富，從網路下載漸漸成了主流。「小電影」的畫質也不斷精進，從 640P、720P，到 1080P，讓大家不再霧裡看花，但是影片的檔案也就愈來愈大。不過，硬碟容量的增加亦是不落人後，500G、1TB、2TB 等巨大容量的硬碟相繼問世。

近來，網路頻寬的提升，讓「線上播放」成了另一個選擇，「小電影」愈來愈容易取得，連下載都省了。

當「小電影」愈來愈容易取得，不免也會讓人好奇，究竟人類花了多少時間觀看「小電影」？

根據一個成人影片搜尋引擎所公布的資料，在分析美國兩個主要的情色影片網站，得到的數字相當可觀。這兩個網站上共有七十三萬五千部成人電影，可以連續看十六年都不會重複，而且每個月以二萬二千部影片的速度增加。影片總點閱次數高達

九百三十億次，平均每部影片的點閱數十二萬七千餘次。這些影片總共獲得一億五千八百萬個評等，另外還有七百五十萬則回應。可見是相當活躍的社群，參與度非常之高。除了按滑鼠之外，還會留字互動。

才短短幾年時間，單單只在這兩個網站，累積播放時間為一百二十萬年！

「一百二十萬年」的時間大概可以回溯到遠古的年代。當時地球上住的是前人（Homo antecessor），又名先驅人，推測可能就是尼安德特人及智人的共同祖先。

而且，這還只是「兩個」網站的數據喔！如果再加上丹麥、日本，或其他國家的網站，那人類看「小電影」的時間肯定還要加倍、加倍、加倍、再加倍呢！

這些驚人的數據恐怕會讓許多人皺起眉頭批評「世風日下」，不過，換個角度想，或許正是因為這股強大的驅力，人類才得以繁衍至今啊！

如今，看著堆在書桌底下，蒙上厚厚灰塵的布丁筒，不免覺得好笑，當年幹嘛傻呼呼地在乎什麼「永久保存」的承諾？因為，根本是「永遠」不會再拿出來看的呀。

但是，留著這些布丁筒也不是全然無用，它們可以再一次提醒我們，關於欲望那虛幻的本質。最後，一定要提醒大家，凡事該適可而止，記得多留一點時間給你身邊的人呦！

第 16 課

男人老了膀胱就無力？

　　相信大家都曾經在廣播或電視上聽過推銷「膀胱丸」的廣告，號稱可以治療頻尿、夜尿與尿床，長久下來，「膀胱無力」已經成了一個人盡皆知的名詞。

　　閩南語有句俗話說：「囡仔放尿泉（噴）過溪，老人放尿滴到鞋」，很貼切地描述了老年人的困擾，也讓人解讀成「年輕人的膀胱較有力，老年人的膀胱較無力」。也因如此，當上了年紀的男人感到解尿不順暢時，便會開始懷疑自己的膀胱「衰弱無力」。

　　然而，事實與我們的想像正好相反。老年人的膀胱非但沒有變得無力，反而具有更為粗大且發達的肌肉，讓男人解尿不順的主因不是膀胱，而是位於膀胱出口日漸肥厚的攝護腺。男人的攝護腺約莫栗子一般大小，會將尿道包圍，其主要功能是分泌攝護腺液，成為精液的一部分。在男性荷爾蒙的刺激之下，攝護腺會逐漸增生，日益肥厚的攝護腺將壓迫尿道，造成患者解尿困難。由於尿道的阻力增加，膀胱便需要更用力收縮才能夠排出尿液，

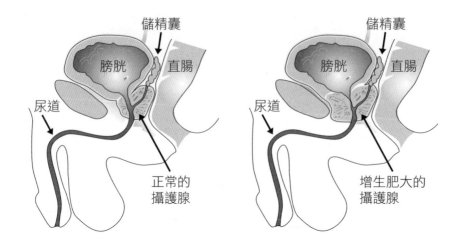

好比舉重會讓手臂肌肉增生一般，膀胱的肌肉也會愈來愈肥大。因為尿道出口狹小，所以患者雖然很用力，但是解出的尿液依然軟弱無力、滴滴答答。更麻煩的是膀胱裡的尿液幾乎永遠解不乾淨，只要稍微喝點水就得頻繁地跑廁所，行動遲緩的老人家就容易出現尿失禁，夜裡也會被尿意喚醒很多次，嚴重影響睡眠品質。若是沒有做適當處理，肥大的攝護腺可能導致尿道完全阻塞，只要半天不解放，蓄積在膀胱中的大量尿液可是會讓人痛不欲生。這個問題在古時候肯定也讓男人們傷透腦筋。

要放放無，不放緊緊！

　　《黃帝內經》中稱「膀胱不利」為「癃」，即為解便不順，「不約」則是尿失禁，這兩個問題都很直覺地被歸咎於膀胱。[1]

當尿道接近完全阻塞時，膀胱鼓脹，小腹便會疼痛，因為膀胱被稱為「胞」，所以此種狀況又叫做「胞痺」。[2]

西元三世紀的《金匱要略》描述患者解尿總是滴滴答答、無法連貫，好似粟米撒落，於是被稱為「淋」，頗為生動。[3] 不過，會將原來的「癃」改稱「淋」還有一個「政治因素」，由於東漢殤帝的名字叫劉隆，為了避諱，醫家只好稍做更動。這位出生僅三個多月便當上皇帝的小嬰孩，在位僅八個月便「駕崩」了，雖然連大字都還不識一個，但是對醫書造成的影響卻延續了一千多年。

到了西元七世紀，隋代太醫對此做了更詳細的觀察並記載於《諸病源候論》。書中提到「水道不通」使尿液積在膀胱裡，但是仍將頻尿的問題歸咎於「腎虛」。他們用「數而且澀，淋瀝不宣」描寫患者頻尿又解不乾淨的症狀[4]，亦觀察到了「急性尿滯留」的患者會心急腹滿，終至一命嗚呼。[5] 一個體重七十公斤的成年人，每小時約會製造出七十毫升以上的尿液，只要八個小時不解尿，便會讓膀胱又鼓又脹，痛苦難耐。由古籍可知，急性尿滯留在當年可是會致命的。從生理學的觀點來看，當尿道阻塞膀胱脹滿之後即會影響腎臟功能，進而造成急性腎衰竭，隨著血液中鉀離子濃度急遽升高，將誘發心律不整而使患者猝死。

如今，有很多方法可以處理急性尿滯留，鮮有患者因此而死，所以我們難免有點好奇，究竟尿道阻塞之後多久會造成死

亡？幸好古人留下了這段紀錄，讓我們知曉未經治療的自然病程。「小便不通，名為胞轉。其病狀：臍下急痛，小便不通是也。……此病至四五日，乃有致死者。」原來尿道完全阻塞後，約莫四、五天的時間就能導致死亡。

太醫們依據症狀將解尿的問題進一步區分為「石淋」、「氣淋」、「膏淋」、「勞淋」、「熱淋」、「血淋」、「寒淋」。

「石淋者，淋而出石也。……其病之狀，小便則莖裡痛，尿不能卒出，痛引少腹，膀胱裡急，沙石從小便道出。」指的是尿路結石，患者會在解尿時排出少許砂石。看似不起眼的結石隨著尿液流經尿道時，會造成劇烈的疼痛，讓患者留下非常深刻的回憶。

「氣淋者，腎虛膀胱熱，氣脹所為也。……膀胱小腹皆滿，尿澀，常有餘瀝是也。」這裡描述的症狀就很類似攝護腺肥大的患者，會解尿困難且常有餘尿，脹滿膀胱的「氣」，正是尿液。

「膏淋者，淋而有肥，狀似膏，故謂之膏淋，亦曰肉淋。」此段所指的應該是尿液混濁有沉澱物，類似閩南語順口溜所說的：「食老三項，哈唏流目屎，放尿厚尿滓，放屁兼滲屎」。「尿滓」，即尿中有雜質、沉澱物的意思。

「熱淋」[6]與「血淋」[7]都是血尿，較淡的血尿被稱為「熱淋」，較濃的血尿被稱為「血淋」。導致血尿的病因就非常多，從感染到癌症都有可能。

另外，「寒淋者，其病狀，先寒戰，然後尿是也。」由症狀看起來像是泌尿道感染，舉凡尿道炎、膀胱炎、腎盂腎炎皆有可能，患者會出現畏冷寒顫。

由這些記載看得出來古人費了不少心思觀察與歸納，試圖找出解決方法，然而縱使病因很多，他們卻都將小便的問題認為是腎虛與膀胱的問題，後世也依循這樣的論述，做出大同小異的分類。

在唐代名醫孫思邈所編撰的《千金翼方》[8]中有一則「膀胱冷小便數多每至夜偏甚方」，顯然當時的老年人亦受夜尿所苦，一個晚上要爬起來尿好幾回。

西元十六世紀的《醫學綱目》主張「溺閉」與「溺癃」，乃是同樣疾病的急、慢性表現，解尿不順屬慢性症狀，既頻尿又解不乾淨，直到有一天演變成尿滯留便是急症，也常常代表了患者的死期。但是由於缺乏解剖學的知識，所以無法確認疾病的明確成因。[9]

解放尿液大作戰

攝護腺肥大是解尿不順最常見的原因，上了年紀的男人幾乎都無法倖免，在過去因為「小便不通」而丟掉性命的患者應該也不在少數。對於一個如此普遍的病症，醫者當然不陌生，為此也提出了五花八門的治療方法。

號稱可以治療解尿不順的口服藥方多不勝數,歷代醫家皆絞盡腦汁想要設計出可行的配方,各式各樣的植物、動物、礦物都被拿來嘗試,其中可是充滿創意。

《中藏經》中有帖藥名叫「三不鳴散」,為何叫做「三不鳴」呢?因為這帖藥方的原料是螻蛄。螻蛄是種昆蟲,有一對強壯的前足善於掘土,生活在泥土裡,雄螻蛄的翅膀互相摩擦可以發出鳴聲,田野間常可聽到。所謂的「三不鳴」就是抓三隻螻蛄來做藥。

他們把三隻不同地方抓來的螻蛄放入瓶中,任其互咬直到分出勝負,然後把存活的螻蛄焙乾、磨成粉末,再讓患者配酒吞服。三隻死螻蛄果然是名副其實的「三不鳴散」,不過這配方恐怕不會有效。[10]

除了口服藥之外,外用藥也相當多種,其中一個療法頗令人莞爾,「小便不通:豬膽一個(留汁),以陽物插入膽中,少頃,汁入自通。」[11]這是請患者將陰莖插入豬膽內,希望膽汁可以疏通尿液,會提出這樣的想法大概與治療便祕有關。西元二世紀著有《傷寒雜病論》的張仲景主張「以豬膽汁和醋少許,灌穀道中,通大便神效。」[12]文中的「穀道」即是肛門,將豬膽汁灌入直腸的確可以改善便祕,因為膽汁中的膽鹽能夠刺激腸道蠕動,具有類似瀉劑的效果。或許因為這樣,讓醫家想要如法炮製,用膽汁來治療小便不通。可惜大便不通與小便不通的成因截

然不同，將陰莖插入膽囊是沒有效果的。

西元十五世紀初，明太祖第五子周定王朱橚主持編寫了一部大型醫書，名為《普濟方》，在王族的大力促成下，蒐集了大量資料，顯然有集大成的野心。書裡頭關於小便不利、小便不通的配方就有洋洋灑灑數十則，諸如硝石、礬石、磁石、滑石、鐘乳石、檳榔、雞蛋、雞腸等皆名列其中。讓我們來看看幾則相當有趣的療法。[13]

「洗方治胞轉小便不通：先用良薑、蔥頭、紫蘇葉各一握上煎湯，密室內熏洗小腹外腎肛門，留湯再添，蘸綿洗。」這是用良薑、蔥頭、紫蘇葉煎湯，然後在房間裡熏洗小腹和陰囊。

「治胞轉欲死及不溺方：上取豆醬清和灶突中墨，如豆大，納陰孔中立愈。」這一則是由廚房中取材，「豆醬清」即是醬油，「灶突」則是灶上的煙囪，拿煙囪裡沉積的黑炭沾醬油後塞入尿道口恐怕不是個明智的主意。

再來有「用自己爪甲燒灰，水服之。」也就是將自己的指甲燒成灰，再配開水服用；或「取梁上塵三指撮，以水服之。」拿沉積於梁上的陳年灰塵當成藥丹服下，想必需要很大的勇氣。

還有一則是「用蒲席捲人倒立，令頭至地，三反則通。」把患者用席子包起來頭下腳上地倒立，應該需要幾名壯丁幫忙才行。可惜縱使大費周章地折騰，患者依然有尿解不得。

倒是最後這則或許能替患者帶來些許希望，「以蔥葉除尖

頭，納陰莖孔中，深三寸，微用口吹之。」把蔥葉插入尿道然後吹氣，若能稍微撐開尿道狹窄處，就有機會解出尿液。

克難導尿法

用蔥葉導尿這個方法出自唐代孫思邈於西元七世紀中葉所完成的著作《備急千金要方》[14]，不過可能不是孫思邈發明的，因為唐代另一部醫書《外台祕要》裡記載為張苗的作法，而且孫思邈亦曾於書中引述張苗的說法，對他頗為推崇，所以這個方法應是源自於張苗無誤。[15]

從尿道口插入蔥葉的作法類似現代的導尿，但是蔥葉的結構不甚牢固，對於輕微阻塞或許有效，對於嚴重阻塞可能就沒轍了。

其實，西元四世紀的葛洪也曾經嘗試從尿道口來治療小便不通，且被記載於《本草綱目》中[16]，他將土瓜根搗成的汁液灌入尿道口，幸運的話便可撐開狹窄處，獲得解放。

這種導尿的方式雖然克難，不過也許或有點功效，所以流傳了下來，也漸漸被改良。原本是用嘴巴吹氣，到了西元十三世紀改用豬膀胱來灌氣，而蔥葉則被捨棄改用較堅固的羽毛管，如此一來，醫家可以較為從容地執行，更不會意外喝下湧出的尿液。[17]

除了灌氣之外，也有人嘗試灌入水銀來疏通尿道。水銀的比

重雖然比水大，但是想靠水銀的重量撐開狹窄的尿道恐怕不甚容易。[18]

從古籍上可以曉得，導尿的概念已存在相當久遠的歷史，不過由於男人的尿道較長，且肥大的攝護腺通常都很扎實，造成阻塞之後其實很難處理。縱使僥倖導尿成功，也僅能解一時之急，畢竟問題的根本沒有被解決，尿道不可能自行疏通，每天導尿兩、三次絕非長久之計。更何況，在缺乏無菌知識下導尿註定會造成泌尿道感染，一發不可收拾的敗血症同樣會奪走性命。

倒是過去的女人較有機會受惠於這類導尿技術，例如剛生產完的婦女經常會出現解尿困難的麻煩，此時上述各種導尿方式便能派上用場。因為女人的尿道很短，無論是插入蔥葉或是鵝毛管應該都能成功引出尿液，化解危機。

看完了這篇文章，相信能讓各位往後在上廁所解放時，感受到更大的滿足，因為當尿液脹滿膀胱，不但會急，還真的會急死人呢！

坐馬桶染性病？

「醫生，我的睪丸已經痛了好幾天。」坐在診間裡的廖先生顯得無精打采。

「有其他的不舒服嗎？」謝醫師問。

「尿尿也會痛，還有一點發燒，全身無力。」這些都是泌尿道感染常見的症狀。女人的尿道較短，只要憋尿或水喝太少便可能出現尿道感染，至於男人的尿道感染則經常與性病有關。

做完簡單的檢查後，謝醫師已經有了答案，「你這個狀況很可能是淋病喔。」從尿道口流出白色混濁分泌物是相當典型的表現。

「待會兒會將檢體送去化驗，確定之後，會幫你打針，然後得吃一個星期的口服藥。」謝醫師一邊採集檢體，一邊解釋後續的處理方式，「為了避免反覆傳染，要趕緊請太太過來檢查喔。」淋病屬於第三類法定傳染病，在確定診斷之後醫師需要向衛生局通報，最近十天內接觸過的性伴侶也都要到醫院接受檢查和治療。

眉頭深鎖的廖先生，過了一會兒才道：「醫生，你們不用找我太太，我這個病一定是上廁所的時候被傳染的。」

「哦？」

廖先生忿忿地說：「因為是連續假日，風景區的遊客一大堆，公共廁所髒得要命，才會害我生病。」

「欸……」謝醫師委婉地說：「馬桶坐墊應該不會傳染淋病啦。」

「為什麼不會，那麼多人坐過，天曉得有沒有什麼奇奇怪怪的病。」廖先生的心裡頭已經選擇了這個答案，打定主意堅持到底。

許多人在公共場所上廁所的時候總是提心吊膽，唯恐染上不速之客。但性病究竟會不會經由馬桶坐墊來傳染呢？

性病在人類文明中雖總是像蔓延的野草般難纏，但是要成功地傳遞性病其實並沒有那麼簡單。要傳遞性病得符合幾個要件，首先是有足夠數量的病原，無論是由細菌造成的淋病、梅毒，或由病毒造成的菜花、愛滋病，若想要感染新的宿主，都會需要一批壯盛的大軍，才有辦法攻破免疫系統的防守搶灘登陸。不過，乾燥、冰冷的馬桶坐墊對細菌與病毒來說，並不是個安居樂業繁殖壯大的好地方，即使患者的生殖器直接接觸到坐墊，病原體往往會在短時間內死亡。

另外，這批細菌大軍必須攻進正確的地方才有辦法登堂入

室。要知道人類的皮膚對細菌與病毒而言，根本就像銅牆鐵壁，兇猛的梅毒能在生殖道黏膜上為非作歹，甚至入侵心臟、大腦，卻對皮膚一點辦法都沒有。使用馬桶時，接觸坐墊的是大腿與臀部的皮膚，這些地方既無法散播性病的病原，也不會容許病原長驅直入。

　　由於廖先生堅決否認有性接觸，見怪不怪的謝醫師只能聳了聳肩，沒再多說什麼，畢竟馬桶坐墊揹上這種黑鍋也不是一天兩天的事。願不願意接受「坐馬桶染性病」的說詞，就得仰賴女人的智慧嘍！

第 17 課

維納斯的詛咒 —— 梅毒

　　故事從一位英姿勃發的法蘭西國王講起，查理八世[1]從十三歲起便登基成為法蘭西國王，但由於當時年紀太小，國家大權都落在姊姊與姊夫的手裡。直到二十一歲，查理八世娶了老婆後，才終結姊姊、姊夫的攝政，逐漸拿回政權。

　　一四九五年時查理八世二十五歲，手中大權在握。查理八世展露出空前的野心，將目光瞥向了義大利。

　　十五世紀末的義大利，正逐漸擺脫封建制度，經歷著文藝復興的洗禮，商人們讓商業發達繁盛，藝術家們讓文化燦爛輝煌。而政治體系上，義大利當時主要分成五個城邦，分別是任人唯親的羅馬教廷，奢侈繁華的威尼斯，軍事軟弱的佛羅倫斯，宗主權不穩定的那不勒斯，和政局動盪的米蘭。這個富庶之地在查理八世的眼中幾乎可算是四分五裂、殘破不堪的政體，因此，查理八世決定開戰。他從全歐洲招募了三萬名傭兵，巧立名目後出兵，親率大軍越過阿爾卑斯山脈，發動「義大利戰爭」。

　　那不勒斯找來了以西班牙武力為主的軍隊，但是法軍依舊長

驅直入，讓查理八世於一四九五年二月二十二日拿下那不勒斯，並戴上那不勒斯的王冠。進城之後法國軍隊恣意放縱，與妓女交歡、飲酒作樂通宵達旦。

查理八世的勝利很短暫，不久之後法軍就被驅逐出城，在城牆外僵持了幾個月後，查理八世率領法軍主力返回北方。但是，這時怪事發生了！從歐洲各地招募而來的傭兵們就像遭到詛咒一般，竟都不約而同地患上了某種令人膽戰心驚的怪病。

蔓延的詛咒

剛開始，傭兵們發現自己的生殖器上出現不太會痛的潰瘍。接著有人發起高燒，並在身上出現紅疹及潰瘍，然後是關節疼痛，最後會蔓延到全身劇痛。到了夜裡，疼痛還會加劇，令人更加難熬。恐怖的是，傭兵們身體上的潰瘍還會流出帶有惡臭的液體。

恍若詛咒似的怪病迅速散播，從義大利和法國兩地，傳到了瑞士和德國，到了隔年，怪病也在荷蘭和希臘現蹤。兩年內，這個怪病已經跨海來到了英格蘭和蘇格蘭，四年後經由陸路傳播到歐洲東邊的匈牙利和俄羅斯。隨著航海貿易，在十年內，歐洲水手就將這個令人膽寒的怪病帶往了印度和中國。

當時威尼斯軍醫[2]是這麼描述的：

「這個病的第一個特徵是在陰莖上出現無痛的皮膚潰瘍。然

後病人的臉和整個身體都會出現膿包和潰瘍，關節會疼痛，也會發癢。」

由於臉部和身體多處的潰爛，讓這個怪病徹底摧毀了一個人的自尊，同時也帶來巨大的痛楚，在一四九八年第一份由病人留下來的自述是這麼說的：

「我記得四月底從義大利回來的路程上，開始感到了疼痛。這種痛感持續到了六月，情況愈來愈嚴重。接著我的全身冒出一顆顆的膿包和結痂。先從左右手臂痛，然後痛到肩膀，又延伸至手掌。後來所有的骨頭都在作亂，自此之後，我的生活沒有片刻寧靜。」

這個怪病到底是什麼？今天我們知道，這個震撼歐洲社會的怪病就是梅毒。但在十五世紀末，「梅毒」這樣一個「詩情畫意」的名稱尚未出現；剛開始這個病被喚作大水痘（great pox），用以與另一個致死率極高的疾病──天花（smallpox，直譯為小水痘）──做區隔。然而「大水痘」這個怪病的傳播方式似乎與天花極為不同，由於一開始的臨床表現是生殖器潰瘍，「因性而病」的態勢極為明顯，以至於罹患梅毒的人愈來愈恥於提到此病。爆發疫情的歐洲各國為了顏面，皆極力撇清關係，統統把此怪病說成是「別人的病」。

都是「別人的病」

攻打那不勒斯的法國人，知道自己是在義大利戰爭裡染上怪病的，於是稱此病為「那不勒斯病」。至於在德文、英文、義大利文裡，這個病都被稱為是「法國病」。當時西班牙籍的水手和傭兵特多，帶著此病在歐洲四處趴趴走，於是荷蘭人、葡萄牙人，和北非當地，都稱呼此怪病為「西班牙病」。帶病的德國人再往東走，就將怪病帶入波蘭，所以波蘭人說這是「德國病」。而帶病的波蘭人再往東走，又到了俄羅斯，於是俄羅斯人稱此為「波蘭病」。遠在東方的日本，亦稱此病為「廣東瘡」或「中國潰瘍」。甚至，鄂圖曼土耳其帝國的回教徒怪罪起基督教，說這是「基督教病」。

到了十六世紀，有位傑出的義大利醫師暨詩人弗拉卡斯托羅[3]，在一五三〇年用拉丁文寫下了一首詩，名叫〈西佛勒斯或法國病〉[4]，內容描述了一位名叫「西佛勒斯（Syphilus）」的牧羊人，負責照護國王的牲畜。有一年，遭逢大旱，牲畜活不下去，牧羊人西佛勒斯於是咒罵天神，沒想到竟換來了天神的懲罰，降下病原感染大地的水源及空氣。牧羊人西佛勒斯首當其衝，便罹患了一種讓人四肢消瘦、發出惡臭，既痛苦又骯髒的疾病。

當然，詩的標題都點名這就是「法國病」了，大家當然都曉得牧羊人受到的天譴就是那場怪病。「西佛勒斯」的出現變成了此怪病的最佳代言人，讓眾人在提及此病時，不用再誣賴鄰國。

後來，弗拉卡斯托羅在自己的醫學著作[5]裡也用「Syphilis」來稱呼梅毒。除此之外，弗拉卡斯托羅已經猜到這個疾病並非天譴，而是有體積微小、肉眼看不見的生物在作祟。他精準地描述梅毒的進程：

「這種感染在剛被傳染時不會影響你，但是會在你體內潛伏。最先會看到生殖器上有潰瘍性的病變，組織開始潰爛。……很難擺脫這個疾病，常常是一邊的潰瘍好了，另一邊的組織又開始潰爛。之後大部分的患者會開始在全身長滿覆蓋著硬皮的膿包，有時候膿包是從頭皮開始長。剛開始膿包小小的，後來會愈長愈大；至於上面覆蓋著的硬皮，則是又硬又噁心，有點青紫色，後來又會泛黃。大部分的病人會呈現上述情況，不過亦有些人出現白色硬皮的，又或者是黑色或紅色的硬皮，不過這類型的比較少見。」

「幾天後，膿包破裂，流出惡臭的黏性物質，沒親眼見過的人實在無法了解這其中藏有多少的汙穢。膿包還能繼續破壞組織，造成範圍更廣、更深、更具侵蝕力的潰瘍。潰瘍會進一步蔓延至神經系統和骨頭。這個病在每個人身上的主要表現位置不一，有的人主要在頭部，有的人是上肢，有的人又是其他地方，甚至會完全破壞掉嘴唇、鼻子，或生殖器官。」

梅毒就是這樣一點一滴，吃掉男人的陽具，再吃掉男人的臉，讓縱情聲色尋歡作樂的嫖客們個個變得面目可憎，慘不忍

睹；除此之外，梅毒所引發的全身疼痛，會嚴重到讓人「痛到下不了床，還找不到醫師診治」。而且，當時梅毒的致死率比今日高上許多，也就是讓人在面目全非、受盡折磨的幾個月後死亡。因此，梅毒這種「有點像痲瘋病，又有點像天花」的新興疾病，在文藝復興時期成為歐洲的頭號殺手。

令人喪膽的楊梅毒瘡

　　肆虐歐洲的梅毒後來也傳到了遙遠的東方。明代李時珍[6]在《本草綱目》中記載：「楊梅瘡古方不載，亦無病者。近時起於嶺表，傳及四方。蓋嶺表風土卑炎，嵐瘴熏蒸，飲啖辛熱，男女淫猥。溼熱之邪積蓄既深，發為毒瘡，遂致互相傳染，自南而北，遍及海宇，然皆淫邪之人病之。」

　　李時珍從十六世紀中葉開始編寫《本草綱目》，當時梅毒傳到中國的時間才幾十年，所以他會說「古方不載，亦無病者。近時起於嶺表，傳及四方。」嶺表，指的是五嶺以南，即今日的廣東、廣西一代。在實施海禁的明代，廣州是進行海外貿易的重要港口，伴隨商船進入的梅毒也就開始流傳，所以又被稱為「廣瘡」、「廣東瘡」。

　　對於這個新興的傳染病，明代的醫學家有各種不同的描述。明代陳實功[7]在《外科正宗》裡描述，「夫楊梅瘡者，以其形似楊梅；又名時瘡，因時氣乖變，邪氣湊襲；又名綿花瘡，自期綿

綿難絕。」由此可知，會被稱作「楊梅瘡」是因為「形似楊梅」。

明代張景岳[8]在《景岳全書》裡又記載了許多種稱呼，「楊梅瘡一證，以其腫突紅爛，狀如楊梅，故爾名之。其在西北人則名為天泡瘡，東南人又謂之廣東瘡。凡毒輕而小者，狀類茱萸，故名茱萸瘡。毒甚而大者，泛爛可畏，形如綿花，故名綿花瘡。」

張景岳還留下了一段關於梅毒的觀察，相當值得一提：「設初起時去毒不淨，或治失其宜，而隨至敗爛殞命者，蓋不少矣。或至二三十年之後，猶然發為瘋毒，或至爛頭，或至爛鼻，或四肢幽隱之處，臭爛不可收拾，或遺毒兒女，致患終身，其惡如此。」前段所描述梅毒的致死率頗高，而後段則是講述染上梅毒二、三十年後，會使人發瘋，這就是晚期梅毒，梅毒螺旋體會侵入中樞神經而造成癡呆、妄想、性格改變、精神異常。他不但觀察到神經性梅毒，還觀察到梅毒可以傳染給兒女，危害終身。

既然曾經有過這麼多種名稱，為何後來會被定名「梅毒」呢？

我們可以瞧瞧明代醫學大師汪機[9]的說法：「近有好淫之人，多病楊梅毒瘡，藥用輕粉，愈而復發，久則肢體拘攣，變為癰漏，延綿歲月，竟致廢篤。」或許就是因為「楊梅毒瘡」的說法被廣為流傳，所以最後被稱為「梅毒」。

梅毒在中國肯定也是大為流行，普羅大眾對其臨床表現應該

都不陌生，連小說中都有生動的描述，清代《楊乃武與小白菜》裡有位喜愛嫖妓宿娼的錢寶生，當然也染上了梅毒，「過了幾時，竟毒發起來，肉釘之上，起了許多惡瘡，膿血淋漓，疼痛非凡。……又為了怕人家知道了恥笑，不敢向人言明，只暗中留心打聽治法。日子一拖延下來，非惟下部潰爛得不成模樣，漸漸地往上攻鑽，全身發出了毒瘡，連面部也有了紅點。鼻孔之內，慢慢地也爛了起來。……直到梅毒除掉，面上鼻子，已爛塌的了。鼻孔中又多了一塊塞肉，說起話來，便成了個模糊不清，非得用心靜聽，不能聽出他說的什麼言語。下部也成了半截，光頭削去了一段，再不能耀武揚威，馳騁疆場，倒死了寶生的色心。」從這些文字不難想像染上梅毒的慘狀，不但會毀容，連陰莖都給毀掉半截。

追尋梅毒的根源

由於梅毒令人感到恥辱、嫌惡，歐洲各國均不想沾上臭名，所以便互相指責對方不道德引來天譴。一方面安慰自己說「文明就會帶來梅毒」[10]，一方面又對梅毒的起源爭論不歇。其中，最多人將矛頭指向航海家哥倫布。[11]

哥倫布在一四九二年時，憑著要「找到亞洲新航線」的信念，誤打誤撞地登陸加勒比海各島嶼。哥倫布一行人在美洲各地固然是沾染不少女人，於啟程返回歐洲時還綁架了幾位印第安人

同行。據猜測，梅毒就這樣跟著哥倫布回到西班牙海港。歷險歸來的水手們在下船後均迫不及待地找妓女尋歡，將梅毒傳給了歐洲的性工作者，疫情也悄悄地散布。

爾後那不勒斯王國徵召西班牙人抵抗法王查理八世，傭兵們又把梅毒傳給那不勒斯當地的妓女。查理八世占領那不勒斯的期間，妓女們又把梅毒傳給從歐洲各地募集而來的傭兵。在法軍撤退之後，疫情在歐洲大爆發。

這個假設的學說雖稱為「哥倫布理論」[12]，強調哥倫布的船隊將梅毒從美洲大陸帶到歐洲，不過實際上「義大利戰爭」才是散布梅毒的罪魁禍首。戰敗的查理八世雖於開戰三年後墜馬死亡，不過義大利境內大大小小的戰役還是持續了三十年。因為士兵皆是由各地招募而來，戰爭帶動了人口遷徙，同時強暴和娼妓引發的性病傳染更是難以計數，讓梅毒在短時間內席捲了歐洲。

哥倫布發現美洲後，將天花、傷寒、麻疹和白喉等疾病由歐洲舊大陸傳到美洲新大陸，造成了新大陸的大瘟疫橫行，美洲原住民快速且大量的死亡，病菌屠城滅村的速度甚至遠超過歐洲人的殖民侵略，讓原本達到上億人口的印第安文明，降到數百萬人。根據「一報還一報」的思維，美洲新大陸回敬歐洲舊大陸一位新殺手「梅毒」作為報復，[13] 似乎合情入理。不過，當然也有人質疑這樣的說法，而提出了「前哥倫布理論」。[14]

支持「前哥倫布理論」的人認為，回溯歐洲過往的紀錄，其

實也隱藏著梅毒疾病的蹤影。他們相信早在西方醫學老祖宗希波克拉底[15]的醫學書籍，就曾描述過類似第三期梅毒患者的樣貌。有人翻了翻《聖經》，說《聖經》裡充斥的痲瘋病人，症狀看起來也像極了梅毒患者。還有人舉出史料，認為十四世紀初在歐洲所爆發的痲瘋病大流行，病因根本就是梅毒，只是都被誤診了。

有的學者更加圓融，認為應該兼容並蓄地合併兩種說法。他們認為，梅毒這種疾病應該起源於黑暗非洲，傳到亞洲後又抵達美洲。在美洲當地逐漸變種成為致命的梅毒螺旋體。最後，再由哥倫布帶回歐洲。

研究梅毒歷史的學者們為了正本溯源而爭論不休。而五百年前，甚至更久之前的患者，不會留有相片，也沒有醫學記載，除了「西佛勒斯」的詩句外，其他對於患者的描述都相當隱晦，也極少有患者願意用第一人稱留下紀錄。因此二十世紀之後，學者們決定將過去的「死人骨頭」拿出來「品頭論足」一番，從頭骨研究到小腿脛骨。因為梅毒這疾病不但會侵蝕人的皮膚及黏膜，也會在骨骼和牙齒留下痕跡，正是留給後代的最佳線索。

在二○一一年時，終於有學者做了大規模的骨骼檢測，認為在十五世紀末哥倫布航行以前，歐洲、亞洲，和非洲都沒有梅毒造成的骨頭病變模式。至於美洲，則在八千年前就存在了梅毒引發的骨頭病變。長達數世紀的辯論就此接近定調，以支持「哥倫布理論」作結。

對抗梅毒

到了十六世紀，梅毒的侵略性依舊極強，在莎士比亞筆下被形容為「無窮無盡的腐爛」，眾人自然是四處尋找治療梅毒的方式。首先被認定有效的，是來自美洲進口的「癒創樹」[16]，算是文藝復興時期少數的抗梅毒療法之一。另外也有人將三色菫當成治療梅毒的草藥。因為當時的醫學理論講求「體液平衡」，最常做的治療方式就是放血、灌腸和催吐，這幾招自然也被用在梅毒患者身上。

由於梅毒的早期表現是生殖器上的潰瘍，很明顯是「因性而病」，早在十六世紀，人們就知道梅毒「需要兩個肉體交纏後才有可能相互傳染，並不會因日常生活的接觸而傳染」。所以，想要預防梅毒感染，最重要的當然是從性交這件事著手，使保險套受到重視。當時的保險套是用亞麻布包住龜頭，然後打個結，避免梅毒毒素流竄回到身體。在辦事前，要先將亞麻布浸泡在以酒、癒創樹、銅、汞，和各種獨門配方調製而成的溶液裡。據稱，這種作法不僅可以在性交時預防梅毒感染，還可以當成性交後使用的「急救妙方」。這位十六世紀「急救保險套」的發明者曾經誇下海口說：「我對天發誓，曾經有一千多位男人在召妓後嘗試了這種急救方法，其中沒有任何人留有梅毒的後遺症！」[17]

到了十七世紀之後，大家公認水銀（也就是汞）的治療效果最佳，因此變成單一線治療梅毒的妙方。有人將水銀做成膏藥敷

貼，也有人是拿水銀塊直接在皮膚上摩擦。後來水銀的用法又從外用逐漸變成內服，甚至還有人將水銀注射到血液裡。其中最妙的方式是「水銀蒸氣浴」，梅毒患者會坐在放有水銀的密閉桶子內，只露出一顆頭，然後有人會在這像蒸籠的桶子下方生起一把火，將水銀加熱，讓梅毒患者全身上下都能沐浴在水銀蒸氣裡，此時梅毒患者就像早餐店蒸籠裡的包子那樣，被蒸得熱烘烘的。這種「水銀燻蒸」療法需要反覆施行，梅毒患者得常常坐在水銀蒸籠裡對抗疾病。於是當時還傳出了這樣的諺語：「一晚睡在維納斯的臂彎裡，未來一輩子都要與水銀為伍。」用意就是要勸戒眾人不要因精蟲衝腦，衝動地解決性慾，而帶來終生遺憾。[18]

梅毒肆虐的中國同樣也嘗試使用水銀來對付梅毒。李時珍在《本草綱目》中提到：「楊梅毒瘡：水銀、黑鉛各一錢（結砂），黃丹一錢，乳香、沒藥各五分。為末。以紙卷作小捻，染油點燈，日照瘡三次，七日見效。」這是想用水銀煙燻來治療梅毒，至於塗抹、吸入、口服也都有人嘗試。

形形色色的水銀療法使許多梅毒患者體內累積大量水銀，引發肝臟、腦部、皮膚損傷，所以令人遺憾的是，有時患者並非死於梅毒，而是死在水銀中毒。

清代《外科心法要訣》中也有這樣的警告：「若患者不遵正法醫治，欲求速效，強服輕粉、水銀、白粉霜劫藥等類，妄用熏、擦、哈、吸等法，以致餘毒含藏骨髓，復為倒發結毒，輕則

累及妻子，甚則腐爛損形，不可不慎。」

　　面對橫行的梅毒，人類絞盡腦汁，所提出的藥方不知凡幾，卻都一籌莫展。梅毒，成為一場延續數百年的噩夢。

揭開梅毒的面紗

　　就同大部分的傳染病一樣，梅毒在流行幾百年後，漸漸擺脫橫掃千軍、瘋狂索命的樣貌，稍微放慢了侵蝕人體的步伐。十九世紀的醫師表示，以梅毒發病的各種症狀判斷，這個病已經沒有過去那麼嚴重了。就像有的人在感染梅毒後，唯一的表現竟然只有掉光頭髮，並沒有產生太多問題。當時甚至還有醫師預言，「梅毒末日」即將到來。不過，直到二十世紀初，梅毒仍舊是個常見且惱人的疾病，而且學界依然沒有發展出有效的治療妙方，醫師也只能開立含有水銀的藥膏給病人使用。

　　幫助人類揭開疾病面紗的重要進展是在十九世紀的後期，法國科學家巴斯德[19]提出了關於微生物的學說，人們終於了解傳染病與微生物之間的關係，不再把各種瘟疫歸因於觸怒神明所遭受的天譴。科學家們陸陸續續地還原疾病的樣貌，找到了結核病、白喉及鼠疫的病原體。到了一九〇五年時，有兩位德國科學家——霍夫曼[20]及蕭定[21]，終於在顯微鏡下找到散播梅毒的致病菌就是「梅毒螺旋體」[22]。

　　一旦找到致病菌，當然就有更多的科學家前仆後繼地投入發

展對抗梅毒螺旋體藥物的行列。其中一位是諾貝爾獎得主保羅・埃爾利希[23]，他在實驗室裡試驗了上百種藥物，卻仍找不出毒殺梅毒螺旋體的方法。後來在日本人秦佐八郎[24]的協助下，偶然發現他們的第六〇六項試驗藥物——有機砷化合物[25]似乎具有療效。前前後後他們總共用了上萬隻兔子做實驗，且做了上百次的研究，終於找到這個可以殺死梅毒的藥物「薩爾佛散」[26]。

一九一〇年，「六〇六藥品」公諸於世，成為當時唯一能夠治療梅毒的先進藥物。但是，這個德國藥很貴且給藥頗為困難，因其溶解度低，不易調控，要將藥物打到靜脈或打到脊髓腔都不是很容易的事情。而且，這個藥物也不是百分百有效，對末期的病人尤其無用。更令人感到兩難的是，「薩爾佛散」的毒性驚人，問世不到五年，光是出現在醫學期刊上因「薩爾佛散」死亡的人數就已經達到百人以上，實際死亡人數更是數倍於此。

隨著世界大戰開打，梅毒更是到處作亂。當時的醫院已經逐步分科，而早期的皮膚科更是直接叫做「皮膚暨梅毒科」[27]，由此可見梅毒對於人類有浩大且深遠的影響。

用瘧疾治梅毒？

一九一七年有位奧地利醫師朱利葉斯・瓦格納－堯雷格[28]決定從治療第三期梅毒引發的麻痺型癡呆下手。他採取了與幾百年前類似的高溫療法，想要用溫度來殺死梅毒，不過這一回他打算

用病人自己的「體熱」。他的構想是讓梅毒患者高燒不斷，以殺死藏在體內的梅毒螺旋體。朱利葉斯試驗了幾個方法後，建議用「瘧原蟲治療法」，因為只要一感染瘧疾，鐵定能夠讓病人高燒不斷，應該就能藉此殺死梅毒螺旋體了吧！

　　看到這裡，大家肯定會非常傻眼。罹患梅毒已經夠慘了，怎麼會為了要治療梅毒，還故意讓梅毒患者感染瘧疾呢？朱利葉斯的看法是，瘧疾在當時已經可以用奎寧來治療，而梅毒引起的麻痺型癡呆，則算是個不治之症。所以，如果能用瘧疾引發的高燒殺死梅毒螺旋體的話，就是賺到了！

　　根據當時的醫學記載，朱利葉斯醫師的做法普及後，梅毒引發的麻痺型癡呆人數減少，以至於讓「精神病院的病人數目大量降低，連精神病院的數目都跟著減少」。看起來實在相當有效。後來，這種以毒攻毒的療法還獲得世界的肯定，讓朱利葉斯醫師獲得一九二七年的諾貝爾生理學醫學獎。

　　當然，「用瘧疾治療梅毒」這個想法還是令人有些許不安，因此大部分的醫師會將病人關進類似現代做 SPA 時的高熱烤箱，用高熱來殺死梅毒螺旋體。但是，據說這樣的效果還是比不上瘧疾的高燒治療。

　　在梅毒肆虐了將近五百年之後，可以治癒梅毒的盤尼西林終於問世，人類第一次拿出真正有用的武器來對抗梅毒。全世界莫不歡欣鼓舞，熱切期盼梅毒末日的到來。可惜的是，隨著性觀念

日益開放及避孕藥的發明，大家又開始不戴套辦事，因此到了六〇年代，感染梅毒的人數其實是不降反升。

　　愛滋病的出現，奪走了梅毒在性病界「第一殺手」的稱號，不過也因為愛滋病讓人們重視保險套的使用，使性病的盛行率漸漸下降。但是，據估計每年在全世界依然約有一千萬人染上梅毒。

　　顯然這些梅毒的故事還沒有辦法就此畫下句點。

第 18 課

世紀末的瘟疫 —— 愛滋病

一九八一年春天，美國的幾個大城市裡出現了一些憔悴、消瘦的年輕男子。他們有著蒼老的面容，拖著疲憊的身軀，有人喘得很厲害，有人的手臂和臉出現了深紫色的斑塊。

男人們生病了，而且病得不輕，這是任誰都能一目了然的事實。不過，當這些男人們走進醫院求助時，醫師卻看不出個所以然。

「這不合理啊！年輕人怎麼會長出卡波西氏肉瘤呢？」

「這太奇怪了！年輕人竟然會出現這麼嚴重的肺炎？」

可惜，這些年輕人沒有留給醫師太多沉吟思索的時間，他們的狀況迅速惡化，一個接一個地邁向死亡。

同性戀瘟疫！？

六月初，美國疾病管制局在《併發症與死亡周報》[1] 上發出警訊，提到有五名同性戀病患，因為嚴重肺炎就醫，經過肺部組織切片後證實，五個人都是感染到肺囊蟲肺炎[2]，五人中已有兩

人死亡。

隔月，《紐約時報》出現了一則報導，標題為「四十一位同
性戀罹患罕見癌症」[3]。其內容指出，卡波西氏肉瘤原本是好發
於中老年男性的罕見癌症，進程通常很緩慢，大概會到十年之
久。然而這次的狀況顯然大不相同，罹病的四十一名男性都是年
輕人，平均年齡不到四十歲。

照理說，癌症不會傳染，但是為什麼在同性戀的族群裡，罕
見的卡波西氏肉瘤竟有如此高的發生率，並且迅速地奪走患者的
性命？

眾人心中充滿了問號，卻沒有任何頭緒。美國疾病管制局在
後續的《併發症與死亡周報》中持續報導洛杉磯和紐約因肺囊
蟲肺炎和卡波西氏肉瘤死亡的人數，總計在一九八一年內共有
一百二十一個患者死亡。這些病人，都是男同性戀，於是「同性
戀瘟疫（gay plague）」一詞不脛而走。

反對同性戀的人士認為這就是天譴，而同志圈子裡也瀰漫著
恐慌。年輕人暴病而亡的景象令醫師心驚，但是由於不明所以、
束手無策，更令醫師感到無比壓力。醫界檢視這種怪病的共通
性，發現這些年輕病人會染上暴病是因為免疫系統徹底崩盤。令
人不解的是，為何這些年輕人的免疫系統，竟會如此不堪一擊？

這個怪病的群聚性非常明顯，於是醫界先從同志圈的生活方
式著手調查，看看這些人是否共同接受了某種「毒害」。有學者

將街頭販賣的毒品、助性用的興奮劑，和一些同志常用的藥物拿來比對。也有學者認為，同志性行為過度活躍，容易反覆感染性病，可能是多重感染導致了免疫系統失靈。但這一切都是推測，沒有學者能找出其中確切的關聯性。

爾後，大西洋的另一岸，也陸續出現了所謂的「同性戀瘟疫」，一個又一個的年輕人莫名其妙地死去。顯然，對於這個疾病的流傳，學者應該需要找到更好的解釋。

追查病原

隨著「同性戀瘟疫」的蔓延，美國及法國各有一位重要的科學家著手進行研究，試圖破解這個謎題。讓我們先從美國的學者——羅伯特‧蓋羅[4]開始談起。

蓋羅十三歲時妹妹死於白血病。從那天起，蓋羅就立志做醫學研究，他完成學業及實習醫師訓練後，馬上進入美國國家癌症研究院成為研究員，專攻白血病的探究。那時候「病毒可能會造成癌症」的觀念正熱門，各國皆投入大量的物力及人力研究病毒學。不過，經過了十多年卻遲遲不見進展，幾間病毒研究機構最後也關門大吉，而蓋羅正是在病毒研究上做出大突破的重要人物！

一九七九年蓋羅從一位白血病患者的身上，找到了第一個引發人類白血病的「反轉錄病毒」，將其命名為 HTLV-1[5]。兩年

後，蓋羅又從另一位白血病病患身上找到了第二種反轉錄病毒，稱其為 HTLV-2。

當蓋羅從報紙上讀到了「同性戀瘟疫」時，首先聯想到的，就是他最為熟稔的「反轉錄病毒」。蓋羅曉得，某些非洲猿猴在得到白血病之後，也會出現免疫系統受創的特徵。另外，貓科動物的反轉錄病毒不但會讓動物罹患癌症，同時也會摧毀動物的免疫系統。這些線索都讓蓋羅猜測，「同性戀瘟疫」的源頭應該是一種「人類的反轉錄病毒」！

蓋羅取得患者的血液樣本，並發現和他過去所做的研究有某種程度的相似。「同性戀瘟疫」的致病原在進入人體後的目標是 T 細胞，和之前蓋羅熟知的 HTLV-1 一樣。差別在於，HTLV-1 進入人體內後，會讓 T 細胞轉型，而「同性戀瘟疫」這個病會毒殺破壞 T 細胞，使免疫系統瓦解。因此在「同性戀瘟疫」爆發的一年之後，蓋羅提出了當時醫界最新的想法，「此病的源頭應該是反轉錄病毒」。

這個不知名的疾病在世界各地持續延燒，除了男同志這個族群之外，有些藥癮者雖然是異性戀，卻也出現了類似的症狀。同樣出現群聚感染怪病的，還有長期規則輸血的血友病患者，和不吸毒、不輸血的異性戀海地移民。[6] 隨著受影響的人數愈來愈多，患者的環境和生活方式也大不相同，顯然，「同性戀瘟疫」一詞已不足以涵蓋所有的罹病族群，因此美國疾病管制

局在一九八二年將此病命名為「後天免疫缺乏症候群」，簡稱AIDS，就是我們俗稱的「愛滋病」。[7]

當罹病者均為同性戀時，許多人會將這個疾病視為「他們」的病，民眾大多感覺無關痛癢。但是當有更多族群被列為高風險群之後，愛滋病漸漸就變成了「我們大家」的病，恐慌日益升高。甚至還有人提出陰謀論，指稱愛滋病是蘇聯科學家所製造的生化武器，目標是要摧毀世界。黑影幢幢下，人人都希望科學家們加把勁兒，趕緊找出幕後致病的元兇。

即使科學家還未能掀開愛滋病的面紗，但從流行病學的分析結果，科學家已確認愛滋病是一種傳染病，經由體液接觸或血液傳播。而且，血友病病患肯定是從輸血受到感染，既然血友病病患的血液製品是經過過濾的血品，那麼能夠通過的病原，應該就是體積較小的病毒，而不是體積較大的黴菌或細菌。這樣看來，蓋羅提出的反轉錄病毒學說不但說得通，更是愛滋病致病原的最佳候選人。

大西洋的另一端

在各界期許下，效力於美國國家癌症研究院的蓋羅嘗試解開愛滋病的祕密。然而，找到致病原的功勞最終是落在法國人呂克·蒙塔尼耶[8]身上。

蒙塔尼耶是半路殺出的程咬金嗎？當然不是。在艱辛的醫學

研究路上，從來沒有天上掉下來的禮物。與蓋羅一樣，蒙塔尼耶從小就懷抱著從事醫學研究的雄心壯志，在他結束醫學訓練後，即投入醫學研究的行列，研究生涯裡曾經突破幾個培養病毒的盲點。正如我們之前所提到的，當時的科學界流行著「病毒可能會造成癌症」的觀念，法國巴黎的巴斯德研究院因此邀請蒙塔尼耶創立了病毒腫瘤研究中心，但是多年下來幾乎也是毫無收穫。

愛滋病的疫情傳開之後，蓋羅提出了關於「反轉錄病毒」的預測，這樣的說法引起蒙塔尼耶的興趣，也馬上著手進行研究。

蒙塔尼耶首先找了一位男同性戀患者，患者身上有幾個淋巴結腫大，於是蒙塔尼耶便取得腫大的淋巴結檢體，開始培養 T 細胞。經過了三個星期的培養，團隊裡的女研究員法蘭索娃絲[9]找到了反轉錄病毒活動的證據。蒙塔尼耶的研究團隊夜以繼日地尋找這隻反轉錄病毒，也終於從電子顯微鏡的影像中，找到了一隻前所未見的反轉錄病毒。蒙塔尼耶非常開心，將研究成果[10]發表在一九八三年五月的《科學》期刊[11]上。之後，蒙塔尼耶根據淋巴結腫大的特質，將這隻病毒命名為 LAV[12]。

不過，在這篇論文裡，蒙塔尼耶只能說明「找到一個新的反轉錄病毒」，但無法證實 LAV 就是愛滋病的元兇，於是乎論文剛發表時並沒有引發太多的注意。接下來的日子裡，蒙塔尼耶再接再厲，除了證實罹患愛滋病的同性戀病患身上存有 LAV 之外，亦在罹患愛滋病的血友病病患身上找到了 LAV 存在的證

據，看起來確認 LAV 為愛滋病致病原的日子指日可待。

這時，遠在美國的蓋羅也認為自己找到了一個新的反轉錄病毒，並直指此病毒就是愛滋病的致病原。蓋羅覺得愛滋病的致病原應該和 HTLV-1 和 HTLV-2 屬於同一家族，於是就將它命名為 HTLV-3。

既然法國的蒙塔尼耶和美國的蓋羅都覺得自己找到了愛滋病的致病原，也各自取了 LAV 和 HTLV-3 的名稱，這兩者會不會根本就是同一隻病毒呢？蒙塔尼耶和蓋羅兩人都想知道答案，因此蓋羅帶著自己找到的 HTLV-3，飛到法國巴黎與蒙塔尼耶會面。蓋羅希望在發表論文之前，能夠確認兩隻病毒的相似程度。他們兩人同意，如果後來證實兩者就是同一隻病毒，便要一塊兒開記者會向社會大眾公開訊息。這原本是科學研究上的一樁美談，卻因為政治力的介入而完全變調。

科學以外的紛擾

由於愛滋病疫情日益擴散，許多患者的生命以驚人的速度流逝，讓社會大眾感到恐慌且不耐煩。有媒體站出來指責美國雷根政府過於保守，不願意處理與同性戀相關的疾病，才會放任疫情迅速擴展。而當時的血液銀行並不在乎血液的品質，即使已經知道血液製品會傳遞愛滋病，卻仍然拒絕對賣血者進行篩選，導致病毒隨著各種血液製品進一步散播。當時的美國健康與人類服務

部[13]部長海克勒女士[14]無視於科學證據，一再拍胸脯對民眾做出保證說「血品絕對是百分百安全的」，如此荒唐離譜的發言令人無法接受。

愛滋病讓政府部門承受很大的壓力，所以當海克勒部長聽到「蓋羅找到愛滋病原」的消息時，部長立即將飛到巴黎的蓋羅召回，於一九八四年四月緊急召開記者會。

記者會上，海克勒部長站在麥克風前，以沙啞的聲音宣布，「國家癌症研究院的蓋羅團隊找到了愛滋病的致病病毒，這是一隻與造成人類白血病相關的病毒，由研究團隊命名為 HTLV-3」，部長希望這樣的成果能替政府部門挽回顏面。當在場記者問到「何時能找到抽血檢測的方法」及「何時能做出疫苗」時，向來習慣誇口的海克勒部長毫不猶豫地回答了「半年」及「兩年」。整場記者會，海克勒部長完全沒提到有關法國團隊的研究。

遠在法國的蒙塔尼耶團隊聽到這樣的消息，當然是覺得自己被耍了一道。但是美國的蓋羅團隊也不好過，因為部長已向世人誇下海口，研究人員只好廢寢忘食地加緊研發愛滋病的檢測方法和疫苗。

從愛滋病現蹤的一九八一年到蓋羅找到 HTLV-3 的一九八四年之間，美國就有一萬五千名血友病患者因為輸血感染到愛滋病毒。「研發抽血檢測方法，確保血品能百分百安全」便成了首要

目標。結果，蓋羅團隊還真的不負所托，果然在部長隨口胡謅的期限內找到了「抽血檢測愛滋病毒」的方法！

　　一聽到蓋羅團隊找到「抽血檢測愛滋病毒」的方法後，喜上眉梢的政府官員又再度出主意，要求蓋羅團隊趕緊申請專利，並迅速通過專利權審核，找到藥廠大量生產試劑。這樣的檢測方法能夠確保血液製劑的安全，避免患者因為輸血而感染愛滋病，拯救了無數的性命。不過，將檢測方法申請專利的行徑等於是企圖占盡好處，這時蒙塔尼耶團隊對蓋羅團隊的專利權提出了抗議！

　　我們剛剛曾提到法國蒙塔尼耶率先找到 LAV，一年後美國蓋羅才找到 HTLV-3，偏偏在驗明兩者正身之前美國政府就殺將出來，把事情搞得一團混亂。後來，蒙塔尼耶證明了 LAV 和 HTLV-3 根本就是同一隻病毒，因此這隻病毒最終被定名為愛滋病毒，也就是我們熟知的 HIV [15]。耐人尋味的是，LAV 和 HTLV-3 兩個病毒株的相似程度很高，也讓「美國人偷了法國人的病毒」這樣的傳言在科學界鬧得不可開交。蒙塔尼耶雖然從來沒有發出官方聲明，攻擊蓋羅偷走了自己的心血。但是，蒙塔尼耶無法忍受蓋羅團隊搶走所有的功勞，獨享愛滋病病毒研究的榮耀，而決心提告。

　　進入法律訴訟之後，法國團隊和美國團隊兩邊均陷入癱瘓，無法再專注於科學上的研究，反而是要回頭審視過去的研究紀錄，證明己方有資格獲得專利。

除了法律訴訟，蓋羅的血液檢測方法還受到許多抨擊。人權團體說，科學家找到檢驗方法，卻沒有能力治療疾病，這樣就是分化人群，害愛滋病人被貼上標籤、受到歧視。

面對訴訟、輿論批判、政治操控，兩邊的科學家們都體認到了現實環境的險惡，原本裝滿科學的腦袋完全不知道該如何在外界的撻伐下生存，只能感嘆愛滋病不但奪走民眾的性命，亦顯露出人性最醜陋的一面，蓋羅在四面楚歌之中還差點投河自盡。

最終，美法兩邊的糾葛出動了當時的美國雷根總統及法國密特朗總統[16]雙邊談判，由美國國家癌症研究院所長與法國巴黎巴斯德研究院院長簽下協定，從此雙方共同分享愛滋病毒檢測法的專利權，才弭平爭端。

牽扯到錢的專利權可以平分，那發現愛滋病毒的榮耀可以平分嗎？

美國蓋羅團隊當時背負的最大惡名是「可能偷了法國人發現的病毒」。這個問題到了一九九一年才全面釐清，誤會的起因是兩間實驗室在送檢體過程之中，出現了多重交叉汙染。因此，蓋羅找到的 HTLV-3，真的是源自於法國的 LAV，不過應該是無心之過，而非蓄意偷竊。

法國的蒙塔尼耶毫無疑問是發現愛滋病毒的第一人，但在一九八三年時，他並無法肯定他的 LAV 是否為愛滋病的元兇。至於美國蓋羅的貢獻則是包辦了找到反轉錄病毒的培養方法，確

認愛滋病毒的致病角色，緊接著還找到用血液檢驗愛滋病毒的方法，為後續藥物研發做足準備。這麼說來，雙方在愛滋病毒研究上的榮譽應該也要共享吧！可惜，二〇〇八年諾貝爾生理醫學獎僅頒給了法國的蒙塔尼耶和法蘭索娃絲。成功發現一系列反轉錄病毒的蓋羅當然是極度失望，爾後也有不少人替他喊冤。《科學》期刊後續還出現了一篇由三十九位科學界重量級人士共同署名的文章，強調蓋羅在愛滋病毒研究上的貢獻。

愛滋病除了在科學界挑起了紛紛擾擾，也讓政府官員們為了面子問題做出不智的決定。法國官員因為不想讓美國專美於前，便拒絕在法國境內使用蓋羅發明的血液檢測法，法國血庫仍繼續提供帶有愛滋病毒的血液製品給法國國民，此舉當然在未來幾年付出了慘痛的代價。

大部分的國家對於愛滋病採取圍堵法，有的國家拒絕讓愛滋病患入境，有的國家則要求所有外國居民、旅客、商人都要經過愛滋病毒檢測，確認沒有愛滋病毒，才能留在境內。另一方面，血液製品的需求量仍然巨大，因此血液銀行轉往中國、印度等較窮困的城市招攬血牛。這些衛生條件極差的賣血站，為了節省衛材、便宜行事，使大量的賣血者因為回輸帶有愛滋病毒的血液而受到感染。

在愛滋病現蹤的十年內，全球已有一千萬人受到感染；十五年後，全球已有兩千三百萬人感染愛滋病毒。目前，全球每年約

有一百七十萬人死於愛滋病，另外約有三千四百萬人體內存有愛滋病毒，並以每年二百五十萬人的速度持續增加中。

人類與病毒的戰爭

愛滋病會讓人類的免疫系統徹底失靈，使患者遭受各種感染源的攻擊。面對這個世紀黑死病，人類也希望能加以反擊。

在藥物方面，從一九八七年第一種抑制反轉錄酶作用的藥物 [17] 出現後，各家藥廠陸續開發出相當多樣化的藥物。為了因應愛滋病毒的千變萬化，一九九二年出現混用各種抗病毒藥的雞尾酒療法，到了一九九六年這種雞尾酒療法 [18] 已經變成治療常規。這種治療方式雖然很複雜，但是頗為有效，也成功地將可能急性致死的狀況，轉變成慢性可控制的病程，感染愛滋病毒不再等同於宣判死刑。然而這些藥物的副作用也是來勢洶洶，會影響病人內分泌、心血管，及血液等各個系統，且價格並不便宜。

至於疫苗研發這個領域所遭遇的難度就更高了。愛滋病毒是非常刁鑽的反轉錄病毒，雖然本身只攜帶能做出十五種蛋白質的九組基因，但是由於反轉錄病毒在遺傳訊息的轉換過程中非常容易出錯而產生變異，使其擁有極快的演化速度，一個患者身上可能就具有上億種不同形式的愛滋病毒。

我們身體的免疫系統要攻擊外來病毒時，首要任務為「辨識入侵者」，才不會攻打自己體內的正常細胞。一般而言，注射疫

苗的目的是讓身體預先學習辨識入侵者，使免疫系統能在病毒剛剛入侵、開始複製壯大之前，就對它們迎頭痛擊，這樣身體打勝仗的機會就會比較大。不過人類遭遇愛滋病毒最大的麻煩在於，它們的樣貌太多變化，讓免疫系統無法「辨識入侵者」並做出有效的攻擊。不斷變化的愛滋病毒讓疫苗研發者吃足苦頭，當年政府官員誇下海口要在兩年內做出疫苗，如今已過了二十年，科學家仍無法找到「讓身體正確辨識愛滋病毒」的方法，研發愛滋疫苗依舊有很長的路要走。

目前台灣境內感染愛滋的人數處於成長狀態，每年有兩千多人感染愛滋病毒，其中男性占了九成以上。從感染的年齡層來看，二十歲到三十九歲就占了將近八成，多數是由不安全的性行為所感染。

相信在未來愛滋病還會與人類共同度過漫長的歲月，唯有認識疾病、保護自己，才是上上之策。誠如何大一博士所言：「教育，才是預防愛滋病的終極解藥。」

第三章

當精子碰上卵子

第 19 課

不可或缺的小雨衣 —— 保險套

　　還記得偶像劇《拜犬女王》裡，女主角單無雙終於決定跨過界線，接受與小她八歲的盧卡斯成為男女朋友後，在民宿發生的妙事嗎？

　　單無雙與盧卡斯又親又抱，一路親到床上，盧卡斯脫光上衣後，一邊親、一邊用手摸著皮夾……突然間，盧卡斯發現皮夾裡竟沒放保險套！盧卡斯於是急急忙忙地向單無雙解釋自己太久沒放心思於感情上，所以就沒有帶保險套出門。

　　堅持需要「帶套辦事」的盧卡斯一本正經地說：「保護措施是一個成熟男人對女人基本的尊重啊！」

　　沉浸在愛戀氣氛中的單無雙立刻回了他一句：「誰要你尊重啊？我要你無禮好不好！」

　　但是，盧卡斯為了表示尊重單無雙，依舊堅持去便利商店買保險套，留下單無雙一個人在房間裡長吁短嘆地等待。

　　相信這段劇情，應該讓不少坐在電視機前等待床戲的觀眾為之扼腕，暗暗詛咒盧卡斯這個堅持戴套卻又不隨身攜帶的大傻

瓜。

話說，現在這個年代，假如我們對路人實施「搜包」活動的話，應該可以找到許多隨身攜帶保險套的男子。

接下來，咱們就來瞧瞧，這個被暱稱為「雨衣」或「睡帽」的小玩意兒，究竟是如何一步步地演進成為現今的「生活必需品」。

遠古時候的保險套

先回到距今三千多年前的古埃及吧！在我們印象裡，埃及風格的衣物遮蔽性不高，男子常常是在腰間圍一塊布。當時的男人會替陰莖戴上亞麻布製成的護套，甚至還會染上不同顏色，用此來區分不同的階級。有趣的是，當時埃及人行房時不一定會取下這個護套，因此護套可以算是保險套的始祖。在古老埃及的觀念裡講求多子、多孫、多福氣，所以這時埃及人帶著護套辦事，可能不是為了避孕，而是為了要防止當地的血吸蟲病傳染。

除了埃及之外，世界各地亦有許多民族有配戴陰莖護套的習慣，原因五花八門：有的是為了要避免蚊蟲咬傷，有的是要防止熱帶疾病，或是在戰爭中保護陰莖，甚至有人相信配戴陰莖保護套可以防止邪靈附身。久而久之，陰莖保護套就變成一種帶有性吸引力的裝飾品了。

有一則希臘神話是這樣說的。克里特之王米諾斯[1]是宙斯的

兒子，不過呢，米諾斯的精液裡卻含有「蛇和蠍子」，非常之毒。有次米諾斯與情婦燕好之後，情婦就一命嗚呼。米諾斯覺得這樣下去也不是辦法，得找個方法來保護性伴侶，於是米諾斯要求妻子帕西菲[2]將山羊的膀胱放到陰道裡，認為這樣一來，兩人性交時就能以山羊膀胱來阻隔蛇蠍精子。有趣的是，帕西菲在山羊膀胱的保護下不但保住了命，最後還順利懷孕。從這樣的故事看的話，我們可以推測希臘時代已有人發現男人的精液可能如蛇蠍般帶著「劇毒」，會將疾病或厄運帶給女伴，於是建議女性以動物膀胱阻隔精液，以求自保。不過顯然當時仍搞不清楚精子與懷孕之間的關聯。

古老的新幾內亞部落，也曾用某種當地植物設計了女用保險套。他們拿著六吋長[3]、一端是盲端一端是開口的花托，在性交之前先放進女性的陰道，藉此阻擋精液進入女性的體內。

身為蠶絲產地的中國，最早期的保險套是用絲質紙張做成，並會塗上油脂以增加潤滑度。

另外，在古老保險套裡還有相當不可思議的創意，據說日本人會使用「龜殼」或「動物的角」製做成名為「Kabuta-Gata」的陰莖套。嘖嘖嘖，用如此又粗又硬的東西進入女性體內應該會很不舒服吧！

希臘之後的羅馬帝國人口不斷擴張，而人口多到一定程度後，伴隨而來的就是疾病的盛行，因此，羅馬人相當注重公共衛

生，也推廣起保險套的使用。古羅馬的女性會將亞麻布或動物膀胱做成的護套放入陰道，希望可以避孕且預防性病，不過這種做法的防護力應該很有限。

當羅馬帝國在西元五世紀崩壞之後，接下來的歐洲社會以天主教文化為主宰，任何的避孕方式都被視為罪惡，雖然文獻裡偶爾會記載坊間的傳言，討論若在行房前將陰莖浸泡在洋蔥汁之中，可以降低性伴侶懷孕的機會，但是關於保險套的紀錄就少了許多。

腸子保險套

讓保險套重出江湖的關鍵，無疑就是梅毒。

航海家哥倫布橫渡大西洋抵達美洲，開啟了新世界的風風雨雨，也將梅毒帶到了歐洲。十五世紀末，梅毒於那不勒斯大爆發後，迅速地席捲整個歐陸。梅毒的第一個特徵，就是在陰莖上出現無痛的皮膚潰瘍，接著會在病人臉上、身上出現膿包和潰瘍，全身劇痛又發癢。因為梅毒會先蝕掉男人的陽具，再毀掉男人的臉，由性而病的趨勢相當明顯，所以預防染病的方式，當然需要著重在性交這件事的上頭。

十六世紀的解剖學教授法羅皮奧[4]，曾經發明了用亞麻布做的新式保險套。據書上記載，曾有一千一百個男人在召妓時試驗過這款保險套，而得到梅毒的人數竟然是「零」人！防禦率百分

百！如此好物，能不推嗎？雖然明顯有誇大的嫌疑，不過法羅皮奧教授推薦民眾在從事性行為前，事先戴套預防感染性病，倒是相當正確的觀念。

　　而文藝復興時期所流傳的，並不只限於亞麻布做的保險套。有人發現動物腸子的延展性和韌性都不錯，因此便想到，將動物腸子套在陰莖上，似乎也是個好方法，再說動物腸子的觸感絕對比套著亞麻布舒服許多。山羊、小牛或綿羊的腸子都有人嘗試，主要挑選盲腸部位，經處理、乾燥之後做成保險套。另外，魚鰾也可以製成保險套。這類保險套在使用之前得先放在溫熱的牛奶中浸軟，而在使用後會將其清洗乾淨，並重複多次使用。由腸子製成的保險套，產量有限，價格相當昂貴，自然無法普及。

　　十七世紀初期的英國國王查理一世[5]於英國內戰爆發後四處征戰，當然，也四處召妓，爾後亦染上梅毒。鑒於國王血淋淋、活生生的「身教」，人民當然會漸漸認識戴保險套的重要性。現今挖掘出土的最早期保險套，正是出自英國內戰時期的達特利城堡[6]。

　　查理一世的兒子查理二世[7]煩惱又不同了，他沒有生下合法後嗣，卻與眾情婦們生了至少十四個私生子。私生子太多的查理二世不堪其擾，便找上康奈爾‧康頓（Colonel Condom）醫師，請他幫忙想個辦法。十七世紀的醫師尚不了解精子和卵子的關係，但是康頓醫師猜測，既然動物腸子能夠阻擋性病，那應該也

能阻止受孕。於是康頓醫師建議查理二世在與情婦溫存時，也戴上保險套。

因為這一層關係，保險套的英文從此被稱為紀念康頓醫師的Condom，「康頓」變成了「保險套」而留名青史。十八世紀時倫敦的字典[8]是這麼介紹「Condom」：

「綿羊乾掉的腸子，於男人性交時配戴，可以避免性病，發明者為康奈爾‧康頓。」

不過呢，這種說法並不被大部分的史學家接受，而且文獻裡找不到更多關於康頓醫師的事蹟與史實。讀者從前面一路讀下來，應該也曉得保險套早就流傳許久，絕對不是到了十七世紀中葉才出現。所以無論康頓醫師是否真有其人，保險套都不能算是康頓醫師的發明。然而當時會流傳這種穿鑿附會的故事，其實也代表著保險套已經跳脫「不能說的祕密」階段，不再只是流傳在街頭巷尾的耳語，而是逐漸獲得大眾青睞的新名稱。

十八世紀有個來自威尼斯，享譽歐洲的大情聖名叫卡薩諾瓦[9]，他以才子的身分在歐洲各地追求女色，號稱與一百三十二個女人有染。他在自傳式小說《我的一生》裡對保險套有著這麼一番露骨的私人紀錄：

「年輕的時候我不習慣用保險套，畢竟那些都是死掉動物的皮，戴起來總覺得怪怪的。

「年長之後我知道保險套能夠避免疾病，因此開始使用。在

戴上保險套之前，我會先吹氣灌飽套子，試看看套子會不會漏氣，也能檢查大小合不合適。通常這樣的吹氣舉動還會讓身邊的女伴開心地哈哈大笑。」

從大情聖信手寫來的敘述裡我們可以知道，卡薩諾瓦認為保險套除了可以預防性病，鑑定品質的步驟還能取悅女伴。不過當時的保險套要價不菲，一個保險套可能得花上平民百姓數個月的薪水，因此這種「高級保險套」仍只是上流社會才有的特殊娛樂。

至於保險套最常見的販賣地點究竟是哪兒呢？不意外，就在妓院門口。做好的保險套當然會拿到需求量最高的地方兜售，方便嫖客辦事前購買。久而久之，保險套成了一檔生意，也出現了像是「飛利浦太太」[10] 和「柏金太太」[11] 等供應商。一七九六年時「飛利浦太太」的廣告宣傳單裡，號稱自己已有販售保險套三十五年的經驗，並收到從法國、西班牙、義大利來的大筆訂單。除了經驗之外，「飛利浦太太」更先進地強調安全性行為，傳單是這麼寫的：

「為了讓你免於恥辱及恐懼，

　維納斯的信徒們，趕快看過來吧！

　我們這裡的保險套沒有瑕疵，

　自我保護是天經地義的事！」

因為有許多人負擔不起昂貴的保險套，所以還出現了「珍妮小姐」[12]，專門販售清洗過的二手保險套。當保險套市場蓬勃發展之後，以亞麻布製成的保險套就逐漸絕跡，因為亞麻布保險套戴起來很不舒服，完全無法與動物腸子的觸感競爭。

橡膠保險套

　　進入工業革命之後，美國發明家古德伊爾[13]採取中美洲人的方式，將硫和天然橡膠一起加熱，創造出硫化橡膠，並在一八四四年獲得專利。由於硫化橡膠彈性好，強度夠，馬上被用來做為新款保險套的材質。雖然用硫化橡膠做出的保險套不若動物腸子保險套那麼天然、舒服，可是啊，硫化橡膠能做出不同尺寸、抗拉性強的保險套，更重要的是價格低，品質好，不但保存期限更久，還能重複使用，在市場上相當具有競爭力。《紐約時報》於一八六一年更是刊登出第一樁保險套廣告。

　　雖然保險套愈來愈普及，但是當時的社會仍有許多人不認同使用保險套。

　　反對保險套的原因很多。有人站在玩樂的角度，認為戴套辦事觸感不真實，總是少了點樂趣，因此主張性愛不該有隔閡。有人則說使用保險套防治性病太過可恥，如果男人們害怕得到性病，就應該節制浮濫的性生活，而不是建議他們使用保險套，否則等於變相鼓勵濫交，這樣只會讓性生活更混亂。更多人的想法

是，既然使用保險套會有避孕的作用，那就該被明令禁止，因為眾多的保守人士相信避孕是不正確的，完全違反上帝的旨意。有趣的是，這種「我們不該避孕，因此不可使用保險套」的說法，反而也獲得醫界的支持。於是美國自一八七三年起，以法令禁止傳遞避孕訊息，有些地區甚至還會禁止生產及銷售保險套。愛爾蘭同樣判定促銷保險套的廣告屬於違法。加拿大建議民眾不要談論任何「讓道德淪喪」的避孕話題，而這時的義大利和德國雖明令國人不許談論避孕方法，但這兩國認為保險套確實能夠阻擋性病流傳，因此沒有法令禁止國人使用保險套。後來，即使倡導避孕的女性主義逐漸萌芽，保險套依舊不為女性主義人士青睞。因為女性主義者認為避孕的主導權需要完全掌控在女性手裡，使用保險套等於將主導權奉送至男性手上，當然是萬萬不可。

但是，即使受到社會及法律的雙重打壓，保險套並沒有就此絕跡。因為不能公開談論，使得最早替保險套「正名」的英國男人，改口暱稱保險套為「周末必需的那個小東西」。在許多歐美國家，保險套也只是換個名目、換個地方賣，內行人都知道只要到「橡膠製品」或是「男性用品」區，就能找到保險套。到了十九世紀末，保險套相當低調地成為最熱賣且最受歡迎的避孕方法。在一次世界大戰前，光是波士頓每年就能售出三百萬個保險套，市場需求十分驚人。

打仗也要保險套

一次世界大戰的來臨倒是給了保險套一個好機會,用實力證明自己的身價。

實事求是的德國人,做了一番醫學數據統計,發現士兵們如果不戴保險套辦事,每一千次性交裡會有六百二十五人感染淋病,發生率極高;但是如果戴套辦事的話,每一千次性交裡中獎的人數會銳減至三十五人。德軍了解,要求士兵禁慾簡直是不可能的任務,於是乾脆固定供應保險套,甚至還發展出更細緻、更薄的保險套,創出自己的品牌,因此戰爭結束後罹患性病的士兵數目不多。反觀美軍和英軍,他們訴諸道德勸說,要求士兵們多想想大後方的姊妹妻兒,不要在前線召妓。後來的結果證明此舉是緣木求魚,許多士兵在前線感染了梅毒及淋病,到了一次世界大戰的末期,美國軍隊裡有接近四十萬名士兵感染淋病或梅毒,罹病人數創下歷史新高。

從戰爭裡獲得的慘痛經驗比各種臨床實驗都還要可貴,各國也就逐漸支持使用保險套。一九二〇年後乳膠出現,張力更強,還可以保存到五年之久,現代保險套的雛型已經呼之欲出。隨著市場愈做愈大,更多的人出面要求品質控管。有個科學家在一九三五年以裝水和裝空氣的方式,逐一檢驗了兩千個保險套,發現竟有高達六成的市售保險套會滲漏。

當科學家披露消息後,美國食品藥物管理局開始介入,規定

業者要在出品保險套前進行測試，否則若被抽檢到不合格的商品，食品藥物管理局有權力要求保險套下架。經過這一層把關，保險套業者發明了自動檢測器，自此之後，每一個出廠的保險套都會經過自動檢測，才會到市場上販售，讓消費者更有保障。

品質提升讓保險套愈來愈普及，德國在二次大戰期間，每年就用掉七千二百萬個保險套。

然而，到了二次大戰末期，盤尼西林問世，糾纏世人數百年之久的梅毒終於不再是絕症，讓許多尋歡者心癢難耐，認為投入維納斯懷抱時，再也不需要擔心性病的侵襲，更不需要保險套的保護，因此性病的罹病率反而在數年內攀升至頂峰。

既然大家不擔心性病，那麼保險套業者只能主打保險套的避孕效果。由於戰後嬰兒潮湧現，歐美國家愈來愈能接受避孕的觀念，保險套業者也推出「買保險套比養孩子還便宜」的口號，公開地倡導避孕。

如今常見到的彩色保險套，早在一九四九年便已出現在日本的成人電影裡，不但提升了情趣，也讓保險套的行銷更為有聲有色。

當愛滋病在一九八〇年代爆發之後，保險套更是成了不可或缺的重要物資。雖然剛開始執政當局會擔心推廣保險套似乎等同於推廣危險性行為，因而舉棋不定。部分輿論更偏激地指稱愛滋病是上帝的懲罰，染病的人罪有應得，根本不需要提供保險套。

但保險套在防治愛滋病上，確實提供了某種程度上的保護，漸漸的人們也能夠接受「保險套可以救你一命！」這樣的宣傳標語。

從亞麻布、腸子、橡膠到今天的保險套，保險套不再是傷風敗俗的玩意兒，更已是性教育裡非常重要的一環。

改變女人命運的小藥丸
——避孕藥

「都是你害死了媽媽!」少女對著父親哭喊著。她那一雙靈活的大眼睛,此刻早已蓄滿了淚水,她握著拳頭憤怒地說:「媽媽就是懷孕懷了太多次,才會死掉。這一切都是你造成的!」

少女的父親不發一語,靜靜地摸著妻子的棺木。他是位天主教徒,專為教堂、墓碑、棺木雕刻大理石天使。面對妻子的死與女兒嚴屬的指控,這位虔誠的教徒只能默然以對。是的,他的妻子在二十二年內懷孕了十八次,在五十歲的時候死於第十八次生產,是個悲劇。但他真的不知道他到底做錯了什麼。

懷孕 —— 永無止盡的夢魘

這位少女名叫瑪格麗特·桑格[1],在家中十一個存活的孩子裡排行第六。桑格的童年記憶裡,母親一直受到不斷懷孕、生產的折磨,從來沒有輕鬆享福過,而她則是一直在幫忙母親照顧家中的新成員,每隔一兩年就會多出個弟弟或妹妹。

「十八次！」桑格很憤怒：「我的母親竟然懷孕了十八次！」母親的死在桑格心中，留下了無法言喻的痛楚。

　　桑格長大後受訓成了一位護士，她發現母親的遭遇並非個案，有太多的婦女都是因為不斷地懷孕、生產而受盡磨難。每遇到一位這樣的女性，桑格藏在心裡的痛就會被翻攪一回。

　　至於那些不願意繼續懷孕，而採取墮胎等激烈手段的女性，下場又是如何呢？

　　桑格看到女人們以披肩蒙著頭，在一次五美元的廉價墮胎診所前排隊，讓密醫們以衣架伸進陰道、子宮，攪爛自己的孩子，同時也蹂躪著自己身體。有次桑格隨著醫師出診時，看到一位自行墮胎而血流不止的婦人，她的臉色蒼白、神情哀戚惶恐，床上、地上滿是鮮血。婦人用著顫抖的語氣，虛弱地問著：「醫師啊！你行行好！告訴我要如何免去這場苦難吧！」

　　但是，醫師又有什麼辦法呢？他只能告訴婦人，唯一能避免懷孕的方法就是「別讓先生碰你的身子」，或委婉地說「請先生去屋頂睡覺」。這些婦女在經過一次、兩次墮胎之後，經常就因為失血過多或敗血症而死亡。

　　桑格想要幫助這些婦女，她到圖書館尋找避孕相關的資訊，卻相當有限。於是她在一九一四年起開始在《使命》（The Call）雜誌撰寫專欄，以「女孩該知道的事」和「母親該知道的事」為主軸，討論月經、懷孕、墮胎、避孕等前衛的問題。

不過，由於美國自一八七三年的聯邦法律明令禁止民眾談論、散布避孕的訊息，使得該專欄很快就被查禁。念茲在茲都是倡導避孕的桑格逃往歐洲，並在旅途中大量吸收任何有關避孕的知識和技術。在荷蘭，桑格見識到「節育診所」會教導民眾如何避孕，並提供當時美國所沒有的子宮帽[2]等避孕工具，桑格連忙將子宮帽引進到美國，並於一九一六年在布魯克林開了美國第一間節育診所。

　　診所才開張九十天，桑格便因為散播避孕資訊和避孕器材被捕。開庭時，有三十位婦女帶著長串兒女上法院，用浩大的聲勢告訴法官：「我們不是不虔誠，我們不想謀殺生命，但我們真的有節育的需要。」雖然法官最後仍然判處桑格需要拘役三十天，但這樁案子引發公眾對節育及避孕的廣泛討論，大批支持者認同桑格的理念，願意投入資金援助。

　　桑格從一九二〇年代起開始四處演講推廣節育，並促進修改法令。中國有些學者也體認到人口過剩，因此於一九二二年時，桑格曾受邀到北京大學演講討論節育，當時是由胡適先生擔任口譯。除了演講之外，桑格夫人也寫下許多文章與書籍，光在一九二〇年代的兩本推行避孕、節育的暢銷書，銷售量就超過了五十萬本。期間桑格夫人也收到了許多絕望婦女們的來信，要求獲取更多避孕的資訊。桑格夫人將其中五百篇文章集結成《奴隸母親》一書，讓社會大眾更能深刻體認到婦女陷在「懷孕、生

產」的無限輪迴裡時，是多麼地不堪及絕望。

桑格夫人所推行的節育理念，在經濟大蕭條時獲得了廣大支持。這時的人民餵不飽自己，更難有能力哺育眾多孩童。又因為婦女需要出外掙錢，若是懷孕便可能失去工作。一時間，避孕的方式廣受歡迎。在一九三〇年時美國只有五十五間診所提供節育服務，到了一九四二年，節育診所的數目暴增到八百間。桑格夫人身為「節育運動之母」，也持續地四處奔走。

神奇小藥丸的夢想

當時的節育診所裡提供的避孕方式，大多是教導婦女計算安全期、使用子宮帽，或請丈夫使用保險套，這些方法在桑格夫人看來實在還不夠完備。桑格夫人的理想是找到一顆「神奇小藥丸」，只要一吞下，就能避免受孕。不過這個夢想卻遲遲未能實現，等到抗生素出現，等到二次大戰結束，而她夢想中的神奇小藥丸仍然不見蹤影。

一九五一年時桑格夫人已經高齡七十多歲，有回在參加募款晚宴時，她巧遇了一位個性很急的內分泌生物學家平克斯[3]。平克斯原本是哈佛的助理教授，三十多歲時就成功地於培養皿中養出兔子胚胎，是體外受精的前驅。同時，平克斯也找到快速冷凍精子的方法，對哺乳類動物生殖過程裡內分泌系統的變化有諸多研究。

然而，當平克斯「體外受精」的研究被雜誌披露，雜誌評論為「科學家創造出了一個不需要男人的亞馬遜世界」，自然引發強大的爭議，哈佛大學於是拒絕發給平克斯終身教職。離開哈佛大學的平克斯仍然致力於研究內分泌系統，並在麻州創立了自己的實驗室。這時有位科學家由墨西哥雨林野生山芋的成分中，合成出黃體激素。在取得人造黃體激素後，平克斯先拿動物做實驗，他發現將黃體激素注射到哺乳動物體內後，就會干擾受精的過程。桑格夫人一聽到有藥物能夠干擾受精，馬上對平克斯的研究大感興趣，於是開始遊說其他的慈善家投入資金研發。

　　隨著贊助經費愈來愈充裕，平克斯找來了另一位哈佛大學的臨床婦產科學者——洛克醫師[4]，共同努力。為什麼平克斯會找到這位虔誠的天主教徒來研究避孕呢？

　　因為，洛克醫師雖然遵從著天主教不得避孕的主張，有著五個小孩和將近二十位孫子，但他也了解許多的夫婦並無力撫養太多小孩。從一九三〇年代起，洛克醫師就經常教導婦女如何計算月經周期，用天主教唯一許可的安全期避孕方式來節育，他亦是當代唯一一個請願將節育合法化的天主教醫師。

　　然而，除了避孕之外，洛克醫師也致力替患者解決不孕的困擾。洛克醫師讓無法懷孕的婦女使用合成的黃體激素及雌激素，並且逐步提高劑量，創造出假性懷孕的情況，讓患者服用藥物的三個月期間都不會受精。接著，在第四個月突然停藥，希望藉此

讓婦女體內出現荷爾蒙反彈的作用，而一舉受精成功做人。大約有八十位婦女嘗試過這樣的方法，後來有 15% 的婦女懷孕，對洛克醫師而言，算是繳出不錯的成績單。

洛克醫師與平克斯早已相識多年，有次他們在醫學會上聊天時意外發現，兩個人都是讓婦女使用黃體激素，但是卻有截然不同的目標：平克斯的目標是避孕，洛克醫師的目標則是治療不孕。在交換研究心得後，兩人決定進入人體實驗，利用黃體激素及雌激素來干擾受孕。

不過，洛克醫師原本的實驗目標是要讓婦女容易懷孕，這在美國屬於合法的實驗範疇；但是若要干擾受孕，似乎就不被允許。當時波多黎克的人口壓力很大，婦女們非常需要有效的避孕方法，街上有許多節育診所，而在法律方面也沒有限制避孕行為，所以平克斯和洛克醫師便轉移實驗陣地，選在波多黎各進行人體試驗，讓婦女使用黃體激素和雌激素。

剛開始參與實驗的兩百多位婦女在高單位荷爾蒙的影響之下，不時地抱怨自己有些噁心、嘔吐、頭痛等情況，但是卻都被以「訊息來源不可靠」的理由排除。如此一來，即使在當時的實驗裡使用的荷爾蒙用量是今日避孕藥的三、四倍以上，還是幾乎看不到藥物的副作用。平克斯與洛克醫師繼續前往海地、墨西哥等地做實驗，所有的實驗結果都顯示併用黃體激素和雌激素時，確實能達到避孕的效果，讓兩人信心滿滿。

一九五五年在東京舉行的國際計畫生育聯合會代表大會上，平克斯向世人宣布了避孕藥的時代到來，隔年這顆含有黃體激素和雌激素的小藥丸「異炔諾酮」[5] 就問世了。

美國食品藥物管理局於一九五七年核准此藥物可以用於「調理月經」或「治療流產」，也就是說，這顆藥原先的合法用途只在於「調理月經周期不順」，絕對不能提到避孕。所以，全美國「月經不順」的婦女數量馬上暴增。

到了一九六〇年，美國食品藥物管理局順應民情，通過異炔諾酮可用於避孕。面對外界的指責聲浪，美國食品藥物管理局表示自己的權限只能評估藥物的安全性，只要安全就能上市，並無法評斷藥物的道德性。隨著這顆神奇的小藥丸於美國合法上市之後，許多歐洲國家也陸續跟進。

避孕藥在美國合法上市時，洛克醫師已經七十歲，然而，洛克醫師並沒有選擇退休輕鬆過日子，他非常積極地希望天主教教廷能夠同意避孕的觀念，還出版了一本書，期許教廷能隨著時代變遷，接受新的思維，改變對於節育的立場。[6] 洛克醫師並接受雜誌和電視專訪，以醫師及天主教徒的雙重身分闡述節育。不過，雖然教廷同意此藥能用來調理月經，但依舊發表聲明反對教徒服用藥物來避孕。洛克醫師非常失望，生平第一次放棄了做彌撒。

改變全世界的藥丸

但，避孕藥捲起的滔天巨浪，不是教廷抵擋得住的。

綜觀醫學史，人類曾經研發出成千上萬種藥物，每個藥物都各有其名，只有這顆具有避孕功能的神奇小藥丸，獲得了最簡單，也最崇高的名稱「the Pill」[7]。人們說，避孕藥是最具革命性的藥物，是第一個設計給「沒病的人」所吃的藥，自從推出之後，也是最受歡迎的避孕方法。在法國有六成的女性選擇服用避孕藥做為節育的方式。

生產是女性的天賦，卻也一直是跟隨女性大半人生的詛咒。在避孕藥逐漸萌芽的一九五○年，能念書念到大學畢業的女性少之又少。有一半的女性不到二十三歲就步入家庭，結婚生子，成為「妻子」是大部分女性在成年後的第一個，唯一一個，同時也是最後一個選擇。接下來有三十年的時間，這些婦女幾乎都活在「懷孕、生產、哺乳」的狀態。避孕藥是一種真正有效、方便，且不具侵襲性的方式，自然會獲得廣大女性的支持。

可是，「先吃藥以預防懷孕」這樣的觀念對許多保守人士而言實在太過前衛，他們批評這等於讓婦女擁抱性愛，讓人妻可以出軌，甚至有當應召女郎賺外快的機會。但再多的抨擊都抵擋不住民意，避孕藥在上市不到兩年時，已有四十萬個支持者，一年後又暴增為三倍，變成一百二十萬，三年後再度成長三倍，使用人數不斷攀升。

一九七〇年正好是避孕藥上市十周年，當時的統計資料顯示，雖然教廷公開反對，但是有三分之二的天主教徒正在避孕，其中的四分之一選擇服用避孕藥，可見影響範圍之廣。

　　避孕藥改變了婦女看待性愛的態度，不必再把性行為與懷孕生產畫上等號，另一方面也讓婦女的人生獲得了更多選擇的機會。當婦女不再受到家庭的禁錮，可以調整懷孕、生子的時間點，就有愈來愈多的女性投入職場，而雇主也無法再用結婚生子等理由來拒絕女性員工。避孕藥上市十年後，女性選擇就讀法律和醫學的人數就多了幾十倍，非常具有劃時代的意義。《經濟學人》雜誌在一九九九年的評選裡，避孕藥打敗抗生素、原子彈等等重大研究，被視為二十世紀最重要的科學發明。

　　如今，每天有一億個女性，以吞下避孕藥作為一天的開始……一億人？是的，你沒看錯，這個數目一出現，你就能知道避孕藥影響範圍真的是不可思議的遼闊。

避孕藥對身體的影響

　　新世代的女性對避孕藥相當熟悉，無論是吃二十一天休息一星期的劑型，或是服用二十一天荷爾蒙再配上一星期糖錠或含有鐵劑補充的安慰劑成分的，都各有支持者。

　　既然這麼多人支持避孕藥，接下來我們腦中浮現的問題應該就會是，這種藥的避孕效果夠好嗎？每天吃這種藥真的沒問題

嗎？

　　根據統計，使用口服避孕藥，每年大約會有 9% 的失敗率，而使用保險套約有 17% 的失敗率。不過在青少年或是某些族群使用避孕藥的失敗機率會更高。[8]

　　會避孕失敗的原因大多是沒有按時服用藥，抑或忘記服藥。若希望避孕藥發揮最佳的效用，那麼便需要每天盡量在同一個時間點吃藥，才能獲得最理想的荷爾蒙調控。假使能夠準確地定時服用的話，理論上吃避孕藥而意外懷孕的機會每年應該可以小於0.3%。

　　避孕藥作用的原理是靠著外來補充的黃體激素和雌激素欺騙自己的身體，讓身體以為自己已經懷孕。如此一來，卵巢就不會釋放卵子，精子一個巴掌打不響，當然就不可能受孕。

　　不過基於這樣的原理，一定會有人提出疑問，「女性的身體若一直處在假性懷孕的狀態，會不會降低對男性的吸引力呢？」

Q、性吸引力

　　目前的研究顯示，避孕藥對婦女性歡愉的程度沒有影響，對男性的影響也非常輕微。至於懷孕時期常見的「胸部變大」和「水腫」等等狀況，確實曾經出現在服用早期避孕藥劑型的女性身上。早期的避孕藥裡雌激素劑量很高，是現在劑型的三倍以上。高劑量的避孕藥會讓腎臟將水分留在體內，使體重在不知不

覺中增加。而高劑量的雌激素也會促使乳房發育，讓罩杯升級。不過現在的避孕藥裡雌激素劑量降低了，服用的話便不會對體重和胸部大小構成影響。

Q、憂鬱

懷孕會影響很多婦女的心理狀態，那吃避孕藥會不會導致憂鬱呢？

當女性體內的雌激素和黃體激素濃度過高時，會讓血清素濃度降低，因此導致憂鬱傾向。但以目前避孕藥的劑量而言，無論婦女是不是已經被診斷為憂鬱症，服用避孕藥都不太會再度加重或是誘發憂鬱。

Q、骨質疏鬆

骨頭密度也是婦女非常關心的話題。平時，女性體內的雌激素會隨著月經周期而高低起伏，而當雌激素達到高峰時就能夠促進骨頭生長。在服用避孕藥婦女的血液裡，黃體激素和雌激素的濃度很穩定，沒有高低起伏，似乎就無法促進骨頭生長。但是目前並沒有研究證實，服用避孕藥會導致骨質疏鬆，或是會讓骨折的人數增加。目前醫學還不清楚停用避孕藥之後會對骨質造成什麼樣的變化。

Q、癌症

接下來我們討論一下關於癌症的部分。

避孕藥能夠減少大腸癌、卵巢癌和子宮內膜癌的機會，尤其是使用避孕藥超過五年或五年以上的女性，罹患卵巢癌的機會就大為降低。不過我們剛剛曾經提到，雌激素增加會讓乳房組織增多，因此也有許多研究探討避孕藥會不會誘發乳癌。這個部分的探討非常複雜，許多研究也持相反的意見，以醫學雜誌權威《新英格蘭醫學期刊》的統計，服用避孕藥不會增加女性罹患乳癌的機會。根據其他大規模的統計數據判斷，服用避孕藥後「整體癌症罹病率」亦沒有增高。但世界衛生組織及癌症協會仍提醒女性：「使用避孕藥，似乎會提高乳房、子宮頸癌，及肝癌的機會。」如果是有這些癌症家族史的女性，本身就屬於高風險族群，想要服用避孕藥之前一定要請教專科醫師的意見。

Q、血管栓塞

避孕藥帶來最顯著的副作用大概是血管栓塞了。血管栓塞就是血液凝結成血塊，並隨著血液在體內流動，若血塊卡在大腦動脈，就會引發腦中風；若血塊卡在心臟冠狀動脈，會引發心肌梗塞；若血塊卡在肺動脈裡頭，便會造成肺動脈栓塞，使血液無法進行氣體交換，在短時間內就會導致呼吸衰竭和心臟衰竭，是個死亡率非常高的疾病。

根據《新英格蘭醫學期刊》於二○一二年發表的論文指出，雖然由避孕藥造成中風和心肌梗塞的絕對風險是很低的，不過，使用避孕藥會增加這樣的風險。整體來看，若有一萬名女性服用避孕藥一年，約有兩個人會出現動脈栓塞，約 6.8 人會出現靜脈栓塞。這個現象和避孕藥裡雌激素的含量有關，而和黃體激素的含量較沒有關係。[9]

看到藥物副作用後，當然會讓婦女懷疑到底該不該冒這樣的風險？

不過研究學者告訴我們，這些由避孕藥所帶來的副作用，其實在懷孕過程中也都存在，而且還更為嚴重。拿我們剛剛提到的血管栓塞來說，每一萬名懷孕的婦女，就有三十個人會發生血管栓塞。

另外，還有人說，不抽菸的年輕女性[10]因為服用避孕藥而死亡的機率，大概與在戶外被雷擊而死的機率同樣低，每一百六十萬人會有一位因服用避孕藥而死亡。[11]

英國牛津大學追蹤一萬七千名婦女長達四十年的時間，發現長期服用避孕藥的婦女其整體死亡率較低，並且不會增加乳癌及心血管疾病的死亡率。[12]

從目前的資料看來，若是沒有抽菸、體重過重、膽固醇過高，或心血管疾病及乳癌家族史的婦女，在使用避孕藥時應該不用過於擔憂。

避孕藥的實現改變了無數婦女的命運，也改變了整個世界。桑格夫人奔走一生的願望將持續影響著人類，世世代代。

第 21 課

避孕與墮胎

　　自從女人碰上男人，夏娃遇到亞當，伏羲氏的媽媽踩到特大腳印後，人類就是不斷進行著繁衍生育的過程。對古代的女人而言，性行為所代表的往往不是歡愉，而是反覆的懷孕、生產和哺乳。現代的女性對於這種永無止境的輪迴應該會感到不寒而慄。

　　面對如此艱辛的過程，難道女人們都欣然接受嗎？

　　當然不，老祖宗們不想完全接受這樣的命運，除了前面章節所提到的保險套之外，她們還嘗試了各式各樣的避孕奇招。

用鱷魚大便避孕？

　　埃及的紙莎草紙中所記載的幾種避孕方式，其實都相當有趣。一種是把羊毛棉球或棉布浸泡在用蜂蜜、膠樹皮製成的「避孕膏」裡，然後放入陰道內作為屏障、阻擋精子。另一個是利用石榴籽，後世有人認為石榴籽含有天然雌激素，或許可以藉由雌激素抑制女性排卵。而最具趣味性的，大概是把鱷魚或大象的糞便塗抹在陰道裡。這些動物的糞便具有酸性物質，有一定的殺精

作用，可能有些避孕效果。不過，無論這招再怎麼有用，沾滿的糞便應該會讓燕好中的男女倒足胃口吧！

《聖經》裡也曾提到避孕的方法。根據猶太人的古老習俗，哥哥去世前若無留下子嗣，那麼弟弟有義務要娶寡嫂，替哥哥留下子嗣。然而〈創世記〉中，俄南[1]娶了兄嫂，在與她做愛時並不想要生出小孩，於是把「種子撒在地上」，此舉觸怒了耶和華，最後將他殺害。自此之後，「俄南化 onanism」成了「性交中斷法」的代名詞。雖然性交中斷法是失敗率極高的避孕方式，但是因為性教育的不足，至今依然經常被使用。

希臘時代，著名的哲學家亞里斯多德曾經建議法律需要規定一個婦女能生育的最大數目，超過的話就要施行「墮胎」。聽到墮胎，可能會讓人大吃一驚，我們的主題不是避孕嗎？怎麼突然跳到墮胎去了呢？

這是因為過去與現在的認知大不相同。想要控制孩子數量的方法有兩種，一種是避免懷孕，一種是中斷懷孕，也就是墮胎。

對現代人而言，「避孕」和「墮胎」的方法迥異，更是截然不同的道德議題。然而，在兩千年前那個尚未搞清楚懷孕生理和胚胎發育過程的年代，大家猜測母親子宮裡的胚胎也像果實一般，成熟後會自動落地，而落地之後才算是個生命。

基於這種「生下才算數」的想法，避孕與墮胎常常都是被混在一起討論。而且因為墮胎的效果比較明顯，所以柏拉圖和亞里

斯多德等哲學家都提倡墮胎。柏拉圖甚至建議四十歲以上的婦女萬一懷孕，都要選擇墮胎。除了墮胎，亞里斯多德也注重事先預防，他曾說若在性交前將乳香油、含鉛軟膏，和松木油塗抹於陰道內，則可以避免懷孕。同樣是希望達到避孕的效果，乳香油、含鉛軟膏，和松木油這些配方聽起來就比之前提到的鱷魚大便好上許多。

　　除了上述的幾款藥物外，希臘人還流行許多種據稱有避孕及墮胎之效的藥草，有的能夠阻止月經到來，有的是促進子宮收縮排出胎兒；部分藥草具有毒性，在使用劑量的拿捏要非常小心。其中最有名的藥物，大概是現今利比亞境內的希臘古城 —— 昔蘭尼所生產的羅盤草[2]。希臘人相信羅盤草是阿波羅所賜予的禮物，也被用於治療各種疾病，諸如咳嗽、發燒、癲癇、消化不良等。據說羅盤草的引產效果非常好，非常適合用在墮胎，需求量也與日俱增，成為昔蘭尼最重要的出口貨物，當時昔蘭尼的錢幣上便印有這種植物。很多人想要將羅盤草移到希臘其他城市栽種，但都沒有成功，只能由昔蘭尼獨家供應，價格甚至比相同重量的銀子更加昂貴。然而，因為羅盤草的需求量大，其他地方又無法培育，所以在西元前一世紀就被收割至滅絕，昔蘭尼城於是逐漸走向荒蕪。

　　希臘之後的羅馬也致力節育。羅馬人禁止縱慾，且在西元元年前後一世紀的書籍上，充斥著各種不人道的墮胎手法。當時有

醫師提出「避孕應該比墮胎好」這樣的概念。醫師警告，男人要避免於女人容易懷孕的時候發生性行為。油與蜂蜜成為通用的陰道避孕劑，還有人建議塞個軟木到子宮開口處，提供屏障避免懷孕。

　　若女性發現自己懷孕的話，坊間也流傳著促進流產的方法，建議女人要大量運動、走路、蹦蹦跳跳、不停搖擺，或是搬個重物，藉此讓胎兒流掉。有教戰手冊載明想要墮胎的女性需要吃瀉劑，讓自己不停拉肚子後，孩子也能一併拉出。另外可以將自己塗滿甜味油、用甜的水洗澡，或吃辣味食物，希望藉由各種感官刺激逼出腹中的胎兒。據估計，羅馬一個家庭的小孩大約都少於三個，如此看來節育的成效似乎很不錯。

　　隨著歐洲進入天主教掌握之後，任何避孕的方法都被歸入不道德的範疇。「性交的唯一目的是為了繁衍」這種觀念深植人心。若不想要有小孩，就該守貞、禁絕性行為，換言之，唯一的避孕方法就是禁慾。凡是替婦女墮胎及教導婦女避孕的人，均被視為奪走男人陰莖的行為，會被當成女巫處決。後來頻繁的瘟疫肆虐，歐洲人口大減，生孩子都來不及了，自然不會重視節育的方法。

　　伊斯蘭醫師伊本・西那[3]是中世紀最著名的醫學家之一，他寫了本《醫典》[4]，成為十七世紀以前歐亞大陸最主要的醫學教科書和參考書，書中提到了二十種避孕的方法。

還有許多相當離奇的避孕方法，讓人拍案叫絕。據稱若女人把青蛙嘴巴撐開，往裡面吐三口口水，就不會懷孕。而馬和驢雜交產出的騾子[5]因為沒有生殖能力，內臟最常被拿來當成避孕聖品，腎臟和睪丸都能入菜。至於一般人最常使用的性交中斷法，由於失敗率極高，醫師便建議，男子若於女性體內繳械投降後，兩人身體要立即分開，女生可以大叫、大跳、打噴嚏，或屈膝蹲下，讓精液流出來。其實，無論是跑跳還是大叫，要把所有的精子驅趕出來，是完全不可能的。

　　到了十七、十八世紀，新興的歐洲各國不斷拓展殖民地以及軍隊，人口眾多是財富的展現，自然較不會鼓吹節育。這時曾提到避孕方式的，是歐洲浪蕩公子卡薩諾瓦，他處處留情，女伴眾多，多少會擔心留下一堆私生兒女，因此卡薩諾瓦在自傳《我的一生》中描述試圖把半隻檸檬皮掏空後，塞到女伴的陰道內，變成原始版的天然子宮帽，大情聖的巧思可見一斑。

　　十九世紀之後，各國感受到人口壓力，女性也逐步自覺，「確保家庭人數不再增加的方法」悄悄地在女人間口耳相傳。回顧當時女人之間的信件往來，不少人會討論到「性交後沖洗」、「保險套」等等避孕方式。

　　查爾斯・諾頓醫師[6]於一八三九年發表了《哲學的果實》[7]一書，是史上第一份由醫師發表的避孕宣傳小冊。這時諾頓醫師最推崇的避孕方法是性交後的沖洗，請女性在性交之後用明礬、

硫化鋅、小蘇打和醋調製而成的水溶液沖洗下體，這些方法既便宜又不傷身，也不會妨礙性交，果然廣受好評。

後來也衍生出其他的沖洗配方，像是「可口可樂沖洗陰道」、「清水配蘇打」、「可可油摻冷蘇打」都有人使用。

針灸、按摩、斷產、絕嗣

一向重視生育的中國，也嘗試過不少避孕的方法。

由唐代孫思邈所編輯的《華佗神方》裡有個斷產藥方，「蠶子故紙一方燒為末，酒服之，終身不產。或以油煎水銀。一日忽息，空服棗大一丸，永斷，不損人。」這裡的「斷產」，是期望達到「終身不產」，亦即「絕育」，連帶有劇毒的水銀都用上了。這個藥方被沿用一千多年，可見節育、避孕的需求一直都存在。

西元十三世紀的《婦人大全良方》[8] 裡認為「斷產」是萬不得已的非常手段，因為有些婦人臨產艱難，有些則生育不止，或者是女尼、娼妓等不希望受孕的人，「欲斷產者，不易之事。雖曰天地大德曰生，然亦有臨產艱難；或生育不已；或不正之屬，為尼為娼，不欲受孕而欲斷之者。故錄驗方以備所用。然其方頗眾，然多有用水銀、虻蟲、水蛭之類，孕不復懷，難免受病。」其中提到使用水銀、虻蟲、水蛭等來進行斷產，頗為駭人。

西元十六世紀，明代的《本草綱目》[9] 裡收錄了許多種避孕

藥方，諸如「零陵香，酒服二錢，盡一兩，絕孕。」、「薇銜，食之令人絕孕。」、「鳳仙子，產後吞之，即不受胎。」

除了使用藥物來避孕或絕育之外，大家也希望可以藉由針灸來絕孕，西元七世紀的《千金翼方》裡提到兩個穴道和生育有關，「石門、關元二穴，在帶脈下相去一寸之間，針關元主婦人無子，針石門則終身絕嗣。」後世的典籍也承襲這樣的說法。

《清朝野史大觀》裡記載了皇帝的避孕方法。因為後宮佳麗無數，宮廷裡特別設有「敬事房太監」專門負責皇帝的性生活。每天的晚餐時間，太監會將書寫妃子姓名的綠頭牌放在大銀盤中讓皇帝挑選。如果有屬意的妃子，皇帝就會將綠頭牌翻面，待就寢之後，太監就會把全身光溜溜的妃子揹到床前。皇帝和妃子做愛的時候，太監會站在窗外，如果等太久，太監會高唱：「是時候了！」唱過幾回之後，皇帝會叫他們進房把妃子帶走。妃子離去後，「總管必跪而請命曰，留不留？帝曰不留，則總管至妃子後股穴道微按之，則龍精皆流出矣。曰留，則筆之於冊，曰某月某日某時皇帝幸某妃，亦所以備受孕之證也。」這裡可以見到他們認為按壓妃子的後股穴道，可以讓皇帝的「龍精」流出，達到避孕的效果。如果皇帝想留，太監便會將交合的日子做紀錄，若是受孕則可證明為「龍種」。

雖然嘗試避孕、絕孕的方法為數眾多，但是真實效果應該很有限，所以坊間還有許多號稱「包打私胎」的郎中，偷偷地替人

墮胎，這些私下墮胎的法子更是不堪。清代筆記小說《埋憂集》裡有墮胎致死的故事，「邑西偏有村曰河南浦，村婦李氏性蕩。夫卒，婦日與里中惡少狎。未幾遂妊，逾五月矣。鄰婦楊氏者，能墮胎，以此漁利。婦素與昵，至是與以番錢五枚，乞為之謀。婦受之，留與晚飯，且飲以酒。婦醉矣，草草下手，胎未墮而李已死。乃呼其夫共縛以石而沉諸河。人無知者。」

故事中的楊氏替人墮胎牟利，手段乃「以沸湯潰草鞋取而摩之」，看來是以粗魯暴力的方法按摩孕婦的腹部使其流產，結果弄成了一屍兩命。楊氏索性將屍體沉入河中，毀屍滅跡。

在古早的年代，因為墮胎而丟掉性命的人恐怕不計其數。

二十世紀的避孕

避孕的偏方多如牛毛，但是真正有學理根據的方法到了二十世紀才出現。

一九二九年，科學家們終於了解月經周期的生理變化，而提出「計算安全期」的避孕方法。原來，生育年齡的女性並非每一天都能夠受孕，在月經前十六到十二天是排卵期，只有這時候精子才有機會遇到卵子，所以如果在排卵前五天和排卵後四天內不要性交的話，就能避免懷孕。「計算安全期」讓女人擁有了較安全的避孕方式。

一九二〇年代末期，G點始祖德國的葛雷芬柏格醫師發明銀

質的環狀子宮內避孕器，放入子宮內會造成子宮內膜變化，同時避免受精卵著床，是個成功率極高的避孕方式。之後也有的醫師採用不銹鋼、銅等材質製作子宮內避孕器，形狀各異，從環形、梯形、蛇形都有，不過由於引發骨盤腔發炎等併發症而導致了許多法律訴訟問題。直到一九六〇年代的銅 T 出現，子宮內避孕器終於變成高效能又長效的避孕方法。避孕效果達到 98%，一次可以置放五年。除了有性傳染病、子宮結構異常，或骨盆腔發炎的人不適合之外，其餘想長期避孕的女性都十分適合。

世人期盼許久的口服避孕藥出現之後，更徹底改變了世界。女性愈來愈能夠拿回身體的掌控權，不再完全受制於生殖。然而，採用避孕藥來調控荷爾蒙，規則服藥是成功的關鍵，只要沒有按時做到，避孕效果就會大打折扣。因此有醫師提出了結紮這種終極的絕育手段。

輸卵管結紮

其實二十世紀初期已有醫師嘗試燒灼子宮與輸卵管交界，作為避孕方法。但是當時這個方式並不太可靠。一直到了一九七〇年代，結紮手術合法化後才變成常規手術。

結紮手術分成輸卵管結紮和輸精管結紮。女性輸卵管結紮手術需要全身麻醉，醫師會在肚皮上劃個小傷口，進入腹腔找出左右兩側的輸卵管，然後用線綁緊、夾子夾緊或用套環套住，目的

就是要阻斷卵子進入子宮的路徑，達到永久性的避孕。這個手術過程並不困難，常見的併發症經常是因為全身麻醉，而非手術所造成。

輸卵管結紮並非萬無一失，其避孕成功率在第一年約 99%，爾後失敗的機率會逐年上升。另外，在結紮之後，子宮外孕的機率會高過一般婦女。有些婦女做了輸卵管結紮手術後，抱怨下腹部疼痛、經前症候群加劇，有時還會有不明原因的出血，這些症狀統稱為「結紮後症候群」，但是基本上有這些抱怨的女性人數並不多。若在結紮後想要回復生育功能，則需要做顯微手術將輸卵管重新接合。目前全球大概有三分之一的已婚婦女採取輸卵管結紮作為避孕方式。

輸精管結紮

至於男性的輸精管結紮只要在局部麻醉下就能完成，手術過程不會超過三十分鐘，在醫院休息個一小時就能回家，絕大部分的男人接受手術後沒有任何不適。

可別將輸精管結紮誤以為「去勢」喔！輸精管結紮之後，睪丸是完好如初，功能正常，會繼續分泌睪固酮，也會繼續產生精子。這些無法排出體外的精子，最後會在體內被分解吸收。輸精管結紮後，大約需要射精一、二十次後才能排空殘餘的精子，在這之前，還是可能讓女伴受孕。

討論結紮的問題時，夫婦雙方時常會爭論，到底是誰該被動手術？

　　在許多國家，輸精管結紮手術的價格是輸卵管結紮手術的十分之一。而輸精管結紮的避孕效果比輸卵管結紮有效十倍，發生併發症的機會約是二十分之一。

　　在副作用方面，有幾個研究認為輸精管結紮之後有 6% 到 20% 的男性性慾會降低，而輸卵管結紮也有罹患結紮後症候群的可能，實在讓人很難做決定。

　　從統計數據看來，目前接受輸卵管結紮的人數多過輸精管結紮的人數。

　　十九世紀初，平均每個美國女性一輩子會生產七次。在一九六〇年避孕藥剛問世時，美國女性平均每人有三·六個小孩，到了一九八〇年代美國女性平均每人的兒女數目已經小於兩個。一九九四年開羅的國際會議公開認同「女性有選擇懷孕次數和時間點的權利」，愈來愈多的婦女不再只是家庭主婦，而是進入職場工作。

　　避孕早已是男男女女都必須學習的重要課題。

第 22 課

孕與不孕的大學問

　　孕育下一代是人生的重要課題，「想生、不想生、跟誰生、能不能生、意外生出來、想生生不出來」這一連串與懷孕有關的轉折，女性同胞大概都曾經耳聞或親身經歷。

　　自古以來，女性都代表著豐饒的意象，因為懷孕生產的工作是由女性來完成，所以無論是孕與不孕通常會被視為女性的責任，使得許多人承受很大的壓力。據估計，每年全球至少有四百五十萬對不孕的伴侶就醫，而且隨著高齡產婦增多，不孕的數量還在增加之中。

　　話說，不孕這個問題，已經困擾了人類數千年。

孕育果實的土地

　　在古埃及社會裡，女性若生不出孩子，被認定是一種疾病，而不會苛責女性本身的道德操守，也不會歸咎於神明降禍。埃及人猜測，不孕並非女生單方面的問題，男生可能也需要為此負責，這是頗為「現代化」的想法。只可惜，那時候並沒有任何的

方法可以治療不孕。

　　從荷馬的史詩看來，過去的希臘人並不會歧視不孕的婦人。而西方醫學的老祖宗希波克拉底在醫學著作裡，也將不孕列為一種疾病。希波克拉底洋洋灑灑列出了幾樣可能造成不孕的原因，像是月經的量太多、子宮脫垂、子宮頸位置不對、子宮先天不夠強壯，或是後天的感染潰瘍使得子宮裡有太多疤痕組織。甚至針對子宮開口不夠大這樣的假設，還設計出特殊的器具，能將子宮開口撐大。

　　不過，從希波克拉底的說法裡，並沒有提到任何男性因素會造成不孕！因為，那時的希臘哲學思想裡，都將男人塑造成更高等的生物，而把女性視為僅比動物高一階的低等人類。於是，希臘人認為，懷孕是由男性將「果實」放進女性體內，女性只是提供讓胎兒生長的環境，等到「果實」成熟後自動會落地。顯然，希臘人相信提供「果實」的男人不會出錯，出錯的是女性無法接收「果實」，或無法讓「果實」好好長大。

　　他們也用這樣的想法來推論較適宜放入「果實」的時間點。西元二世紀的一位婦產科醫師[1]認為月經來臨之前，子宮積滿了血液和血塊，負荷太大，應該不適合放入「果實」。他覺得月經剛結束之時，子宮內都清空了，空間夠大，正是適合播種的時機。於是他建議不孕的婦女在月經甫結束時與男伴行房，才能留住「果實」。

至於醫學書籍著作最豐富的羅馬神醫蓋倫[2]，在不孕這方面並沒有特殊的見解，只有稍微提到月經與月亮的周期相關。

進入中世紀後，宗教對於西方世界的影響非常深遠。〈創世記〉裡耶和華給予的教誨是「要生養眾多，讓這個世界充滿人」[3]。這樣的觀念使人們相信懷孕是上天賜予的禮物，而女性的任務就是懷孕，不孕被視為女性單方面的問題。

在宗教力量主宰的中世紀，人們認為治療不孕最好的方法就是禱告。《聖經》故事裡有幾個女性角色原本生不出子嗣，後來都在神的幫忙下生下孩子。

當然，不孕的婦女也會嘗試某些祕方，例如曼陀羅草便常被拿來治療不孕，因為曼陀羅草的根部呈現「人形」，大家覺得吃了就能「做人成功」。

另外還有一種頗受歡迎的食療法是將野兔或雄鹿的睪丸磨碎泡到酒裡，製成藥酒飲用。也有婦女會用自己的肚皮去摩擦大石頭或巨柱，希望能夠成功懷孕。

除了平民百姓會有不孕的困擾之外，王室名人當然也無法倖免。著名的英國國王亨利八世曾經歷六次婚姻，其中幾次休妻的理由就是因為生不出男孩。後來，英國國王的王位落到亨利八世的女兒瑪麗[4]身上。人稱「血腥瑪麗」的女王知道自己身為女性，必將面對許多挑戰，因此極力想要生個孩子以確保自己的血緣，卻遲遲無法成功。她一再的說服自己必然會懷孕，甚至還曾

出現體重變重、晨間嘔吐、月經停止等「類懷孕」的症狀，不過後來證實都沒有身孕。縱使「血腥瑪麗」貴為君主，仍被嘲笑為「貧瘠女王」。

法國大革命中被送上斷頭台的國王路易十六和王后瑪莉·安東尼亦是一對不孕的伴侶。因為遲遲沒有子嗣，所以便有法國人民熱心地想提供王后懷孕的祕方，但也有人詆毀王后是「奧地利淫婦」，或說她是個女同志。然而，這對夫婦不孕的問題其實出在路易十六身上，據說路易十六的包皮過長，也就是俗稱的包莖，因此精子不容易進到王后體內。但是，在當時的氛圍裡，不孕幾乎都被視為女性的責任，很少人會想到男人也是會有不孕的毛病。

延年益壽、子孫滿堂 —— 房中之術

古代的中國對於性事當然很講究，關於房中之術，毫不馬虎。唐代醫學家孫思邈在著作裡提到，「昔黃帝御女一千二百而登仙，而俗人以一女伐命，知與不知，豈不遠歟？」同樣的男女交歡，有人可以「登仙」，有人卻是「伐命」，此即強調房中之術的重要性。

房中術的存在除了補氣強身、延年益壽之外，求得子孫滿堂也是重要的目的。因為多子多孫被視為福氣，「生殖」也被視為女人的重要任務。

先來瞧瞧過去對於女性的看法，這些都是偏向男性的觀點。二千多年前的《素女經》裡描述：「入相女人，天性婉順，氣聲濡行，絲髮黑，弱肌細骨，不長不短，不大不小，鑿孔居高，陰上無毛，多精液者；年五五以上，三十以還，未在產者。交接之時，精液流漾，身體動搖，不能自定，汗流四逋，隨人舉止。男子者，雖不行法，得此人由不為損。」指的就是天性溫和、頭髮烏黑、皮膚細緻、骨骼秀氣、不高不矮、不胖不瘦的女人。至於「鑿孔居高，陰上無毛，多精液者」是對性器官的描述，「鑿孔」即「陰道口」。年紀在二十五歲以上，三十歲以下。交接的時候，香汗淋漓，身體擺動，不能自已。這樣的女人被視為「入相女人」。

　　而在《備急千金要方》[5]裡，我們可以約略曉得西元七世紀時，男人擇偶的條件：

　　「凡婦人不必須有顏色妍麗，但得少年，未經生乳，多肌肉益也。若足財力，選取細髮，目睛黑白分明，體柔骨軟，肌膚細滑，言語聲音和調，四肢骨節皆欲足肉而骨不大，其體及腋皆不欲有毫，有毫當軟細，不可極於相者。但蓬頭蠅面，槌項結喉，雄聲大口，高鼻麥齒，目睛渾濁，口頷有毫，骨節高大，髮黃少肉，隱毫多而且強，又生逆毫，此相不可，皆賊命損壽也。」他們認為女子不需顏色妍麗，也不可以太瘦，眼睛要黑白分明、身體柔軟、皮膚細滑，還有體毛及腋毛要稀疏軟細。

到了十七世紀，明代的《婦人規》[6]裡提到想要子孫滿堂，就要挑個「會生」的女子，這些應該就是當時的人娶妻、選媳婦的標準：「欲綿瓜瓞，當求基址。蓋種植者必先擇地，砂礫之場，安望稻黍？求子者必先求母，薄福之婦，安望熊羆？……姑舉其顯而易者十餘條，以見其概云耳。大都婦人之質，貴靜而賤動，貴重而賤輕，貴濃而賤薄，貴蒼而賤嫩。故凡唇短嘴小者不堪……耳小輪薄者不堪……聲細而不振者不堪……形體薄弱者不堪……飲食纖細者不堪……髮焦齒豁者不堪……睛露臀削者不堪……顏色嬌豔者不堪，與其華者去其實也。肉肥勝骨者不堪……嫋娜柔脆、筋不束骨者不堪……山根唇口多青氣者不堪……脈見緊數弦澀者不堪……此外，如虎頭熊項，橫面豎眉及聲如豺野狼之質，必多刑克不吉，遠之為宜。又若剛狠陰惡，奸險克薄之氣，尤為種類源流、子孫命脈所係，烏可近之？」這裡所提到的條件就很多，也很苛刻，舉凡唇短嘴小、耳小輪薄、形體薄弱、食量小的、姿色美豔等偏向女性陰柔的特質，皆被視為「不堪」，至於虎頭熊項、橫面豎眉、剛狠陰惡也在禁止之列。看來當時對於女性的要求很多，相當挑剔。

以玄學為主體的房中之術強調，除了挑選女子之外，還要選擇適當的時機交合，才能順利受孕。《備急千金要方》裡條列了許多不適合做愛的時機和地點：「御女之法，交會者當避丙丁日，及弦望晦朔[7]、大風、大雨、大霧、大寒、大暑、雷電霹

靂、天地晦冥、日月薄蝕、虹霓地動，若御女則損，人神不吉，損男百倍，令女得病，有子必癲痴頑愚，瘖啞聾聵，攣跛盲眇，多病短壽，不孝不仁。又避日月星辰，火光之下，神廟佛寺之中，井灶圊廁之側，塚墓屍柩之旁，皆所不可。夫交合如法，則有福德，大智善人降託胎中，仍令性行調順，所作和合，家道日隆，祥瑞競集，若不如法，則有薄福愚痴惡人來託胎中，仍令父母性行凶險，所作不成，家道 日否，殃咎屢至，雖生成長，家國滅亡。」可見做愛的禁忌非常多，得先看日子、看節氣、看月亮盈虧，而若是有打雷閃電、日蝕月蝕和虹霓地動都不適合。另外，也要避開日月星辰、火光之下、神廟佛寺、廚房廁所、墳墓靈柩。若在合適的日子裡交合，就會有大智善人降託胎中，家道興隆；若在不適當的日子交合，男子大損，而女子也會得病，因此產下的孩子還會癡癲聾啞、多病短壽、不孝不仁，甚至還會導致家國滅亡。

　　孫思邈認為，婦女月經結束後的一、三、五日交合，可以生男孩；月經結束後的二、四、六日交合，可以生女孩。這類以玄學、數術為主的說法當然無稽，但是卻被後世的許多醫書收錄，沿用了千餘年。[8]

　　在沒有弄懂月經周期的生理變化前，關於受孕時機的建議大多不可信，不過倒是有人提出了一個頗有道理的看法。清代的《祕本種子金丹》[9]裡說：「貓犬至微，將受孕也，其雌必狂乎

而奔跳，以絪縕樂育之氣，觸之而不能自止耳。此天地之節候，化生之真機也。婦人於經盡之後，必有一日子宮內挺出蓮花蕊子，氣蒸而熱，神昏而悶，有欲交接不可忍之狀，此受精結胎之候也。於此時逆而取之則成丹，順而取之則成胎。但婦人每含羞不肯言耳，男子須預告之，令其自言，則一舉即中矣。」作者觀察到貓、犬等雌性動物在動情之時會特別狂躁，因此他推論女子在月經結束之後的某一天也會出現較強的性慾，這就是適合受孕的時機。但是女子對於自身情慾總是羞於啟齒，所以男方應該要預先告訴她，才能把握受孕的最佳時機。此一說法相當簡單，也非常務實。

想要懷孕，有高潮才算數？

　　至於能否受孕，做愛的品質也被視為重要的關鍵。

　　《胎產指南》[10] 裡強調，男女雙方是否達到高潮，與受孕有關：「男有三至，女有五至，如男至而女未至，玉體才交，瓊漿先吐，雖欲下應乎陰，而陰不從也。如女至而男未至，桃浪先翻，玉露無滴，雖欲上從乎陽，而陽不應也，所以無子。」也就是說，只有男方或女方任一方達到高潮，皆無法順利懷孕。

　　古人認為，若是雙方皆達到高潮，那達到高潮的順序關係到胎兒的性別。「然氣至者，亦有先後男女之別，如陽精先至，陰血後參，則精開裹血而成女。陰血先至，陽精後沖，則血開裹精

而成男。」白話來講，即男方先達到高潮，會生女孩；女方先達到高潮會生男孩。相傳這個說法是由西元五世紀的褚澄所提出：「男女之合，二情交暢，陰血先至，陽精後沖，血開裹精，精入為骨，而男形成矣；陽精先入，陰血後參，精開裹血，血入居本，而女形成矣。」

另一部醫書《女科切要》[11]裡也說：「男女交合，有丟泄前後之分。男曰泄，女曰丟。……若男情已淡，女意未休，則男先泄而成女，如女先丟，而男後泄者，則成男矣。」顯然性高潮與胎兒性別的關係被廣為接受並流傳了一千多年。

既然認為性高潮會影響懷孕與否，《胎產指南》當然也描述了男女交合時的反應。所謂的「男有三至，女有五至」分別為：

「何謂男有三至？蓋陰痿而不舉，肝氣未至也；舉而不堅，腎氣未至也；堅而不熱，心氣未至也。」

「何謂女有五至？蓋交戲之時，面赤而熱，心氣至也。目中涎瀝，漸眽視人，肝氣至也。嬌聲低語，口鼻氣喘，肺氣至也。伸舌吮唇，以身偎人，脾氣至也。玉戶開張，瓊涎流出，腎氣至也。五氣皆至，而與之合，則情合意美，陽施陰受，有子之道也。」

在男方注重的是痿而不舉、舉而不堅、堅而不熱，在女方則會有臉紅耳熱、眼神迷濛、嬌聲低語、伸舌吮唇、陰道溼潤等反應。

從房中術的觀點，女方若能達到高潮，不但可以受孕，還對身體有補助之益：「女有五候：嬌吟低語，心也；合目不開，肝也；咽乾氣喘，肺也；兩足或屈或伸，仰臥如屍，脾也；口鼻氣冷，陰戶瀝出沾滯，腎也。五者快美之極，男子識其情而采之，不獨有子，且有補助之益。」

相反的，若是女方達不到高潮，則對身體有害：「交合之時，女有五傷：一、陰戶尚閉不開，不可強刺，強刺則傷肝；二、女興已動，男或不從，興過始交則傷心，致經不調；三、以少陰而遇老陽，玉莖不堅而易軟，女情不暢則傷肝，必至盲目；四、經水未盡，男強逼合則傷腎；五、男子酒醉交戰，莖物堅硬，久刺不止，女情已過，陽興不休則傷脾。五傷之候，安得有子？」[12] 由此可見過去的房中之術也會兼顧女方的感受，而勸戒男人不可強行交合，否則會大大傷身。

談到求男求女，古代醫者還有許多不同的建議。《古今醫統大全》[13] 認為男人射精的方向關係到胎兒的性別：「女人懷胎，在左為男，在右為女。男子將泄之精，必要向女子偏左射之，仍以手向女子左肩立砍一掌，即女子左邊氣即上縮，精隨入左，必胎男矣。」想生男孩要偏左邊射精，想生女孩要偏右邊射精。偏左邊射精之後，還要立刻用手在女子左肩上砍一掌，幫助精液進入。

由於尚未了解胚胎學，對於胎兒發育的過程自然有很多的想

像。西元七世紀的《諸病源候論》裡描述：「陰陽和調，二氣相感，陽施陰化，是以有娠。……至受於三月，名曰始胎，血脈不流，象形而變，未有定儀，見物而化，是時男女未分，故未滿三月者，可服藥方術轉之，令生男也。」他們認為胎兒剛成形的時候尚未分出男女，母親懷孕時的所見所聞、所作所為會影響胎兒未來的生長與發育，包括性別都會被改變。所以「孕婦欲令見榮貴端正之人，不欲見傴僂侏儒之輩，及猿猴犬馬怪禽異獸，夜臥仍宜息心靜意，慎勿亂思，恐形異夢而感不祥也。」[14]

西元十二、十三世紀的人們對於胎教的觀點，大致如此：

「古人立胎教，能令生子良善長壽，忠孝仁義，聰明無疾。蓋須十月之內，常見好境象，無近邪僻，真良教也。」[15]

「欲生男，宜操弓矢，乘牡馬。欲生女，宜著珥，施環佩。欲子美好，玩白璧，觀孔雀。欲子賢能，宜讀詩書，務和雅，手心脈養之。」想生男孩就要騎馬射箭，想生女孩就要穿戴飾品，多讀詩書就能讓子賢能良善、忠孝仁義、聰明長壽。[16]

根據同樣的想法，還流傳著「轉胎之術」，有人服用藥方，也有人使用器具。西元十二世紀的《三因極一病證方論》說，「以斧置妊婦床下，系刃向下，勿令人知。恐不信者，令待雞抱卵時，依此置窠下，一窠盡出雄雞。此雖未試，亦不可不知。」作者說只要把斧頭悄悄地放在孕婦床底，利刃朝下，就能轉換胎兒性別成為男孩；為了取信於人，還說可以拿雞蛋做實驗，必能

生出一窩公雞。這個方法傳說來自於華佗。[17]

　　見識了這許多千奇百怪的做法，令人莞爾，也不難體會千百年來，人們為了生兒育女、傳宗接代可真是絞盡腦汁。

當精子遇不上卵子

　　男女交合可以懷孕是人類老早就知道的事情，不過關係到懷孕的兩大主角——精子和卵子的存在可是一直到了十七世紀才被發現。爾後又經過了一百七十餘年，人類才弄懂精子和卵子的關係與功能。也終於曉得，懷孕需要精子遇上卵子，也就是男女雙方的共同努力。

　　從精子到卵子的這條路上有許多關卡，只要出現差錯，就可能導致不孕。

　　男性的精子，除了數量要足夠，品質也相當重要，舉凡輻射、藥物、感染、荷爾蒙等原因，都會讓精子的數量減少，或讓精子活動力下降。為了區辨男性不孕的原因，最常做的檢查就是抽血和精液分析。而日常生活中明顯會傷害精子、導致男性不孕的禍首，非抽菸莫屬。其他，像是過量飲酒、吸食大麻，或讓睪丸承受高溫，均會影響精子的生成。

　　女性方面不但要提供卵子，還得提供胚胎理想的生長環境，所以原因就更為複雜，諸如荷爾蒙的濃度、卵巢的功能、卵子的品質、子宮的構造皆關係到懷孕的成功與否。

總括來講，求診的不孕伴侶中，導因於男性的不孕大約占了三成，導因於女性的不孕也是三成，而有一成多則屬於「雙方共同的責任」，另外還有兩成多的不孕症目前仍找不到明確的原因。

究竟什麼狀況叫做不孕呢？世界衛生組織的定義是這樣的：「若一對伴侶沒有採取避孕措施，且有活躍的性生活，但是經過一年以上還無法懷孕的話，就算是不孕。」若這一對伴侶從未有過孩子，便屬於原發性不孕；若之前曾經懷孕，但後來卻無法懷孕，則稱為次發性不孕。

經過仔細地檢查與調整之後，假如依然不能自然受孕，便得考慮進行人工受孕，就是俗稱的試管嬰兒。

試管裡的嬰兒

試管嬰兒是二十世紀生殖醫學所發展出來的新技術，也是解決不孕的終極手段。還記得我們之前所提到的避孕藥之父 —— 平克斯以及洛克醫師嗎？他們兩人均是生殖醫學的先驅。平克斯於一九三〇年代率先於培養皿中養出兔子胚胎，是哺乳類體外受精最早的紀錄。洛克醫師則是在一九五〇年代成功地讓人類的精子與卵子在體外相遇並形成受精卵。那時候冷凍胚胎的技術剛開始發展，還沒有辦法讓體外受精的胚胎回到母體內著床。幾個早期的嘗試，均以流產或子宮外孕收場。

催生試管嬰兒的推手，是羅伯特・愛德華[18]。愛德華生於一次大戰後的英國曼徹斯特。父親是鐵路工人，母親則在磨坊工作，雖然愛德華父母的學歷不高，但他們很重視孩子的教育，愛德華是個努力的孩子，一路苦讀後拿到了愛丁堡大學的生物博士學位。一九六〇年代，時任劍橋大學生物學家的愛德華受到平克斯的啟發與鼓舞，開啟了對哺乳動物生殖技術的興趣。原本，愛德華鑽研體外受精的目的，是想要做到著床前的基因診斷，以減少遺傳疾病的數量。研究過程中，他找到了一位合作的好夥伴——斯特普托醫師[19]。

　　斯特普托醫師專精於婦產科，並且在腹腔鏡尚未普及時就已時常利用腹腔鏡做術前診斷，還撰寫了一本書探討《婦產科的腹腔鏡利用》。因為這本書，讓愛德華找上了斯特普托醫師。

　　斯特普托醫師知道有些不孕症患者的問題主要出在輸卵管阻塞，因此他們兩人推論，若是經由腹腔鏡將患者卵巢中的卵子取出，於培養皿中讓精子與卵子在體外相遇，完成體外受精，然後再植回婦女體內，應該是個可行的解決辦法。

　　雖然在一九六八年，他們兩人已經成功地在培養皿上形成受精卵，但是如此前衛的做法卻招來許多充滿敵意的批評，甚至有人控告這兩位科學家，以至於連國家都撤回研究經費補助。然而，這兩人還是聯手於一九七七年打造了第一個成功的試管嬰兒[20]——露易絲・布朗[21]。

露易絲・布朗的父母努力了九年，卻無法生育，後來發現原因出在媽媽的輸卵管阻塞。雖然在露易絲・布朗的父母簽下體外受精的手術同意書時，他們並不了解，這是史無前例、從未有成功經驗的手術，但九個多月後，他們與全球一起迎接了露易絲・布朗這位史上第一個試管嬰兒。足月的露易絲・布朗體重二千六百公克，外表與一般嬰兒沒有兩樣，卻是生殖醫學的重要里程碑。

　　愛德華與斯特普托醫師共同創立了波恩診所 [22]，這是第一所專注於體外受精的醫院，為不孕的患者提供過去無法想像的服務。

　　生殖醫學以飛快的速度進展。一九八四年，第一個從冷凍胚胎做出來的寶寶誕生了。這個胚胎再植入母親體內之前，曾在冷凍庫裡面待了兩個月，爾後亦能健康地成長、茁壯；一九八五年，第一位代理孕母出現；一九九〇年，試管嬰兒的技術大躍進，已能把單一隻精蟲直接注射到卵子裡，完成受精。

　　千禧年時，第一個被稱為「救世主」的寶寶誕生，他的臍帶血被用來治療姊姊罕見的血液疾病，此後「訂做寶寶」的案例層出不窮。生殖科技的進展，讓體外受精成為極受歡迎的輔助方式，至今全球已有四百萬人是由體外受精誕生，而打造第一個試管嬰兒的生物學家愛德華，於二〇一〇年獲頒諾貝爾生理醫學獎 [23]。

錯綜複雜的難解之題

經過了幾十年的研究，有新式排卵針誕生、胚胎的培養和植入技術也不斷進化，但是千萬不要以為試管嬰兒的成功率是百分之百。平均而言，若女性小於三十五歲，能夠順利生下試管嬰兒的機率大概是四成；在三十五歲到三十七歲的年齡層，成功率降到三成；在三十八歲到四十歲的年齡層，成功率大約兩成；在四十一歲到四十二歲時，成功率僅剩下一成。曾有人做了調查發現，不孕症為女性帶來的壓力和罹患癌症時所面臨的壓力相當，而試圖做體外受精時，患者依舊在精神、肉體，或是經濟上，承受極大的壓力，嚴重程度甚至不亞於不孕本身。

除此之外，生殖科技進展的速度遠遠超過了道德及法律演進的腳步，所衍生的衝突與困境不知凡幾，諸如卵子交易、基因篩選、代理孕母等皆是錯綜複雜的難解之題。

試管嬰兒的實現是個活生生的案例，這讓我們反覆省思，也許不斷獲得所有想要的，並不必然就是最終且最理想的解答。

第 23 課

難道我懷孕了嗎？

「難道，我懷孕了嗎？」當月經遲到時，許多女人的腦海中都會浮現問號，這一個問題肯定已經困擾了人類好幾萬年。

或許有人會感到困惑，判斷一個人是否懷孕，真的有這麼困難嗎？不是只要月經停止就代表懷孕了嗎？

其實，諸如荷爾蒙失調、壓力過大、子宮內膜異位症、卵巢早衰等情況都可能造成月經停止，甚至有人在極度渴望懷孕的狀況下，還會出現假性懷孕。

西元十六世紀著名的英國女王「血腥瑪麗」[1]於少女時期受盡苦難，經過一番腥風血雨才於三十七歲加冕為女王。為了避免得來不易的王位落入妹妹伊莉莎白[2]手中，瑪麗女王急著想要產下子嗣。在龐大壓力之下，瑪麗女王的月經停了，並且出現噁心嘔吐等症狀，瑪麗女王認為自己懷孕後，開始補充營養，慢慢的連肚子都逐漸隆起，然而，經過了幾個月，瑪麗女王從未感覺到胎動，這才發現自己是「假懷孕」。更奇特的事情是，這還不是單一的偶發事件，瑪麗女王一生中總共經歷了兩次「假懷孕」，

直到四十二歲離世前仍未產下任何子嗣。

　　從這段故事，我們就能夠了解驗孕的困難，縱使身為女王，仍然無法明確地判定懷孕與否。如今看似平凡的驗孕，其實一點兒都不簡單。

月經沒來怎麼辦？

　　倘若回到三千年前的古埃及，我們或許有機會見到月經沒來的女人對著劍蘭灑尿，因為當時的驗孕方法之一，就是看尿液會不會讓劍蘭開花。若劍蘭開花的數目愈多，懷孕的機會就愈大。

　　當然，除了計算劍蘭開花的數目之外，古埃及人還用了許多方法來判斷懷孕與否。例如，拿取已產下男孩的母親乳汁讓月經沒來的婦人喝下，假使這名婦女吐了，就代表懷有身孕。

　　孕吐是許多人都曾有過的難忘經驗，只要聞到重一點的味道，就會出現強烈的噁心感。埃及人便是利用這個特性，刻意用腥味較重的乳汁來誘發嘔吐。另外還有個氣味更為「濃郁」的測試方法，是直接在房間地板上鋪滿發酵物，再請月經遲到的婦女待在裡面，在「催吐加強版」的考驗之下，嘔吐的次數愈多，懷孕的機會就愈高。

　　西方醫學的老祖宗希波克拉底則是使用「驗孕特調」來試驗懷孕與否，他會請婦女於睡前喝一杯用蜂蜜做的特殊飲料，假使整個夜晚都在打嗝和腹部絞痛中度過，那就代表懷孕了。

西元十六世紀時有醫師主張，除了月經沒來、乳房變大，觀察婦女有無懷孕的重點是要看眼睛，若婦女瞳孔小、眼睛深陷、眼皮低垂、眼角的靜脈鼓脹，就很可能是懷孕了。

至於古老東方醫學所流行的是經脈學說。現存最早的脈學專書是西元三世紀的《脈經》，裡頭關於妊娠的想法很有趣，他們將人體訂出十二條經脈，婦女懷胎時每一條經脈會輪流滋養胎兒三十天，如果在懷孕期間灸刺相關經脈便會導致墮胎。[3] 或許你已經發現了，假若一條經脈負責一個月，那只用到十條經脈，那還有兩條經脈要做什麼呢？原來呀，剩餘的「手太陽」、「手少陰」兩條經脈被分派到的工作就是形成月經和乳汁，負責滋潤母體、餵養幼兒。[4]

根據這樣的說法，想要驗孕當然也是靠把脈。「診其手少陰脈動甚者，妊子也。」所謂的「手少陰脈」走在手臂內側，也就是小指這一側，於手腕處能夠摸到搏動的尺動脈。又因為「男左女右」的想法，所以會認為左手的脈動較強代表懷了男生，右手的脈動較強代表懷了女生，若兩側皆有強勁脈動代表是雙胞胎。[5]

為了猜測胎兒的性別，「男左女右」被廣泛使用，他們會請孕婦向南邊行走，然後在背後叫她的名字，若是從左側回頭代表懷了男嬰，若是從右側回頭代表懷了女嬰。[6]

此外，還有挺逗趣的一招，是趁孕婦上廁所的時候，請丈夫

從後方忽然大聲呼喚，看看孕婦是由哪一側回頭。[7]

除了觀察孕婦的行為，甚至有人想從「丈夫的乳房」來判斷胎兒的性別。[8] 男人的乳房沒有發育，不過依然存在乳房組織，[9] 所以可以摸到硬硬的一小塊，此即古人所說的「乳房有核」，他們認為左乳有核代表懷男生，右乳有核代表懷女生。從丈夫的乳房來論斷胎兒的性別當然是無稽之談。

這些試驗方法皆是穿鑿附會，不足為信，但是由於猜中性別的機率本來就高達五成，而且還流行各式各樣的「轉女為男法」[10]，自圓其說的空間很大，所以直到二十世紀仍被很多醫書沿用。

東方醫學裡也有幾個歷史悠久的驗孕配方，西元十一世紀的《靈苑方》中的驗胎藥是用川芎與艾草煎製而成，婦女喝下之後，若感到肚子裡有動靜，便代表懷有身孕。[11]

後來又有人發展出「艾醋湯」、「探胎散」。「艾醋湯」的配方是醋和艾草，明代醫家斬釘截鐵地說，喝下艾醋湯後肚子會痛的便是有孕，反之則無。[12]

「探胎散」收錄於清代的《胎產心法》其配方是皂角、炙草、黃連，配酒服下之後，若有嘔吐便代表懷孕。[13] 不過實際試過幾回之後，有些醫師發現，服用皂角的女人幾乎沒有不嘔吐的，根本就跟懷孕無關，所以忠實地將心得記載下來，警告後人。[14]

上述這些方式聽起來都帶有些許的趣味性，也讓我們體會到先人在缺乏科學實證時所遭遇的無力感。

相信大家都聽過一個傳聞，警告女孩子在懷孕的前三個月千萬不能說出去，有人會煞有其事地說這是老祖宗的經驗之談，殊不知過去的女人根本無法在前三個月確定自己是否懷孕呀！

尿液驗孕的始祖

人類歷史一直要進展到一九七八年，婦女們才首度能在家中以尿液與試紙來驗孕。算一算這段期間還不到四十年呢！不過，如果要說用尿液測試懷孕與否的話，其歷史倒是源遠流長。

剛剛我們曾提到古埃及人會對著劍蘭灑尿，看看能夠開出幾朵花。而在西元前一千三百五十年時的古埃及紙莎草紙亦曾記載，若不確定女人是否懷孕的話，可以請她連續幾天用尿液澆灌不同的穀類，假如尿液讓大麥發芽，那很可能是懷了男孩；如果發芽長大的是小麥，那就是懷了女孩；如果兩種穀類都沒有發芽，那就代表這位婦女根本沒有懷孕。

有趣的是，三千年後真的有人實地檢驗這個被遺忘的驗孕方法，科學家取得尿液來做實驗，[15] 結果發現有七成懷孕婦女之尿液能讓麥子發芽，而男性與未懷孕女性的尿液則無法讓麥子發芽，可見懷孕婦女的尿液中似乎具有某種特殊成分。然而，實驗結果亦顯示孕婦的尿液僅能「促進穀類發芽」，而沒有判定胎兒

十七世紀的畫作中，江湖術士一邊替患者把脈，一邊檢視裝著尿液的燒瓶。

性別的能力，大麥與小麥的成長狀態與男孩女孩並不相干。

　　中世紀的醫師也會拿尿液來驗孕，不過他們流行「目測法」。當時的歐洲醫師相信從一泡尿就能看出許多疾病，所以看診時會請病人交出尿液以供檢查。有醫師說，裝在燒杯內的尿液若帶有虹彩偏紅色，很可能就是懷孕；有的醫師說，孕婦的尿液看起來挺乾淨的，有種淡淡檸檬黃白色，但是表層較為混濁；還有醫師將婦女的尿液與酒精加在一塊兒，看看會發生什麼變化。幸好，這類尿液檢查大多是用眼睛看，而不是用嘴巴嘗。

　　除此之外，還有幾個有趣的尿液驗孕法，根據十七世紀的畫作〈醫師巡訪〉[16]，我們能夠發現，醫師會於玻璃瓶內放入一條

緞帶，接著請婦人將自己的尿液裝進瓶子裡頭，爾後醫師取出浸潤尿液的緞帶讓婦人嗅聞，如果婦人感到噁心或出現打嗝的狀況，就代表懷了身孕。

或者，醫師會在臉盆中放把鑰匙，再請受試婦女尿在臉盆中，經過三、四個小時後仔細觀察臉盆的底部，假使留有鑰匙的印記，就是懷孕的證據。類似的方法還有尿在一根針上，倘若這根針生鏽變黑，那就是懷孕了。但是這些方法都不可靠。

兔子驗孕法

這麼多年以來，懷孕與否就像鑰匙上的斑斑鐵鏽一般，始終是模模糊糊，直到十九世紀末醫學大步躍進，科學家開始使用各種方式來解析人體、透視人體，也漸漸理解到血液中含有某些物質能夠調節各種生理機能，並將其稱為「荷爾蒙」。[17]

科學家們猜測，在懷孕期間女人的體內應該會分泌不一樣的荷爾蒙。二十世紀初期，德國婦產科醫師[18]於兔子身上做了一系列的實驗後發現「黃體激素」的存在，另外他也發現月經來臨前的第十四天，大概就是卵巢排卵的日子。女性生理週期所牽涉到的各種荷爾蒙及卵巢子宮的變化開始成為熱門的研究主題。

到了一九二〇年代，德國出現了幾位了不起的猶太裔婦產科醫師，其中以阿許海姆[19]與榮戴克[20]的發現最為著名。這兩位醫師推測，女人體內本來具有雌激素和黃體激素，而在懷孕期

間，應該還會分泌出某種不一樣的東西去影響黃體。這個「不一樣的東西」後來被證實是受精卵著床時，由胎盤所分泌[21]能夠促進性腺分泌的激素，也就是簡稱為「HCG」的「人絨毛膜促性腺激素（human chorionic gonadotropin）」。

既然已經發現懷孕婦女特有的荷爾蒙，那應該可以應用來驗孕吧。基於這樣的概念阿許海姆和榮戴克共同設計出了一種名為「A-Z 測試」的驗孕方法，步驟是這樣子：先收集受試婦女早晨的尿液，然後每天早晚各注射〇‧二至〇‧四毫升尿液到未成年老鼠的皮下組織內，總共需要五隻體重介於六至八公克的老鼠。經過連續三天的注射之後，先休息兩天再進行解剖，倘若這些未成年老鼠的卵巢變大、充血，代表牠們受到了額外的荷爾蒙刺激，很可能就是因為受試女性已經懷孕，尿液中的促性腺激素才會使老鼠的卵巢濾泡成熟。

由於不同的老鼠間或多或少存在個體差異，對荷爾蒙的感受力亦不相同，因此每次試驗需要用到五隻未成年老鼠，其中只要有一隻的卵巢出現出血濾泡或黃體就能判定該名婦女帶有身孕。為了等待荷爾蒙發揮作用，整個試驗需要好幾天的時間才能知道答案。另外，由於研究人員得取出卵巢來檢視，因此所有的老鼠都逃不掉死亡與解剖的命運。

「A-Z 測試」公布兩年後，共收集到三千多筆印證結果，統計起來錯誤率只有大約 1% ～ 2%，從此之後女人們終於有辦法

在腹部隆起之前確認自己有沒有懷孕。「A-Z 測試」是人類首度運用科學方法來驗孕，如此重大的突破亦稱得上是人類歷史的重要里程碑。

受到「A-Z 測試」的啟發，各地的實驗室紛紛嘗試用動物來驗孕。例如非洲爪蟾也曾被用於驗孕，研究人員將婦女的樣本注入非洲爪蟾體內，看看是否會促使卵巢排卵。

另一個常被抓來驗孕的動物是兔子。研究人員從兔子耳朵的靜脈注射受試女性的尿液，經過三十六至四十八小時之後，就能進行解剖看看兔子的黃體有沒有出血。因為體型較大，切開卵巢後能夠直接靠肉眼觀察，不一定需要動用顯微鏡，就算使用顯微鏡也是低倍鏡即可判斷。由於誤判的機會較低，檢驗等待的時間也比較短，所以被廣為採用。然而，把尿液直接注入血管中是可能致命的，約有 7% 的兔子撐不到解剖便一命嗚呼了。

不過無論如何，這種驗孕方法解開了人類長久以來的困惑，很快便成為驗孕的黃金準則，風行世界四十餘年。這時期的生育書籍開始鼓勵婦女將尿液送到醫院檢驗，別再使用那些穿鑿附會的老方法來胡亂猜測，而「兔子死了」、「老鼠死了」也就成為「我懷孕了」的代名詞。[22]

在家驗孕的實現

早期的驗孕主要是為了解開婦女心中懷孕與否的疑惑，不過

隨著產前檢查的概念逐漸成形，驗孕的需求便進一步提升。

一九六〇年代避孕藥的普及引爆性革命，女性終於能夠掌控生殖，也更能實現自己的人生規劃。同時期，腹部超音波漸漸被應用來替孕婦做產前檢查，驗孕的角色愈來愈重要，除了讓孕婦能在懷孕早期便開始注重營養攝取、減少飲酒，亦提供婦女墮胎與否的決定權。

科技始終來自於人性，驗孕的需求促使科學家投入研究，企圖檢測女性體內的荷爾蒙含量，經過多年努力，終於實現了「在家驗孕」的夢想。一九七六年美國食品藥物管理局核准第一個讓婦女能自行操作的「早期懷孕試驗組」[23]，該品項於一九七八年開始量產販售，宣傳主打「只要花費十美元，就能在家驗孕」。刊登在時尚雜誌《Vogue》的全頁廣告是這麼寫的：「終於，女性能在家以又快、安全、簡單的方法知道自己有沒有懷孕。」

與現在的驗孕棒相比較，當時的驗孕步驟還頗複雜，產品中包含試管、兩支滴管、純化水、綿羊紅血球和判讀試管底部實驗結果的反射鏡，且需要花上兩個小時來等待結果。不過因為正確率達到九成，又能顧及隱私、無需上醫院，所以受到婦女朋友的廣泛支持，而眾多小動物們也不再需要「壯烈犧牲」。

到一九九〇年代，驗孕試紙改採單株抗體檢測，只要滴上尿液，兩分鐘就能知道答案，而且正確率極高。從「對著劍蘭灑尿等花開」到「一張試紙兩分鐘」，人類可是走了幾千年，才終於

解答了驗孕大哉問。

　　最後還是要提醒大家，自行驗到懷孕之後，務必要到醫院進一步確認，大約在懷孕六周時，醫師便能用超音波在子宮內見到著床的胚胎，假使找不到胚胎，便要當心子宮外孕或其他的問題。

讓人難分難解的陰鎖

　　跟大家分享一個令人印象深刻的故事。有回小李在公園裡散步，正好見到一對狗伴侶在交配，當牠們進行得如火如荼的時候，有個調皮的小男孩忽然衝了過去，受到驚嚇的母狗拔腿就跑。公狗當然也想逃走，不過牠的陰莖卻像是被黏住了一般，完全無法抽離，於是驚慌的母狗身後便拖著失去平衡、狼狽不堪的公狗四處逃竄。

　　這種俗稱「陰鎖」的狀況叫做「陰莖箝持」，偶爾也會發生在人類身上，當女性會陰部肌肉強烈收縮時，便夾住陰莖，男人不但無法動彈還會伴隨劇烈疼痛。古時候也有談到陰鎖的故事，而且下場非常慘烈。

　　從前有一對叔嫂平時便暗通款曲，有回大夥兒結伴上山進香，心癢難耐的叔嫂倆兒打算把握機會偷情，便決定裝病。走到半途時嫂嫂抱著肚子喊痛，大家便叫小叔扶她下山休息，待眾人離開後，叔嫂倆便開開心心地躲進山洞裡胡天胡地。

　　家人進香完畢回到住處，見不到兩人蹤影，趕緊上山尋找。

大夥兒找呀找，終於聽到山洞裡傳出來的喘息聲，走進一看，發現兩人下身緊緊相連，怎麼拉都拉不開，只好蓋上被子將他們抬下山。消息傳開，好事之人競相圍觀。返家之後，家族會議決定加以嚴懲，將兩人一併活埋。[24]

鄉野傳奇的真實性無從考證，不過陰莖箝持是的確可能發生的狀況。由於束緊的肌肉進一步阻斷陰莖血液回流，使陰莖持續勃起難以脫身，雖然很尷尬，但是也只能趕快求救送醫處理。

第 24 課

男人可以懷孕嗎？

懷孕是女人所面臨的艱鉅任務，從孕吐開始便是段漫長的挑戰，不但辛苦還可能會有生命危險。雖然性別從受精那一刻便決定好了，但是人們偶爾還是會想，懷孕生子這工作有沒有可能交給男人來做呢？

《漢書》曾記載在漢哀帝時（接近西元元年），豫章有個男人化為女人，爾後嫁為人婦還產下一子。[1]

另一個男人懷孕生子的故事出現在《宋史》中。西元一一二四年，有位在都城賣青果的男人懷了孕挺著大肚子，產婆卻不願意替他接生，換過七個產婆，才終於分娩。[2]

這兩則男人產子的故事都很簡短，沒有提到懷孕的細節，只有寥寥數語帶過。倒是明代的《戒庵老人漫筆》中有個完整的故事。

主角是住在蘇州府吳縣時年五十四歲的男人，他於西元一五二三年十月夜裡行經曠野，途中聽到有人呼喚他的姓名，卻不見人影。後來，他在睡夢中都會感覺身邊有位小男孩。一個多

月後，他覺得肚子裡有個肉塊愈長愈大。西元一五二五年一月，他時常腹痛如絞，到了月底他的肛門流血不止，最後排出一包肉團。他的妻子將肉團劃開，發現裡頭有個男孩，身長一尺，髮長兩寸，耳目口鼻俱全。隔壁鄰居見了之後，大呼怪異，於是男孩被扔進湖中。[3]

這些故事的可信度當然很低，大概都是口耳相傳的鄉野傳奇，不過我們可以藉此了解過去人們的想像，他們相信男人是可以懷孕，而且會由肛門產出，因為那是唯一的開口。

在搞懂解剖學之後，我們曉得想要靠大腸懷孕是行不通的，這個重大的任務非要子宮不可，若希望讓男人懷孕，首先當然得在男人體內置入子宮才行。雖然人類器官移植行之有年，不過關於子宮的移植仍處在萌芽的階段，且讓我們來瞧瞧子宮移植究竟可不可行。

子宮移植

子宮是每個人的第一個家，胚胎時期的小寶貝會待在媽媽子宮裡成長茁壯。

子宮是女性的重要生殖器官，然而每五千位女嬰中就有一人於出生時便缺少了子宮及陰道，另外有些女人會因為子宮腫瘤、產後大出血、或子宮內膜異位症引發種種問題而接受了子宮切除。失去生殖器官的女人除了得調適生理上的改變，還需要面對

更多的自我懷疑：「我不能生小孩，還算是個女人嗎？」

　　為了完成女性孕育生命的夢想，醫學上開始嘗試一項新穎的做法：「讓我們來移植子宮吧！」

　　這項做法乍聽之下是合情入理，把醫學想簡單的人會說：「反正缺什麼就移植什麼，像換零件一樣，應該很簡單吧！」然而人體內有種奇妙的生物力，會對抗任何不屬於自己的東西，這股力量很重要，可以擊退無所不在的微生物。我們的免疫系統隨時備戰，準備消滅入侵的微生物，但是對於移植而來的器官或組織，免疫系統亦將它視為敵人，只要一偵測到便會發動攻擊。在早期，醫師移植什麼，患者的身體就攻擊什麼，移植手術的成功率微乎其微，幾乎都以死亡作罷。[4] 直到科學家發明了有效的免疫抑制劑，器官移植才終於得以實現。如今患者接受器官移植後，皆需要按時服用免疫抑制劑，以降低排斥反應，讓免疫系統與外來器官和平共存。

　　這些免疫抑制劑雖然效果很好，但其副作用亦是不容小覷，甚至可能導致畸胎的發生。需要服用免疫抑制藥物的女性大多不敢冒險懷孕，以免對母體及胎兒造成危害。再說，懷孕本身就會讓母體的健康狀況充滿變數，所以目前全球接受器官移植的數百萬案例之中，僅有一萬五千例於服用免疫抑制劑的同時成功懷孕生產。

　　不過，在器官移植技術與藥物逐漸成熟的今日，開始有醫師

發揮愚公移山的精神想要一步步克服困難，替患者完成生兒育女的夢想。第一例子宮移植於千禧年發生在沙烏地阿拉伯。有位二十六歲的女性在六年前生產時不幸碰上產後大出血，為了搶救性命，醫師只好摘除她的子宮。縱使曾在生產時走了一趟鬼門關，這位女性仍然希望有朝一日能再生下自己的子女。該手術團隊已經成功地替十六隻狒狒和兩隻山羊移植子宮，於是醫師決定在人類身上嘗試子宮移植手術。

　　看到這裡，或許有讀者會發出疑問：「不是有代理孕母嗎？如果問題在於缺乏子宮，為何不將夫妻兩人的精子與卵子取出進行體外受精，再把胚胎植入代理孕母的子宮裡借腹生子就行了？真的有必要大費周章去移植別人的子宮，然後承受免疫抑制劑的副作用以及懷孕的風險嗎？」

　　關於這問題，有幾個不同面向的考量。首先，世界上仍有許多國家的法律並不容許代理孕母的存在。而對於想懷孕的女性而言，有些是不認同將懷孕風險轉移到陌生人身上，有些是不希望懷孕生產牽扯上金錢糾葛，有些則認為孩子不僅要具有自己的血緣，還必須是自己生下的，才算是自己的孩子，於是有了這一連串子宮移植的試驗。

　　接受子宮移植手術後初期看來很成功，讓這名婦女於失去子宮的六年後恢復了月經。不過，接下來婦女逐漸感到下體不適，經由超音波檢查發現子宮缺乏固定而下墜並壓迫到供應子宮血流

的動脈。由於動脈阻塞，缺乏血流與養分的子宮缺氧壞死，手術團隊只好於第一次手術後的第九十九天，再度動刀移除子宮。

當這樁首發案例出現於醫學期刊時，引發不少批評聲浪。許多醫界人士將女人與子宮的短暫緣分歸咎於醫師，使得其他醫療團隊退縮觀望，不再進行這類手術。事隔十二年後，我們才又看到由土耳其團隊所完成的第二樁子宮移植。

這回接受子宮移植的女性僅有二十三歲，打從胚胎時期起，她的陰道與子宮就沒有發育，出生即缺少完整的女性生殖系統。在接受以小腸重建陰道的手術後，她碰上了子宮移植的機會。

捐贈者是位二十二歲的腦死患者，從未懷孕過，子宮也很健康。雖然子宮移植的手術過程冗長，但這位受贈者恢復迅速，在移植手術後的第二十天就看見了由重建陰道流出來的血液。受贈者興奮莫名，這可是她人生中的第一次月經啊！不僅如此，接下來每個月的月經都是準時報到。即使歷次手術在身上留下許多疤痕，不過身為女性的她覺得自己從未如此完整過。

移植子宮的目的當然是想要懷孕生產，因此當這名患者接受子宮移植的一年後，醫師認為外來子宮的狀況趨於穩定，便開始調降免疫抑制劑的用量，為接下來的懷孕做準備。

既然這名患者具備了陰道、子宮與卵巢，有機會自然懷孕嗎？患者當然有嘗試過，可惜移植手術後骨盆腔內常會有沾黏、甚至輸卵管阻塞的問題，自然懷孕的機率較低。最後土耳其醫療

團隊於患者接受子宮移植的第十八個月，將體外受精的胚胎植入體內。

結果，一發就中！隔沒多久驗孕棒上已經出現兩條線，宣告懷孕的好消息。不幸的是，懷孕六週之後病人下體出血，胎兒就這麼流掉了。她再接再厲，又接受第二次胚胎植入，可惜的是，第二次成功懷孕後不久，再度流產。我們不清楚這名患者的流產起源於子宮本身的問題，抑或是免疫抑制劑帶來的副作用。

這是醫學期刊上的第二例子宮移植個案，也首次替世人帶來子宮移植患者成功懷孕的好消息，雖然距離產出健康的胎兒還有一段路，但已經算是醫學上非常啟發人心的創舉，也促使更多研究人員投入這個領域。

我們在二〇一四年看到了第一份關於子宮移植的臨床統合性報告，病例數很少，僅有九人，其中多是因為先天原因而缺乏子宮、陰道的病患。[5] 她們都是從活體捐贈者的身上取得子宮，更特別的事情是，這些子宮都曾經成功地孕育過新生命。

有了這份報告，我們得以一窺子宮移植手術的困難度。平均每位活體捐贈者要經歷的手術時間長達十一個小時左右，醫師得小心翼翼地剝離組織，避免傷到捐贈者的輸尿管，並仔細保全子宮動脈。受贈者接受子宮植入手術的時間反而比較短，大多不到五個小時。這九位受贈者之中，有一位併發感染問題，有一位的血管阻塞，兩人均在半年內失去新的子宮。好消息是，有七位受

贈者出現規則的月經週期，子宮內膜也會增厚。

經過一連串努力，世界上第一位由移植子宮孕育的新生兒終於誕生了，那是一位三十五歲先天缺乏子宮的婦人，她接受一位六十一歲婦人的子宮活體移植，術後四十三天她開始出現規則月經，並於一年之後植入胚胎。雖然曾經出現排斥，不過仍在三十一週後剖腹產下一位男嬰。[6]

子宮活體移植成功後，陸續有醫療團隊嘗試由腦死患者取得子宮來移植，以增加可能的器官來源。2016 年，一位 32 歲先天缺乏子宮的巴西婦人，接受來自腦死患者的子宮移植，術後七個月後植入胚胎順利懷孕。懷孕 36 週時，剖腹產下一位健康女嬰。醫師於剖腹產同時，將完成任務的子宮切除，讓患者不須再服用免疫抑制劑。

這幾則消息宣告生殖醫學進入另一個嶄新的階段，亦開啟無限想像，也許有那麼一天，真的會有男人接受子宮移植，並用它來生兒育女。

袋鼠爸爸

雖然目前沒有男人移植子宮的案例，不過或許你有印象曾經聽過一則男人生子的新聞，那究竟是怎麼一回事呢？

這樁真實故事比小說還曲折離奇。[7]貝提生於一九七四年，出生登記上是個女性，然而打從十歲左右開始，貝提愈來愈認為

自己應該是個男子漢。雖然貝提外貌出眾，年輕時還會兼職擔任模特兒賺取外快，甚至還曾經是夏威夷小姐的決選參賽者，不過最後貝提選擇放棄柔美路線，轉換跑道去拍攝有氧健身影片於全美放送。

到了二十三歲貝提下定決心，開始使用男性荷爾蒙療法改變自己的內在與外在，五年後更是接受了雙側乳房切除手術，解決胸前雄偉的困擾。然而女變男的變性手術不僅包括切胸，還要切掉整組女性內生殖系統啊！這時的貝提遲疑了，並非貝提對每個月到訪的大姨媽有所眷戀，而是貝提早已有了一名女友，但女友於多年前因為子宮內膜異位，已接受過子宮切除手術，也就是說，貝提的伴侶是註定無法生育。

貝提認為，生下「自己的小孩」不該算是男生的夢想，或是女生的夢想，而是人類全體的夢想。因此即使這時貝提的身分是一對夫妻中的男性，他依舊決定保留下整組女性生殖系統，準備自行負起懷孕生子的工作。

這並不是個容易的決定，後來才認識貝提的人甚至都不知道「他」曾是個女生，醫療團隊也很為難，猶豫是否要協助眼前這位外型粗獷還有落腮鬍的男人受孕。貝提先停止注射男性荷爾蒙，經過了四個月「他的月經」再度報到。接著貝提從精子銀行取得精子，在家自行注入完成受孕。

貝提第一次懷孕時，懷了三胞胎，但沒多久就因子宮外孕，

而接受緊急手術切除右側輸卵管撿回一條命。但貝提仍舊不放棄，再度嘗試人工受孕，也幸運地再度懷孕。當他以男人的外貌挺著大肚子走在路上時，的確嚇著不少鄰居及路人。

或許因為貝提是位健身教練，身體狀況維持得相當不錯，懷孕過程中貝提從不需要接受雌激素或黃體激素的補充，自身的女性荷爾蒙就足以供應妊娠所需。貝提一連生下三位小孩後，重新接受男性荷爾蒙施打，扮演孩子的好爸爸。

二○一二年，貝提找上知名的變性醫師瑪西・鮑爾，施作完整的變性手術。由於這段與眾不同的經歷，貝提開始巡迴各地演說為變性人發聲。

關於「男人懷孕」，許多倫理與法律層面的問題可說是前所未聞。貝提與其伴侶訴請離婚時，便讓法院傷透腦筋。要知道，這可是史上第一樁法律記載「男性」卻產下小孩的案例。過程中引發不少社會辯論，最後，三名小孩子的監護權都歸給了貝提。

不難想像，若有那麼一天，男人藉著移植而來的子宮懷孕產子，將對倫理與法律造成更大的衝擊與挑戰。

男人女人都煩惱

　　無論是男是女，性功能對一個人的生活品質皆有很大的影響。然而，面對性功能障礙，大多數人都選擇忽視，而使問題愈來愈嚴重。

　　性功能障礙有很多種，例如性慾低落、勃起障礙、性交疼痛、無法性興奮、缺少性歡愉、困難性高潮等。許多人可能會以為這只是個人的問題，不過從大規模的研究報告可以發現，這些問題比我們想像的還要普遍許多。

男人的性煩惱

　　這是一份涵蓋一萬一千多位英國人的大型調查，受訪者年紀從十六歲到七十四歲都有。[8]

　　14.9% 的男人覺得性慾低落，而且即使是二、三十歲精力旺盛的年輕人也有這樣的問題。4.8% 的男人表示缺少性歡愉，5.4% 的男人會在性愛過程中感到焦慮，9.2% 的男人難以達到性高潮。年輕男性較常覺得自己早洩，而超過六十五歲的老年人有

30% 感到勃起障礙。

女人的性煩惱

34.2% 的女人覺得性慾低落，隨著年齡增長，比例逐漸增加。12.1% 的女人表示缺少性歡愉，5.2% 的女人會在性愛過程中感到焦慮，7.5% 的女人有性交疼痛，16.3% 的女人難以達到性高潮，2.3% 的女人覺得太快達到高潮，13% 的女人感到陰道乾澀。

總括來說，41.6% 的男人、51.2% 的女人具有一項以上的性煩惱。除了自己會遇上性功能障礙，伴侶當然也有可能發生，所以「性生活不美滿」似乎是頗為普遍的現象。

經由這些數據，在感到性功能不如意時不要覺得自己是異類，其實有很多人都面臨類似的困惱，只要能夠適時尋求協助，找出問題所在，便有機會改善，擁有性福人生。

第四章

彩虹般的人間顏色

第 25 課

同性戀

胡琴咿咿呀呀拉著，鑼鼓一聲聲地敲起來。

電影《霸王別姬》裡的小豆子因為長得眉清目秀，被師父選作旦角。剛開始練習時，每當小豆子唱到「思凡」的那段「小尼姑年方二八，正青春被師父削去了頭髮，我本是女嬌娥，又不是男兒郎……」，總是會唱成「我本是男兒郎，又不是女嬌娥」，因此挨了不少打罵。後來師哥小石頭受不了了，拿了個菸管猛搗小豆子的嘴，大喊著：「我叫你錯！我叫你錯！」

當滿嘴是血的小豆子，終於字正腔圓的唱出了「我本是女嬌娥，不是男兒郎」時，他的一生，似乎就這麼註定了，全心全意地投入了旦角的狀態，也開啟了令人心碎的故事。

源遠流長的同性戀

早在數千年前的典籍上便已有關於同性戀的記載。《尚書·商書》裡提到了「三風十愆」，即三種惡劣的風氣所衍生出來的十種罪愆，其中的「比頑童」[1]應該就是「孌童」或是「親狎男

寵」。「比頑童」被歸在「亂風」裡，和「侮聖言，逆忠直，遠耆德」擺在一塊兒，較偏向政治層面的批判而非道德上的批判。

春秋時期的衛靈公有位男寵彌子瑕[2]。兩人在同遊果園的時候，彌子瑕嘗到了滋味甘甜的桃子，便將吃了一半的桃子給衛靈公，貴為君王的衛靈公也欣然接受。

至於漢哀帝則是寵幸美男子董賢，與他形影不離。漢哀帝替董賢加官進祿，賞錢無數，而董賢則盡心盡力地伺候哀帝。更特別的是，董賢乃「有婦之夫」，但是哀帝絲毫不以為意，還下旨讓董賢的妻子進宮陪伴。有次哀帝和董賢同床共枕，醒來之後哀帝發現自己的袖子被董賢壓住了，因為不忍心吵醒他，便拿刀割斷自己的袖子，可見憐愛之深。[3] 這兩個故事即為「分桃」、「斷袖」的由來。

同性戀情在歷代皇帝屢見不鮮，也都相當公開。漢代帝王中，包含哀帝，共有十位皇帝喜愛男寵。漢文帝寵幸的是鄧通，甚至還將蜀郡嚴道的銅山賞給了他，並允許他自行鑄幣，使得「鄧氏錢布天下」[4]。除了以男色得寵的人物之外，戰功彪炳的衛青、霍去病，也都是深受皇帝寵幸。[5]

三國時代大名鼎鼎的曹操也有一位男寵，孔桂。根據《三國志》的記載，孔桂擅長下棋和踢足球，深得曹操喜愛，與他同進同出。[6] 雖然是錦衣玉食，不過在曹丕即位之後，便被安上收受賄賂的罪名處死。有趣的是，曹丕自己也喜愛男色，他的男寵叫

做曹肇，曹丕對曹肇亦是寵愛有加，同榻而眠。[7]

魏晉時候，男風更是大為盛行。《晉書・五行志》這麼說到：「自咸寧、太康之後，男寵大興，甚于女色，士大夫莫不尚之，天下相仿效，或至夫婦離絕，多生怨曠，故男女之氣亂而妖形作也。」可見男風成了一種「時尚」，大為風行，還搞到夫婦離絕，問題叢生。

在性開放的唐代，男妓已相當盛行。《清異錄》裡描述：「今京師鬻色戶將及萬計，至於男子舉體自貨，進退恬然，遂成蠱窯巷陌。」[8]顯然當時的性產業裡無論是男娼、女妓都相當興盛。這樣的男妓院在宋代被稱為「象姑館」。

明太祖朱元璋曾經下詔：「凡官吏宿娼者，杖六十，媒合之人減一等，若官員子孫宿娼者罪亦如之。」既然皇帝規定不能找妓女，大夥兒只好轉而尋找男色，讓男風大盛。

《暖姝由筆》裡記載：「明官吏、儒生乃至流寇、市兒皆好男色。」明代士人除了娶妻納妾之外，也常有「書僮」陪伴，這些書僮常常也會成為主人的性伴侶。歷來許多文人雅士皆好此道。

連《金瓶梅》裡風流無數的西門慶都和書僮有過一段：「西門慶見他吃了酒，臉上透出紅白來，紅馥馥唇兒，露著一口糯米牙兒，如何不愛。於是淫心輒起，摟在懷裡，兩個親嘴咂舌頭。那小郎口噙香茶桂花餅，身上薰的噴鼻香。西門慶用手撩起他衣

服，褪了花褲兒，摸弄他屁股。」

　　明代小說集《石點頭》裡對於同性戀有非常生動的描述：
「獨好笑有一等人，偏好後庭花的滋味，將男作女，一般樣交歡
淫樂，意亂心迷，豈非一件異事。說便是這般說，那男色一道，
從來原有這事。讀書人的總題，叫做翰林風月；若各處鄉語，又
是不同，北方人叫炒茹茹，南方人叫打篷篷，徽州人叫塌豆腐，
江西人叫鑄火盆，寧波人叫善善，龍遊人叫弄苦蔥，慈溪人叫戲
嚇蟆，蘇州人叫竭先生。話雖不同，光景則一。至若福建有幾處
民家孩子，若生得清秀，十二三歲，便有人下聘。」不同的地方
對於同性戀有不同的稱號，同性戀情可說遍及南北，更是深入每
一個社會階層。

　　關於同性戀，在《笑林廣記》裡有個故事值得拿來分享。故
事是這樣子，有個喜好男風的男子在深夜裡投宿飯店，與一位老
翁睡在一塊兒。因為老翁沒有鬍鬚，男子便將他誤認為少男，於
是開始挑逗他。由於老翁也好此道，所以欣然相就。在交歡極樂
之際，男子便開口提議要送他衣物飾品，但都被推辭。男子便直
接問他想要什麼禮物，老翁回答：「想要一副好棺材。」[9]

　　從歷史裡我們可以發現，在古代的中國並沒有特別排斥同性
戀情，甚至可說相當公開，也經常出現在小說裡頭。依照過去同
性戀情風行的程度，我們可以推測男人會因為受到教育、文化、
社會風氣等後天因素的影響，而愛上男人。至於有沒有人先天就

是同性戀呢？這個問題令人好奇，更已被科學家爭論許久。

男同志與直男的腦部構造一樣嗎？

　　既然掌管人類行為的是我們的大腦，那男同志與直男（異性戀男）的大腦是否有差異呢？

　　我們的腦袋瓜裡，有許多的分區各司其職，掌管思考、決策、行動等功能。大部分有關吃、喝、體溫調節等基本功能的處理中心位在「下視丘」，而下視丘的功能還包括了處理性行為，因此當科學家想要研究男同志與直男的差異時，就先從兩者下視丘的構造開始。

　　科學家以解剖屍體的方式，比較男同志、直男，以及直女三者「第三間核」[10]的大小，發現直男的第三間核體積最大，而男同志和直女這兩者的第三間核體積較小，僅有直男第三間核體積的二分之一左右。[11]這篇論文在一九九一年刊於《科學》期刊後，引發不少討論，其中最為人詬病的就是實驗樣本數很少，分別是直男十六人，同性戀男十九人，直女的數目更只有六人。而且既然是屍體解剖，那要如何確定這些人過去的性傾向呢？

　　另外，該研究中的十九名男同志均死於愛滋病，而十六名直男中也有六人死於愛滋病。由於當時愛滋病常與同性戀被聯想在一塊兒，所以這個研究亦引發了研究對象中「直男並不直」的懷

疑。另外，就算男同志的第三間核體積真的比直男來得小，該研究也無法回答這點發現究竟是「因」還是「果」？

後來其他的學者就相同主題探究時，並找不到第三間核體積與性傾向之間的連結。到了二○○一年，學者發現女性第三間核的神經元天生較少，因此這個區塊的體積本來就會比較小。而男同志和直男的神經元數目基本上是差不多的，男同志第三間核的體積雖然看似小了點，但談不上真正明顯的差異。所以到目前為止，我們並無法以一個人第三間核的體積大小來預測他的性傾向。

這個學說失敗了之後，科學家又企圖尋找其他的大腦構造，看看是否與性傾向有關。幾個零星的報告指出有其他三個腦內區域可能會影響性傾向，但都缺乏更強力的實驗證實。更重要的是，沒有人能夠確立「因果關係」，於是無法肯定到底是大腦的構造不同，讓男同志愛上男人；還是成為男同志後，大腦的構造會逐漸改變。

雙胞胎哥哥是同志，那雙胞胎弟弟一定是同志嗎？

除了研究解剖構造，科學家當然也把目光投向了帶有人類遺傳密碼的二十三對染色體。我們體內到底有沒有所謂的「同志基因」呢？

尋找「同志基因」的構想暗示著「同性戀是與生俱來的天

性」，這樣的假設讓不少人跳腳。他們認為人類要在自然界中生存，就必須交配才能繁衍，既然同性戀的存在對物種繁衍沒有幫助，那基因庫裡應該沒有理由繼續保有同志基因。

當然也會有人舉手發問：「如果同性戀是與生俱來的，那其他的動物有同性戀嗎？」請別懷疑，這個答案是肯定的。自然界裡已有將近一千五百個物種曾被觀察到有雙性戀或同性戀的行為，從果蠅、企鵝到綿羊，從昆蟲到靈長類，族繁不及備載。可見要用「後天教育」來解釋動物界的同性戀行為，似乎是說不通的。同性戀可能是動物的「天性」之一。

再說，迫於社會壓力，許多同志依舊有異性伴侶，也會生養小孩，並沒有因為是同性戀就失去生殖能力。這樣說來，人類的基因庫中要擁有「同志基因」的機會，也就不是那麼低了。[12]

「雙胞胎」一向是科學家在探討基因影響時的最愛，為了回答「基因對人類性傾向的影響」，千禧年之前的幾份實驗裡，科學家網羅了幾組同卵雙胞胎和異卵雙胞胎，看看當雙胞胎其中一位是同性戀時，另一位的性傾向為何。[13]從綜合研究結果看起來，同卵雙胞胎一起出櫃的機會大約在五成左右，而異卵雙胞胎性傾向的相關性就比較低，降到兩成左右；也就是說，當異卵雙胞胎的其中一個出櫃時，另一位也出櫃的機會大約 20% 左右。

既然，同卵雙胞胎兄弟均是同志的機會，比異卵雙胞胎兄弟均是同志的機率還要來得大，那我們可能會以「基因愈相同，性

傾向愈一致」作結。不過關於這點呢，也有人持反對意見。反對者認為，基因完全相同的同卵雙胞胎，從髮色、膚色到外形幾乎都是一模一樣，假如性傾向是由基因決定的話，為何性傾向沒有一模一樣？

從雙胞胎的研究看來，「後天環境」對於性傾向應該有一定程度的影響。

真的有同志基因嗎？

有的學者直接從同性戀家庭著手研究，[14]經過地毯式調查一百多個有同志存在的家庭後，科學家發現，男同志的「舅舅」和「阿姨生下的男孩」也有較高的機率是個同志。嗯，「舅舅」？「阿姨」？都是媽媽的兄弟姊妹嘛！沒錯，這樣的說法暗示著同志基因應該和母親的遺傳有關。科學家進一步指出，這個從媽媽那邊得來的同志基因，就位在 X 染色體的短臂上。[15]

「同志基因」雖然一時蔚為話題，但是並沒有學者能夠提出更多的佐證，不久之後討論的熱潮就過了。後來，科學家們探索更多的同性戀家庭時，發現用單一基因來解釋性傾向是行不通的，至少還需要其他三個基因，也就是多重基因一起作用，才能夠影響性傾向。

目前最強的同志指標：你有幾個哥哥？

我們剛剛提到的大腦構造、雙胞胎實驗，以及同志基因等說法，都無法獲得令人信服的驗證。不過，自從一個關於男同志兄長數量的研究發表之後，倒是躍升為目前最明確的同志指標。[16]這個研究說，一個男生變成同志的機會，與家中的兄長有關，哥哥愈多，則弟弟成為男同志的機會就愈高，每多一個哥哥，弟弟成為男同志的機會就比一般族群多了33%。有趣的是，實驗結果強調，只有「哥哥的數目」能夠影響性傾向，和姊姊、妹妹，或弟弟的數目多寡都沒有關係，爸爸媽媽的年齡也不會造成差異。另外，這裡所指的哥哥必須是同一位母親所生的「親哥哥」，從別的家庭領養的哥哥並不算在內。研究結果顯示，縱使親兄弟在成長過程中分開了並不住在一起，弟弟成為同志的機會依舊比較高。

讓我們拿小布、裘莉組成的名人家庭來打個比方好了。安潔莉娜裘莉之前領養了兩男一女，與小布生下兩人第一個女兒後，又產下了一對龍鳳胎。請問龍鳳胎裡的小男孩（為方便介紹，我們以下以A寶代稱），以後長大成為同志的機會是多少？

一般說來，男同志占所有男性的2.5%。目前為止，A寶在家中雖已有兩個哥哥，但都是領養來的，與自己沒有血緣關係，因此A寶變成同志的機會與廣大族群無異，一樣是2.5%。不過，我們假設裘莉再度懷孕，生下第二個男孩B寶。這時，擁

有一個親哥哥的 B 寶成為同志的機會就會上升到 3.3%。[17] 假使裘莉再生下第三個男孩 C 寶，那麼 C 寶成為同志的機會變成了 4.2%。[18]

　　親哥哥愈多，弟弟變同志的機會愈高，乍聽之下或許有點匪夷所思。然而，許多研究學者在不同國家作了調查，都發現類似的實驗結果。學者猜測，可能是母親產下男孩的過程之中，男孩細胞進到了母親血流裡。母體偵測到這個外來的男性物質後，免疫系統便會產生抗體。當母親再度懷上男孩時，這些抗體就會進入胎盤，影響胎兒性分化的過程。雖然這個由母體造成的免疫生物學假說被學者接受，但目前還無法確定究竟是哪一種抗體，會影響胎兒的性分化。除此之外，我們還得提醒大家一點，就是至少有一半的男同志並沒有親哥哥，而這個準則也不適用於女同志，因此「親哥哥指標」仍然是無法解答所有性傾向的問題。

性別差異的開始

　　講了這麼多，也許讀者會問：「人或許打從出生就有個男女之別，但是嬰兒真的會知道自己該『愛男生』，還是『愛女生』嗎？」嗯，這個時候我們就要請出男生獨有的「Y 染色體」做說明。[19] Y 染色體的功用會讓男性胚胎形成睪丸，釋出睪固酮改變生殖器官，也會釋放其他物質來抑制女性生殖器官形成。不過呢，在相同的階段女性胚胎不需要釋放什麼激素來促進女性發

育，可說是水到渠成。因此對於性發展，科學家有個說法是「女性是先天預設的性別」。

由於女性是先天預設的性別，在男性胚胎發育的階段若減少了一些激素刺激，腦部可能就會留在預設的女性狀態，保有喜歡男生的性傾向。我們剛剛曾提到，「親哥哥」的存在會讓母親體內出現抗體，這些抗體進入弟弟的胚胎時，可能會影響激素的作用，進而讓弟弟胚胎發育時減少了部分激素刺激，連帶地影響弟弟們的性傾向。

有一個疾病稱為「雄性激素不敏感症候群」，罹患這種疾病的男性雖然帶有 XY 染色體，但其身體和腦部對雄性激素太不敏感，在雄性激素刺激下都沒有反應。因此從外觀上，這些人沒有明顯的男性性器官，像極了女人。而且，這些不曾受過睪固酮「洗腦」的男人在成年之後，幾乎都喜歡男性。[20]

相反的狀況是帶有 XX 染色體的女孩，因為「先天性腎上腺增生症」一病而產出了雄性類固醇激素，患有此症的女生在胚胎發育時，其腦袋瓜受到男性荷爾蒙洗禮，這樣的女生在長大後容易喜歡女生。

從以上的家族統計和研究裡，我們可以看見性傾向的產生與基因、免疫、神經荷爾蒙都有關係。雖然目前科學家仍未找到在分子生物層次的關鍵影響者，但我們可以知道，決定性傾向的因素很多，先天基因及子宮環境都會出現交互作用。

就目前的證據看來，人類確實可能不經過學習，就有喜歡同性的傾向，「同性愛戀」的確是可以「與生俱來」的存在。

教養與性傾向

回到我們最初提起《霸王別姬》裡的小豆子，師傅要小豆子唱出「我本是女嬌娥，不是男兒郎」，一路唱錯的小豆子遭受責罰，最後只能將自己洗腦，打從心底放棄自己是男兒身，才能當個成功的旦角。在這樣的故事裡，教養，或說是後天環境，絕對具有一定程度的影響，讓小豆子認定了自己是女兒身。

曾有學者認為同性戀起源於童年受到了創傷、性虐待、男性去勢焦慮或是僅有母親管教等等原因。不過，其實大部分的同志並沒有受過精神創傷，也多是由異性戀父母養育長大；而且同性戀配偶撫育長大的孩子，多數還是異性戀。

同性戀是病嗎？能治療嗎？

很多家長可能在小男孩只喜歡跟女生玩扮家家酒，或對運動毫不感興趣時，開始擔心起自己小孩的性向。但是讀到現在，你應該已經了解，早在小男孩出生前的胚胎發育階段，他的性傾向幾乎已經定型了。同性戀是人類性傾向的一種正常類別，為人父母者並不需要過度擔心。更重要的是，早在二十多年前，《精神疾病診斷與統計手冊》[21] 和世界衛生組織都將同性戀由當時的疾

病名冊移去。所以，同性戀不是一種疾病！

許多人基於宗教的緣故，將同性戀的存在視為一種罪惡，認為同性關係就是變態。這樣的想法衍生了不少「治療團體」和心理療法。然而到目前為止，沒有證據能夠顯示心理治療足以改變一個人的性向。男同志經過五年心理治療後，幾乎沒有人改變性向，就算是有改變，也很難完全改變。因此世界衛生組織認為這種改變人性傾向的治療團體是「治療一種不存在的疾病」，不但沒有醫學意義，反而會對身體和精神健康形成嚴重威脅。世界衛生組織建議各地政府，應提供正確的性向教育，以消除公眾對同性戀者的歧視與偏見。

確實，「愛男生」或「愛女生」，只是不一樣的生活方式。異性戀並不是生物界裡唯一的標準答案，用盡心力去預測、改變個人的性傾向，並不會帶來好處。愛自己、做自己，並尊重他人的想法，才是最好的選擇。

第 26 課

變男變女變變變

　　「哇，妳懷孕了！恭喜！恭喜！是男生還是女生啊？」這樣的話題大家都不陌生，家長對於孩子的性別也都有著不同的期待。

　　每個人的性別，從精子和卵子結合的那一刻就已經確定了，沒得選擇。隨著年齡，我們會在生理、心理上成為男人或是女人，不過有些時候，逐漸長大的男孩或女孩並不那麼喜歡自己的性別，甚至意志堅定地想要更換自己的性別，就會發展出截然不同的故事。

穿上女裝的男人

　　性別焦慮症（Gender dysphoria）與性別認同障礙（Gender identity disorder）這樣的故事很少人願意談，也幾乎沒有人願意聽；但我們今天的主角，哈利・班傑明（Harry Benjamin）醫師，正是絕佳的聽眾。

　　班傑明醫師於十九世紀末的德國出生長大，後來到美國作學

術研究時正巧遇上第一次世界大戰，從此便留在紐約。起先，班傑明醫師開了間一般科診所，什麼病都看，不過內行的患者都曉得，班傑明醫師專精於荷爾蒙療法，並費心研究如何讓老人延年益壽（班傑明醫師自己後來是以一百零一歲的高齡逝世）。更特別的是，命運的巧合讓班傑明醫師在行醫的後期，被冠上了「變性之父」（Father of Transsexualism）的稱號。

掉進「變性」這個領域，對班傑明醫師來說完全是個意外。

第一位班傑明醫師接觸的變性人，是因為關節炎前來求診的奧圖・斯賓格勒（化名）。當奧圖脫下西裝外套、拉起西裝褲接受檢查時，班傑明醫師觀察到這位有點年紀、已經娶妻生子的男人竟然穿著女性襯衫、馬甲和長襪。

奧圖向班傑明醫師坦白，雖然自己是個有家室的男人，但奧圖最暢快的時光，就是穿著女性的衣物，以一位女人的形象在外頭行走；若無法穿著女性衣物，奧圖會六神無主、坐立不安，甚至想要一死了之。其實，奧圖打從孩提時代起，就一心想當個女生；奧圖喜歡穿女生的鞋子，玩女生的玩具，他也一直充當裁縫師姊姊在製作女性衣物時的模特兒。

打從青少年歲月起，奧圖就三不五時會有流鼻血的毛病，奧圖私心以為流鼻血必定是某種「替代形式的月經」。十歲起，奧圖開始自慰，但是並非使用他的陰莖，而是先穿上女性衣物，再由摩擦雙膝來產生快感。奧圖喜歡長時間凝視女人的照片，不

過，在他腦海想的不是男女情愛，而是畫面中那些女人的靈魂。

　　奧圖的「異性裝扮癖好」曾登上二十世紀初期的醫學書籍和醫學期刊。這些醫學書籍形容奧圖強烈的變裝喜好為「高度藝術性、正直高尚、不特意引人注目、不企圖冒犯任何人」，採用正向態度來肯定喜好變裝的族群特質。也因如此，歐洲各國的警察無法再羅織罪名逮捕喜好變裝的人。

　　雖然交集不深，但奧圖這種與眾不同且強烈的性別認同，讓班傑明醫師留下深刻的印象。班傑明醫師和性學大師金賽博士（Alfred C. Kinsey）為多年知交，經常互相討論醫學上的進展，一九四八年他們剛好都下榻於舊金山飯店時，班傑明醫師意外地遇到了他的第二位變性病人。

痛恨陰莖的男人

　　那是一個名叫貝瑞（化名）的二十三歲男孩。從二、三歲起，貝瑞就只愛穿女生的衣服，也從來不肯像小男孩一樣站著尿尿，堅持要像小女孩一般，或坐或蹲地使用馬桶。接受基礎教育時學校還能夠體諒，但是當貝瑞穿著女裝到高校又堅持使用女生廁所時，校長、主任們可無法接受，貝瑞因此輟學在家學做女紅。

　　貝瑞說，他從不曾勃起，也從未手淫。他一生最大的願望，就是能像女孩子一般找個男人結婚、生小孩。隨著年齡愈來愈

大，貝瑞想要成為女人的欲望就愈強烈，只要低頭看見自己的性器官，貝瑞就會憤怒不已；這種深植的仇恨甚至演變成對父母的暴力攻擊，還曾把父親打到傷重住院。

貝瑞的母親帶著貝瑞四處求醫，雖然沒有前例，但當初看診過的醫師們均被貝瑞強烈的變性慾望所震懾，也相當願意提供手術幫忙。然而，法律的變革總是追不上時代的演進，當時威斯康辛州的法律並不允許貝瑞進行變性手術。貝瑞和母親在百般受阻下，抱持著一線希望來尋求甫出版《金賽報告》的金賽博士幫忙。

在性學方面博學多聞的金賽博士，初次聽聞這樣的案例時也束手無策，因此請班傑明醫師幫忙診視。貝瑞的媽媽一看到班傑明醫師，馬上哭著哀求著：「醫師你看看這個孩子，他就不是一個男生樣啊。我拜託你，趕快把我的兒子變成女人吧。」

班傑明醫師先開立當時還算很新型的藥物「雌激素」給貝瑞使用，讓貝瑞無論在心理上及生理上都獲得極大的安慰。後來，在班傑明醫師的鼓勵和聯絡下，貝瑞三度動身前往歐洲，接受睪丸摘除、陰莖移除，及陰道重建共三階段的變性手術。不過，回到美國的貝瑞馬上改名並且搬家，與班傑明醫師就此斷了聯繫。

與生俱來的變性慾望

自從照顧過貝瑞這樣一個特殊案例後，已經六十三歲的班傑

明醫師開始留意這方面的聲音。班傑明醫師發現，這些想要變性的人，經常是從很小的時候，就發現自己是住在「男孩身體裡的女孩」，或「女孩身體裡的男孩」，他們可能從未看過類似的書籍，沒有其他的資訊來源或是典範，沒有失衡的家庭關係，在孩童時期也沒有受到虐待。

因此，即使當時沒有任何科學佐證，班傑明醫師依然相信，這些人的「變性慾望」是與生俱來的，並非後天學習。他說：「我們能夠學習到任何事物，一切的感覺、思想，和情緒，都是源自於大腦細胞間的交互作用。正因為大腦是個非常複雜的運作體，不同人的大腦構造也都不一樣，所以有些人的大腦會希望變成另一個性別也就不足為奇。」

班傑明醫師運用荷爾蒙療法的專長，替想要變性的案例獲得絕佳的生理變化。不過更重要的，班傑明醫師是個極富耐心的傾聽者，尊重並願意給予患者無止盡的關懷。從他六十三歲到九十三歲的三十年間，班傑明醫師累計照顧超過一千五百位變性人，還和其中許多患者維持書信往來的習慣，透過一字一句的鼓勵，支持這群從小就否定自己性別和生殖器的人。

在班傑明醫師的眼中，這群「靈魂裝錯軀殼」的人，每一位都有著屬於自己的奮鬥故事。有兩位患者本來是一對以天生性別結婚的夫妻，但是在婚後兩人決定要變性「交換性別」。這對夫妻分別接受了荷爾蒙治療、完成變性後，發現彼此依舊相愛，又

再次登記結婚,「老婆變老公」、「老公變老婆」,二度成為夫妻繼續過著快樂的生活。

有位五十二歲、體型壯碩、已有孫子的阿公來找班傑明醫師,如果根據這個阿公級病人的粗壯外形和人生履歷,沒人會相信阿公病人從小就希望變成女生。但是班傑明醫師經過一番評估後,相信這位阿公病人是發自內心想要當個女人,因此提供荷爾蒙療法,再轉介阿公病人到歐洲接受三階段變性手術,術後阿公病人無比暢快,稱自己是「全世界最快樂的女人」。

還有位全身上下刺龍刺鳳布滿刺青,名叫賈奈(化名)的男人找上班傑明醫師。賈奈有酒精和嗎啡成癮的問題,更有好幾回企圖自行閹割。異於他人的性別認知早在賈奈的少年時期就已經開始,愛穿女裝這件事讓他非常困擾,甚至懷疑自己精神失常,深怕隨意顯露內心的欲望,會被當成瘋子,一直都過著人生失敗組的喪氣生活。班傑明醫師除了使用荷爾蒙協助賈奈之外,也幫助賈奈理解自己,進一步與自己的內心和解,接受並且肯定自己。最後,於四十八歲順利變性的賈奈能量開始大爆發,成為白手起家的商場女強人,賺進大把鈔票。賈奈人生最後的二十五年過得風風光光,商場上沒人知道「她」曾是個男兒身。

荷爾蒙療法當然不是變性的萬靈丹。有時候班傑明醫師聽完患者的敘述後,會建議他接受心理分析、上大學修習心理學、建立屬於自己的「態度」。班傑明醫師認為,態度是最重要的,

如果一個人沒有自己的「態度」，就無法決定自己該不該接受變性。

班傑明醫師曾評估病人屬於被害妄想，為了要否認現實，才出現變性的欲望，並非「真心的」變性者。部分患者本身有強烈的性需求，雖然想變性卻不敢手術，他們希望醫師能夠保證變性手術後的人工陰道可以帶來高潮，才願意接受手術。但就班傑明醫師的觀點，患者一定要強烈否定自己的第二性徵，且會想要變換生理性別特徵，才符合變性的條件，不應該事先考慮變性後的重建性器官能否帶來性高潮。

大兵變尤物

「變性」對個人而言，需要克服生理和心理的關卡，但是最嚴峻的挑戰可能是整個社會的認知與態度。

班傑明醫師最著名的患者，莫過於二十七歲的前美國大兵喬金森（George William Jorgensen）。喬金森雖曾至前線作戰，卻認為自己的陰莖沒有發育完全，因此開始服用女性荷爾蒙，並遠赴丹麥接受摘除睪丸及移除陰莖兩個手術，變身成為克莉絲汀·喬金森（Christine Jorgensen）。

喬金森的故事在一九五二年十二月一日登上《紐約每日新聞》的頭版，斗大標題寫著「前美國大兵變身金髮尤物」（Ex-GI Becomes Blonde Beauty）。雖然當年報紙內容誤指克莉絲汀

是史上第一位成功變女性的男人，但這個挑戰禁忌的故事確實讓話題發酵。

　　隔年二月克莉絲汀從丹麥回到美國，馬上變成媒體爭相報導的名人，因為她美得渾然天成。她的一舉一動、一顰一笑，在記者會上穿著的皮草，活脫脫就是五〇年代美國典型的金髮尤物。媒體爭相報導成功大變身的克莉絲汀，她的故事不僅讓有變性慾望的人們滿懷希望，更啟發了一些心理學家、律師，甚至高中生，願意挺身為變性人爭取該有的權益。

　　克莉絲汀回美國後，由班傑明醫師接手荷爾蒙治療，他們長期維持通信的習慣。親眼見證克莉絲汀的故事，班傑明醫師就鼓勵克莉絲汀建立變性人的心理支持系統，讓更多想要變性的人能夠勇敢地面對自己。

　　克莉絲汀回信告訴班傑明醫師：「你知道的，過去我不喜歡自己被攤在陽光下檢視。但後來想想，媒體願意注視我似乎也沒什麼不好。現在我希望的是，若『克莉絲汀變性人』這個稱號能逐漸變得稀鬆平常，那麼下一個變性人出現時，大家就不會再大驚小怪。我所做的事情當然比不上促進變性醫學發展的醫生們，但希望藉著上帝的指引，和班傑明醫師你如此的幫忙和信任，未來我們會一起讓這個社會更了解變性人，並且加入我們，為我們奮鬥。」

　　在當時的社會環境下，許多醫師見到想要變性的病患，都直

覺地認為這些人腦袋有問題，所以醫師可能會建議應該把這些病人關到精神病院，讓病人接受電痙攣療法，或是接受開顱手術將部分腦組織切除。為了不讓自己被當精神病患，許多從小就厭惡自己性別的人，只能不斷壓抑內心的想法，背負著強大的罪惡感抱憾終身。而變性後的克莉絲汀願意接受班傑明醫師的建議，活躍於戲劇和夜店演出，其實是很不簡單的事。憑著機智直爽的言談，克莉絲汀告訴大眾，變性者並不是毒蛇猛獸；她也到各地演講，為爭取變性人的權益發聲。

愛上自己的不平凡

　　經過班傑明醫師及克莉絲汀等人的努力，六十多年後的今天，透過手術及荷爾蒙治療來改變性別已是稀鬆平常的事情。雖然變性人依舊時常被貶抑地稱為「人妖」，但是，我們應該經由教育讓大家曉得，生物本來就存在著複雜的多樣性，歧視或貶低不同的樣貌，並不是社會該追求的標準答案，而是最野蠻的剝奪。就像班傑明醫師曾經寫過的：「與其治療病人，我覺得教育整個社會，讓大眾富有邏輯思考的能力，和願意體諒了解的真心，或許是更重要的。」

　　相信有不少人從小就感覺到自己是被困在男兒身的女性靈魂，或被困在女兒身的男性靈魂，他們被迫戴上面具、披起盔甲，想盡辦法隱藏自己真實的感覺與想法，卻終究無法欺騙自己

的心靈。這條路走起來崎嶇艱難，也很容易在足以癱瘓自我的罪惡感中崩落瓦解。

　　有「變性之父」稱號的班傑明醫師，除了用專業的荷爾蒙治療，幫助變性者改變生理狀況，更還陪著許多變性人，度過這段險峻的轉變期。班傑明醫師持續與患者通信，讓變性人逐漸接納且了解自己，不再將自己的特殊視為一種缺憾，進而擁抱自己的差異，找到屬於自己生活的意義，享受這段相當與眾不同的生命旅程。班傑明醫師那誠實及溫和的態度，讓他成為令人尊敬的醫者與長者，也寫下一頁不凡的篇章。

第 27 課

山腳下的變性之都

「唉呀，我的朋友，今天怎麼會有空來找我啊？」史丹利·拜博[1]醫師笑著問走進診間的女士：「有什麼需要幫忙的嗎？」

「拜博醫師好。」這位女士拉椅子坐了下來，有點局促地道：「上次那位兔唇的孩子，經過你的手術後，現在看起來可是俊俏得很呢！」原來，這位女士是名社工，有時會轉介個案來讓拜博醫師開刀，兩人早已熟識，她對拜博醫師的手術技術相當推崇。

「這次……」女士小心翼翼地詢問著：「是我自己想要開個刀，你願意幫我嗎？」

拜博醫師爽快地回答：「當然沒問題！你要開什麼刀？」

女士吸了口氣，緩緩地說：「我需要做變性手術。」

「那是什麼？」拜博醫師一臉愕然。

「其實，我是個男的。」女士說。

拜博醫師從來不知道眼前這位認識已久的老朋友，竟然會是男兒身。雖然舊有的認知受到衝擊，但從韓戰退役的拜博醫師自

認沒有什麼手術難得倒他，想了幾秒鐘，馬上回答：「好，我幫你做手術，不過我得準備一下。下次你來的時候我們再敲定手術時間。」

變性的開端

這是發生在一九六九年美國科羅拉多州小鎮的真實故事。這個小鎮名為特立尼達[2]，僅有數千位居民，過去曾以煤礦為主要產業。聖洛菲爾山醫院[3]是鎮上唯一的醫院，醫院設有七十個床位，大部分是慢性照護的老人，其中只有二十五床是急性病床。

拜博醫生畢業於愛荷華大學醫學院，甫出道就投身軍旅，成為韓戰中外科行動軍醫院[4]的主要外科醫師。戰爭的磨練讓身高不到一百六十公分的拜博醫生變成了一個硬漢，曾經創下連開三十七台手術的驚人紀錄。（開完第三十七台手術後，體力透支的拜博醫師就暈了過去。）

韓戰結束後，拜博醫師四處找工作，後來聽聞聖洛菲爾山醫院缺外科人手，就搬到此處成為當地唯一的外科醫師。本來，他只打算待個一、兩年，等找到其他的醫院，就要離開。沒想到，洛磯山脈下的小鎮風光讓拜博醫師著迷，他還在小鎮東方買了個牧場。而且，拜博醫師總想到，如果他離開了，那這幾千位居民生病需要開刀時，到底要找誰幫忙呢？於是他決定留下來幫助病患，各種手術都開，拜博醫師因此成為小鎮上的名人。居民知

道，不管要開什麼刀，去找拜博醫師就對了。

雖然從未聽聞過變性手術，但是當社工透露自己是男兒身想要變性時，拜博醫師卻也沒打算拒絕。他說：「人家把這麼重大的事情託付給我，我得好好研究怎麼做才行啊。」

拜博醫師寫信給當時美國醫院的龍頭——約翰‧霍普金斯醫院[5]，約翰‧霍普金斯醫院在一九六六年剛完成全美國第一例完全變性手術。拜博醫師向約翰‧霍普金斯醫院討來了當時的手術紀錄，自己先根據手術紀錄單推敲一番，後來還與主刀第一例完全變性手術的醫師通電話討論。在腦海裡反覆演練之後，拜博醫師於一九六九年在聖洛菲爾山醫院進行了第一個變性手術。

後來回想起那場手術，拜博醫師總是帶著苦笑，說：「手術不困難，只是當手術完成時，我自己對那個（指重建後的陰道）的外觀實在很不滿意。」不過，順利從「他」變成「她」的社工本人可是相當滿意，她告訴拜博醫師：「你幫我重建的陰道，是有『功能』的呢！謝謝你，我對現在的性生活十分滿意。」

聲名遠播的變性手術

聽到病患的感謝，拜博醫師本來以為自己只是又征服了一項手術。沒想到，變性成功的社工替拜博醫師大肆宣傳，消息也漸漸傳開了。在一九七〇年代，願意做、且會做變性手術的外科醫師可說是少之又少，但變性手術的需求量卻比想像中還要多得

多。因此，愈來愈多想要變性的人們湧進特立尼達小鎮，找拜博醫師動手術。但是，畢竟聖洛菲爾山醫院是教會醫院，醫院高層都是修女，剛開始拜博醫師還有點為難，不太敢讓修女們知道自己進行這樣的手術，甚至刻意隱藏這些人的病歷和手術紀錄。

不過，來求診的人實在太多了，想要藏也藏不了。拜博醫師於是向醫院分析，因為一般保險並不會給付變性手術，想要開刀的人都得付現金，更何況手術費用並不便宜，如此一來可以讓這間小小醫院獲利大增。另外，想要變性的人前往特立尼達小鎮開刀時，還會拉上幾個親朋好友陪伴，而這些人至少會入住旅館七、八天以上，對煤礦業正逐漸蕭條的特立尼達小鎮來說，能增加不少旅宿業收入，更是件好事。

醫院的高層敲了敲算盤，同意拜博醫師的說法，拜博醫師終於可以光明正大地實行變性手術。雖然，愛開刀的拜博醫師依舊是來者不拒，什麼刀都開，但是找他開刀的人逐漸一面倒地轉為想要變性的族群。拜博醫師的行程滿檔，有時候一天得排上四台變性手術，三十年下來，拜博醫師個人累計開了五千八百台變性手術，是美國紀錄保持人。

絕大部分拜博醫師的患者是想要從男生變成女生，當然，拜博醫師也會實行女變男的手術。拜博醫師曾經把來自喬治亞州的「三兄弟」，變成「三姊妹」；也曾經把一個體重一百一十三公斤的橄欖球後衛變成女生；年紀最老的患者是一位八十四歲的火

車技師，也要求要從男生變成女生。拜博醫師回憶，他曾有個病患從男生變女生之後，順利結婚，嫁給了一位婦產科醫師，而病患的老公從未發覺老婆曾是男兒身，可見變性手術之成功。拜博醫師的服務還遍及影星、法官、政治人物，來自世界各地的各行各業都有。特立尼達小鎮也因為變性手術爆紅，從此有了「世界變性手術之都」[6]的響亮名號；甚至在當時，「我要去特立尼達小鎮旅遊」一詞，就是「我要去做變性手術」的委婉說法。

　　隻手改變特立尼達小鎮命運的拜博醫師直到高齡八十歲時依舊生龍活虎，熱愛著開刀這檔事。可惜，保險公司並不會優惠改變城市命運的重要人物，在二〇〇三年時，他們向拜博醫師要求每年三十萬美元的天價保費。（美國少數的州政府規定，醫師一定要先有「醫療糾紛保險」才能執業。科羅拉多州正是其中之一。）也就是說，服務廣大民眾的外科醫師，一年要先繳交接近新台幣一千萬元的保險費，才能夠合法地去幫病人開刀。

　　繳不起保費的拜博醫師別無他法，只能無奈地任由衛生當局勒令歇業。可是，這樣一來，那些想要變性的人，到底該何去何從呢？再者，特立尼達小鎮「世界變性手術之都」的名號如此響亮，說不做，就不做，這樣子醫院和旅宿業的收入該怎麼辦呢？

變性手術的接班人

　　因此，拜博醫師從美國西雅圖網羅到瑪西・鮑爾醫師[7]，繼

承變性手術的事業。四十五歲的瑪西醫師是位傑出的婦產科醫師，曾經接生超過兩千個嬰兒，還被評選為二〇〇二至二〇〇三年間的「全美百大良醫」。身為成功的婦產科醫師，年紀也不小了，為什麼瑪西醫師要放棄聲名遠播的婦產科專業，從西雅圖大城轉到特立尼達小鎮，重新學習變性手術的技巧呢？

因為瑪西醫師從前的名字不是瑪西·鮑爾，而是馬克·鮑爾[8]。是的，你猜對了，瑪西醫師自己就是變性人。

瑪西醫師從十九歲開始，就有從男變女的強烈欲望，可惜在當時，純粹變性手術的費用高達兩萬美元，如果還要再加上其他許多部位的整形手術，手術費用加總之後會高達十萬美元。因為家人不支持，十九歲的瑪西醫師自己當然湊不出手術費用，因而放棄變性的欲望。之後，瑪西醫師從醫學院畢業，成為婦產科醫師，期間娶妻、生下三個小孩。然而，瑪西醫師依舊強烈地希望自己能夠變成女生。最後，瑪西醫師湊足了變性手術的費用，並獲得妻子的首肯，在三十九歲那年從男生成為女生。

變成女生後，瑪西醫師和妻子的關係仍然相當良好，情同姊妹，他們維持著法律上的婚姻關係，共同撫養著三個小孩。不過，瑪西醫師的同事可就沒這麼寬容溫馨，使得瑪西醫師在重啟婦產科事業時嘗到不少苦頭。對此，瑪西醫師表示：「變性這條路就好像企圖踩著蓮花葉走過蓮花池一般。每一步，你都得小心翼翼，不然就等著掉進池子裡弄得滿身汙泥。變性手術會花你很

多錢，並用光你的勇氣，因此需要縝密的計畫才能行事。」

當瑪西醫師聽聞美國變性達人拜博醫師無法執業之後，她沒有思考多久，就答應拜博醫師的邀約，動身前往特立尼達小鎮，向拜博醫師學習變性手術的技巧，成為聖洛菲爾山醫院的新任變性手術醫師。

身為一位曾經歷跨越性別的人，瑪西醫師從不企圖隱瞞這樣的過去，反而會以過來人的身分，熱切地為病患服務。在手術上，瑪西醫師會更加注意到許多細節，讓變性手術不僅只有改變「外觀」，還會講求「功能」。病人對她的評語都相當好：「她是和我們站在同一陣線的。」「因為她是我們的一份子，為了我們，她絕對會盡力做到最好。」「我們非常信任瑪西醫師。」

瑪西醫師知道，這些經歷變性手術的人，在變性後不僅可能丟了工作，還可能會遭到親朋好友的遺棄。因此，瑪西醫師於醫院成立支持團體，在過渡時期輔導變性人。瑪西醫師四處演講，甚至還參與過一次 CSI 犯罪現場的演出，為的就是替變性人發聲、爭取認同及支持。從不喊累的瑪西醫師說：「我真的很高興我幫得上忙。」瑪西醫師在聖洛菲爾山醫院時，一年完成一百三十台以上的變性手術，至少為醫院帶來一千六百萬美元的手術收入，也帶動了周邊旅宿業的經濟效益。

至於拜博醫師，他對於被勒令停業這件事相當不滿意。被迫退休的拜博醫師於是勤於牧場的工作，用行動證明自己身體硬朗

得很，在特立尼達小鎮上常會看到他趕著牛群的身影。然而，因為拜博醫師的不服老，在冬天硬是親自趕著牛群到隔壁城鎮兜售，途中染上了肺炎，於二○○六年因肺炎併發症而去世。

　　二○一○年十二月瑪西醫師離開科羅拉多州，轉往加州的醫院，繼續為有變性手術需求的人服務。特立尼達小鎮那「世界變性手術之都」的響亮名號，或許會逐漸被世人淡忘。然而被稱為「變性手術醫師中的搖滾巨星」的瑪西醫師表示，她身為唯一一位具有變性人身分的變性手術醫師，絕對會繼續堅守著工作崗位，為更多人服務。

第五章

性愛醫學史

第 28 課

充滿性愛的文字

　　「性」是人類生活中的重要大事，在遠古時代老祖宗的眼裡，性應該就跟吃喝拉撒一樣稀鬆平常。

　　你可以閉上眼睛，想像自己回到五萬年前的一處洞穴裡，雖然空間不大卻足夠遮風避雨，這兒有個小型的人類聚落。白天大家會外出獵捕野獸或採集樹上的果實，夜裡則回到洞穴。人們對於自然界的了解仍十分有限，不過已曉得使用火，也會製造一些工具或武器。雖然沒有人教，但在性慾的驅動之下，老祖宗們早已發現經由性器官的交合可以獲得無以名狀的強烈快感，而且性行為還會讓女人的肚子愈來愈大，並在九個月後出現陣痛，產下小嬰兒。在他們眼中，這一切是如此的奇妙且神祕。不難理解，世界各地的文明都存在對於「性器官」、「生殖能力」的崇拜。手藝靈巧的人們在進行創作時自然會以「性」為主題，留下許多相關的壁畫或雕刻，這些都是正面的歌頌與讚美。

　　隨著社群擴大，為了方便溝通，人類發展出各式各樣的符號與文字系統，毫不意外的「性」也成為了不可或缺的一員。

性器官的象形文字

與性相關的象形文字中，有個相當直接好懂的 🔱，很顯然這個圖像正是勃起時聳立陰莖的象形，演變到後來成了「且」（音ㄐㄩ）這個字。所以男人的自慰也被稱為「擼且」，非常生動。

「且」這個字的外型與神桌上供奉的神主牌很相似，這應該也是人類對於生殖能力的崇仰。在「且」的旁邊加上代表祭祀的「示」，便成了祖宗的「祖」。因為有了陰莖才能夠生殖，使人類得以代代相傳，所以早期的人類社群會祭拜陰莖的雕像或是用「且」來象徵宗族血脈的根源。

相對於 🔱，𠂤 則是女性外陰的象形，簡單的幾筆描繪出了陰道與陰唇。這個象形字演變到後來變成了「也」。《說文解字》裡直截了當地寫：「也，女陰也。象形。」

如今，「也」是個虛字，大多是用作語氣助詞，像是「何也」、「非也」。看到這兒，許多人的心中難免感到疑惑，想不明白為何「女性外陰」會和「語氣助詞」扯上關係。

其實並不奇怪，你只要稍稍回想，就能夠發現在俚語中有許多與性相關，表達情緒的語氣助詞，頗為粗俗但也很常聽到，例如粵語的「屌」、閩南語的「幹」、北京話的「操」或是英文中的「Fuck」等。

不只有現在的人這麼用，流傳於兩千多年前的詩歌裡也有這

麼一段：「子惠思我，褰裳涉溱。子不我思，豈無他人？狂童之狂也，且！」[1]

這段歌謠描述了年輕男女間的打情罵俏，頭幾句的意思是，「如果你想我，就該提起長衫渡河來看我。如果你不想我，難道我還怕沒別人愛嗎？」口氣中帶了點撒嬌，也帶了點兒輕嗔薄怒。最後一句是在給對方撂話：「你這小子可別太狂妄啊！」講完之後，還活靈活現地加上了一個「且！」這樣的用法和時下年輕人所說的「屌啊！」幾乎是如出一轍。

「也」即女陰的本意雖然已經消失了，但是我們依然能在其他的字裡找到一些線索，像是「地」和「池」分別是可以孕育、涵養萬物的土壤與水潭。在先人的眼中，這都是彌足珍貴的生殖能力。

♀和♉這兩個圖像的主體是男性與女性的生殖器官，在畫面的呈現上可說是「特寫鏡頭」。若將鏡頭拉遠我們可以找到這個字✄，這個圖像彷彿便是一隻手握住一根「棒子」，後來成為「父」字。對於這根「棒子」的解釋有幾種，有人認為這根棒子是斧頭之類的工具，代表著「手持斧頭勞動的男人」；有人認為這是「手持棍棒管教孩子」的意思；另外最簡單直接的想法，認為這根「棒子」就是陰莖。讓咱們一一來分析。

從石器時代開始，人類開始製作各種工具，石斧可以拿來打獵，當然也可以用來挖掘、農作，這些工具應該不會專屬於男人

或女人。第一個說法恐怕較不可靠。

第二個說法認為「父」是「手持棍棒管教孩童的男人」。這說法也有幾個疑點。首先,母親也可能拿棍棒管教孩童,我們顯然很難用此來判斷那隻手的主人是男或是女。另外,在早期的人類社會並非「一夫一妻」制,當時大多屬於「多夫多妻」。在雜交的狀況之下,其實男人完全不曉得那些是自己的後代,所謂「養不教,父之過」的概念想來尚未成形。

第三個說法認為「棒子」即為陰莖,如此一來肯定就是個男人。當然有人會批評這個說法太過「低俗」、「下流」,不該成為文字的圖像。不過,如同我們在開頭所說的,「性」對先人而言乃生活的一部分,是如此的重要且神聖,全然非關羞恥,以性的形象來造字是非常直覺也很正常的事。

與「父」相對的「母」在甲骨文中是這個樣子ϕ,和甲骨文中的「女ϕ」只差了兩點,這兩點代表的是因為懷孕生產而特別隆大的乳房。由此可見,依照身體的特徵來造字是非常自然的做法。

除了古中國之外,古埃及同樣造出了許多象形文字,其中⌒指的是女性,而⌒指的是男性,皆是一看就懂的符號。將這些符號拼湊起來即代表了生育、孕育的意思(右圖)。

以上這些個象形文字都屬於比較具體的圖像，不過為了能夠組合出更多的文字，人們漸漸會發展出簡化的符號來代表男性和女性，於是乎代表性別的三角形就出現了。

性別三角形

會以正三角代表男性 △，以倒三角代表女性 ▽，很可能是依據人類的另一項第二性徵「陰毛」。由於男性的陰毛會往上延伸到肚臍，形成正三角形，而女性的陰毛分布則會是倒三角形。早期的人類社會利用這樣的特徵來區辨性別是很直覺的做法，亦出現在不同的文明中。當男性與女性結合時，就可構成我們所熟悉的六角星 ✡，猶太教將此視為吉祥、神聖的標誌，在以色列國旗的正中央便是六角星符號。

這個字裡有兩個三角形交會，應該也是描繪兩性的結合，後來演變成了「予」，蘊含給予、賦予的意思。

這個字同樣具有正三角形與倒三角形，旁邊的三撇代表「眾多」，傳達了「眾多男女聚在一塊兒」的意思，男男女女聚在一塊兒的目的不言而喻。如今，演變成「會」，也就是我們經常使用的晚會、聚會、舞會、宴會。

甲骨文中的「合」長這樣，和現在的樣貌非常相近。《說文解字》認為「合，合口也。」兩張口能夠碰在一起，當然傳達了親密、調情、相愛的意思。不過，有人認為許慎的說法太含蓄

了，⿱合所傳達的恐怕不僅止於接吻，而是性交。上方的正三角代表的是男性的陰莖，下方則是女陰，放在一起乃是兩性交合的意思。

在早期的人類社群，性並非禁忌，不過隨著人類社會的規模愈大、結構愈複雜，便需要出現某些規範，讓社會得以運行。⿱侖這個字挺讓人玩味，有人認為上方的是張開嘴巴，下方的是竹簡、書冊，湊起來是在評論、說理、說教的意思，漸漸演變成了「侖」。後世將這些社會規範稱為倫常、倫理。

另一個說法則相當直白。上方的正三角形代表男性生殖器，而下方的是柵欄的圖像。將生殖器和柵欄擺在一起，所傳達的是「禁止性交」的意思，同樣蘊含了社會規範的觀念。這兩種說法似乎都有道理，但是後者較為直覺。畢竟在幾千年前識字的人口極為稀少，假設我們希望張貼告示傳達某些規範，便應該採用簡單好懂的圖像。例如現在我們所看到的禁菸標誌，縱使不識字亦能一目了然。

看完與正三角形有關的字後，讓咱們來看幾個與倒三角形有關的字。

⿱文這個字很簡潔，倒三角形加上一豎。如果將倒三角形視作女陰，那遮蓋在上頭的這一豎，或許就是古早的「衛生棉」。過去當然沒有拋棄式的衛生棉，月經來潮的婦女會將「衛生帶」圍在胯下。是以，當女孩子開始使用衛生帶時，便是性成熟、具

備生殖能力的表徵。Ψ演變為「才」，在《廣韻》中這麼解釋，「才：用也，質也，力也。」其中蘊含了「能力」的意思。

X可能和月經也有關係。於倒三角形下方出現三道像水流的線條，大概就是代表從女陰流出的月經。在尚未明白生理學的年代，人們見到經血應該多少會感到害怕，而認為不宜性交。X演變為「不」，具有否定的意味。

如果在「不」的下方加上一橫成為「丕」，可以代表月經停止。過去人類的平均壽命很短，由於疾病、外傷、傳染病皆無法有效治療，使得舊石器時代的男性平均壽命只有三十五歲，女性更只有三十歲。[2] 因為鮮少有婦女活到自然停經的更年期，所以當婦女月經停止的時候，通常就代表懷孕，肚子將一天天大起來。這種概念頗符合《說文解字》的解釋「丕，大也。」

由「丕」衍生而來的「胚」，在《說文解字》中是這麼說的：「胚，婦孕一月也。」基本上婦女懷孕一個月時，小腹尚未隆起，唯一較明顯的改變就是月經停止。可見，依循此脈絡來解釋「不」、「丕」、「胚」是說得通的。

最後讓我們來看個眾說紛紜的字「西」。在甲骨文中的西為 ⿻，《說文解字》認為這是鳥巢的圖像，故云「西，鳥在巢上，象形。日在西方而鳥棲，故因以為東西之西。」也就是說日落之後鳥兒紛紛歸巢，所以用鳥巢來代表西方。

除了鳥巢，亦有人認為金文中的「西」 ⊗ 和「鹵」字很相

像，「⊗」是鹽鹵罐的圖像。食鹽為生活必需品，既可以佐餐也能夠醃漬保存食物，是相當重要的物資，所以食鹽交易在很久以前就應該存在。過去，位居西方的巴人善於用鹽鹵罐製鹽，使這個符號漸漸成了「西方」的代表。

另有一說，認為 ‡ 在甲骨文中代表的是「玉」，彷彿是玉石裝在袋子裡的模樣。玉石會和西方聯想在一起，是因為殷商時期的雍州。雍州的貢品為「璆琳琅玕」，璆琳與琅玕皆為玉石的名稱。由於雍州位於西邊，也就成了「西」。

既然有人用物品來解譯象形文字，當然也能用人的行為來做解釋。在上古時代人們的眼中，太陽具有陽剛的意象，而大地則是孕育萬物，兩者經常代表了男人和女人。每一天，人們都能看到太陽由西邊沒入大地，在字彙有限的狀況下，想要描述這樣的概念，很可能會借用生活經驗。若將 視為女陰，沒入其中的那一豎就是男人的陰莖。如此一來就能將「男性沒入女性」的意象連結到「太陽沒入大地」，並稱之為「西」方。

與「西」相關的「堙」，上方為「西」下方為「土」，有學者將「士」和「土」皆視為男性生殖器的象形，如此一來「士」進入「西」似乎也與性行為有關。《說文解字》認為「堙，塞也。」或許算是婉轉的說法吧。

生殖在人類生活中扮演極為重要的角色，對各種生命型態而言也都是必要的目的，文字中會充滿性愛一點都不奇怪，畢竟人

類就是以自身經驗來理解這個世界。好比在面對雷鳴閃電時，人們會解讀為「老天震怒」；遇上天搖地動的地震時，會解讀為「山神發威」，皆是以人的行為來解釋自然現象。

　　站在先人的觀點，用這樣的角度來解讀，象形文字彷彿變成了一幅幅生動鮮活的畫面，一幕幕演著上古時候的喜怒愛惡欲。

熱鬧非凡又害羞無比的陰莖祭典

　　生殖崇拜在人類社會中極為常見，世界上許多文明都能找到供奉生殖器官的寺廟。

　　位於日本神奈川縣的金山神社，祭拜的是「金山比古神」和「金山比賣神」，每年四月的第一個周日會舉辦熱鬧非凡的「金魔羅祭」（かなまら祭）。「魔羅」就是咱們這兒的「雞雞」、

人們扛著粉紅色的巨大陰莖出巡。（圖片來源：Takanori@flickr）

金山神社的旗幟直接畫上陰莖圖騰。

五顏六色陰莖造型的蠟燭。

黑色的鋼鐵陰莖是遊行的主角。（本
頁圖片來源：Guilhem Vellut@flickr）

金山神社裡的陰莖塑像。

田縣神社裡的巨大木刻陰莖，
豐年祭時會扛出來遊行。

田縣神社供奉著各式陰莖雕刻。

田縣神社裡陰莖造型的鈴鐺。
（本頁圖片來源：Nao
Iizuka@flickr）

「老二」、「LP」，解剖學的正式名稱就是「陰莖」。

因為日文裡「金山」（kanayama）和「金魔羅」（kanamara）發音相近，後來就發展出了這麼一個精彩非凡的「金魔羅祭」。

金山神社裡有許多大大小小陰莖造型的雕像，有木造的、有鐵打的。店家也會販賣各種陰莖造型的飾品、蠟燭、護身符、棒棒糖等，應有盡有。慶典當天，大家會扛著巨大高聳的陰莖遊行，把整個街道擠得水洩不通，數百年來，人們便是用這樣的方法來祈求多子多孫、五穀豐收。

另外日本愛知縣的田縣神社亦是供奉陰莖的神社，每年三月十五日會舉辦豐年祭典，而日本新潟縣ほだれ神社每年三月的第二個週日會舉辦「越後奇祭」，皆是有名的「巨根祭」，若有機會到日本旅遊，可別錯過呦！

第 29 課
陽具、乳房相命術

　　算命仙喜歡用面相、手相來論命斷運，除了看痣、看眉型、看人中、看耳朵之外，他們連陰莖、乳房、腋毛、陰毛都不放過。

陽具論命格？

　　擁有雄偉的生殖器是許多男人的願望，但是在相命術中卻有截然不同的看法。雖然我們無法想像有人會掏出那話兒給算命仙品頭論足，不過相命教科書上卻都言之鑿鑿。

　　相傳由明代袁珙所寫的《柳莊相法》主張陰囊的顏色要黑，紋路要細，不可下垂；若是溫暖會生貴子，若是冰冷，則子嗣較少。至於陰莖，因為外形狀似伸長頸子的烏龜，所以古人暱稱陽具為「靈龜」，而所謂的「養靈龜」便是壯陽的含蓄用語。相命師認為陰莖小且白堅者命貴，若是太大、太長、太黑或不舉則是賤命。柳莊居士還說陰莖小且秀氣的人，妻好、子也好。[1]

　　另外有段評論陰莖的說法相當傳神，「彼累累垂垂者皆下流

人物，大而無當，俗謂『癡鞭』。男子陽道不在長而巨，而在龜頭棱高而肥。」文中用「累累垂垂」來形容陰莖實在頗為生動，還直白地稱其為大而無當的「癡鞭」，令人莞爾。他們認為陰莖的重點不在又大又長，而在於龜頭棱高而肥。接下來他們將覆蓋於陰毛之下僅露出龜頭的陰莖，比喻成草叢裡的珍珠，而寫下「草裡藏珠是貴人」這句口訣，很有意思。[2]

這些相術被奉為圭臬代代相傳，後人也努力添油加醋，到了二十世紀初，陽具相命術已經發展成了一大篇。相命師們是否曾經細細考察男人褲襠裡的那話兒，我們不得而知，但是他們可都長篇大論說得頭頭是道。底下是《公篤相法》[3]中的「玉莖條解」：

公篤曰。玉莖者。靈龜也。五行屬水。五臟屬腎。子女之根源。人類之關鍵。亦有考查之必要。

一、紅實：紅實者。稟受之氣清也。其先天之靈根不同。父母之環境安好。主妻妾賢淑而和順。又能操持助夫。以立業也。子女得力。以發達也。

二、白瑩：白瑩者。氣清而根厚也。有離奇之思想。智敏之有恆。子女多而成立。為成而宏恢也。

三、活龜：活龜者。能屈能伸。而有收藏性也。其人聰敏靈巧。具有遠大眼光。剛正不屈。貴名有成。技藝廣譽。又多子女。而有厚祿。次亦是衣食而完善也。

四、死龜：死龜者。大而不收藏。如已死龜頭也。此為下賤之人。勞苦之相。應船夫水手。肩挑背磨也。

五、囊紋：囊紋者。腎囊多皺紋。如核桃米也。其紋多者。主享大壽。其痕皺露者。主聰慧而特智。其紋痕少者。主才智短而壽弱。無紋痕者。不夭亡則孤苦也。

六、熱精：熱精者。其精熱而濃也。此為應有關系。主有子女也。愈熱而子女愈多。無疾而易養也。

七、冷精：冷精者。其精冷而稀也。此為反常關系。主無子女也。是名孤刑。及不壽也。如稍冷者。亦有子。多疾厄。而不易養成也。

八、獨腎：獨腎者。一個腎子也。主宏恢而富業。多進田宅。又主弟兄和睦。內顧無憂。妻妾才能。內助有力。子女少而壽微弱也。

紅實與白瑩是看陰莖的顏色，「紅實」應是指龜頭紅潤，但是「白瑩」就比較難理解，有可能是外表光滑的意思。「能屈能伸」的陰莖被視為活龜，代表男人是聰敏靈巧、眼光遠大、剛正不屈、貴名有成、技藝廣譽。雖然相當籠統，不過相命師的說法肯定會讓許多男人暗爽不已，欣然接受。相對於活龜的是「大而不收藏」、粗長疲軟的陰莖，這種被視為下賤之命、勞苦之相。

「囊紋」便是陰囊表面的紋路，紋路多的人聰慧長壽，紋路少的人智短壽弱，缺少紋路的人，若非早夭便是孤苦。其實陰囊

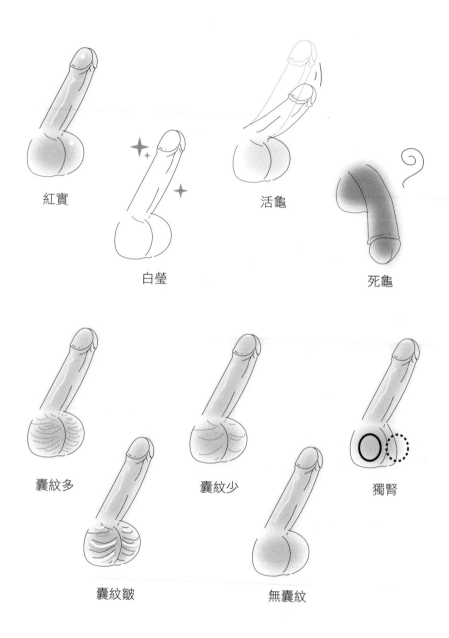

紅實

白瑩

活龜

死龜

囊紋多

囊紋少

獨腎

囊紋皺

無囊紋

上的皺褶主要受到提睪肌影響，提睪肌收縮時，睪丸會貼近身體，反之提睪肌放鬆時，睪丸會遠離身體，這是用來調節睪丸溫度的機制，和長壽、智慧云云實在扯不上關係。

「熱精」與「冷精」是評估精液的狀態，精液又熱又濃的人，子女較多且較好撫養；精液又冷又稀的人，子女較少且較難撫養，疾病多困厄多。

最後提到的是「獨腎」，亦即陰囊中僅有一顆睪丸，術士認為這是好事而讚譽有加，他們說這種男人會宏恢富業、多進田宅、弟兄和睦、妻妾有才、內助有力。但是現在我們曉得，「獨腎」就是單側隱睪症，這是由於胚胎發育的過程中，其中一顆睪丸沒有通過腹股溝管進入陰囊。若發現新生男孩有單側隱睪的狀況一定要特別留意，因為腹腔內的溫度較高，不但會影響睪丸的發育，更會讓罹患睪丸癌的機會大幅上升，所以目前會建議手術治療，將睪丸固定在陰囊中。

新手父母千萬別在看過相命書後，喜孜孜地相信一顆睪丸的孩子即將光大家業，那可是會誤了孩子的人生。

乳房論命格？

站在欣賞、美感的觀點，古代人似乎偏好小巧堅挺的乳房，不過若從實用的觀點來看，大家則會選擇豐滿碩大的乳房。《柳莊相法》對乳房開宗明義道：「乳為後裔根苗，最宜黑大方圓堅

硬」，也就是說若期待子嗣眾多，就要挑選又黑、又大、又圓、又堅硬的乳房。他們認為乳房要黑要大，才能子孫滿堂，乳頭要硬，子孫才能富貴榮福。他們在乎的是乳房的「功能」，而不是「美感」。[4]

經過幾百年的演進，算命仙們對於乳房相命術可謂「精益求精」。《公篤相法》對乳房相命術做了一番統整稱為「乳相捷法」，為了取信於人，文章起頭要點出乳房的重要性：「乳有七竅，為先天之祖氣，子女之命宮，精血會聚之所。故人初生，奈以此養成。」雖然內容似是而非，不過遣詞用字倒是很有氣勢。他們對於乳房的見解如下。

「乳頭黑實者為吉，主有子女，而壽徵也。」又黑又硬的乳頭被視為多子多孫多壽的表徵。（圖一）

「乳頭側有痣，主子女聰敏及貴能而有為也。」乳頭邊有痣，代表子女聰敏、能幹且有為。（圖二）

「乳頭仰上者，主多子女及有恆而立業也。」乳頭向上仰，代表子女眾多且有助家業。（圖三）

「乳頭朝下者，主子女弱及多憂而疾病也。」乳頭朝下，代表子女體弱多病。（圖四）

「乳頭堅硬者，主有壽根及有祿而多子也。」乳頭堅硬，代表壽祿且多子。（圖五）

「乳頭平軟者，主多疾厄及刑傷而急躁也。」乳頭平軟，代

表疾病、厄運、牢獄之災。（圖六）

　　「乳頭紅嫩者，多為傭僕及刑克而不壽也。」乳頭紅嫩的人大多是傭僕，且相刑相剋，容易短命。（圖七）

　　「乳毫以一二三根為吉，主性平和而子女勤能，毫多而粗者，主性剛躁而子女愚拙。」乳房上毛髮較少的人，個性平和，子女聰明能幹；毛髮又多又粗的人，個性急躁，子女愚蠢笨拙。（圖八）

　　「有四乳者，男主貴而智勇，多好酒貪淫也。女主壽而子貴，多刑夫星也。」（圖九）由於胚胎發育的時候，無論男女從腋窩到腹股溝沿線上皆有六至八對原始乳腺，若沒有完全消失，就會成為「副乳」，有些人的副乳僅稍稍隆起，有些人的副乳則很明顯，連乳頭都清晰可見，所以便有「三乳」、「四乳」等狀況發生。「四乳男」被視為智勇雙全，不過好酒貪淫；「四乳女」多壽子貴，不過命格對丈夫不利。

　　「有三乳者，主有刑克而貴祿也，男主偏嗜好淫，亦有專長一能以成名。女主靈巧性躁，亦有刑夫教子以宏恢。此奇相之一也。」（圖十）「三乳女」靈巧、個性急躁，頗為罕見，所以又被稱作「奇相」。

　　古時候的算命仙應該不太可能說服婦人袒胸露乳讓他們相命，上述說法大概是用來回答那些私下求教的男人，然後在街頭巷尾口耳相傳，雖然荒唐無稽卻也可能或多或少成為某種準則，

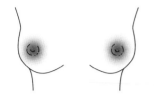  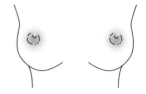

圖一：又黑又硬的乳頭被視
為多子多孫多壽的表徵。

圖二：乳頭邊有痣，代表子
女聰敏、能幹且有為。

圖三：乳頭向上仰，代表子
女眾多且有助家業。

 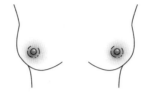 

圖四：乳頭朝下，代表子女
體弱多病。

圖五：乳頭堅硬，代表壽祿
且多子。

圖六：乳頭平軟，代表疾
病、厄運、牢獄之災。

 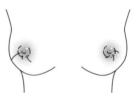

圖七：乳頭紅嫩的人大多是
傭僕，且相刑相剋，容易短
命。

圖八：乳房上毛髮又多又粗
的人，個性急躁，子女愚蠢
笨拙。

圖九：「四乳女」多壽子
貴，不過命格對丈夫不利。

圖十：「三乳女」靈巧、個
性急躁，頗為罕見，所以又
被稱作「奇相」。

進而影響人們的好惡，無形間又給女人戴上了好幾道「看不見的枷鎖」，甚至可能會因此受到莫須有的責難。只要再讀讀他們對於腋毛、陰毛的看法，你就更能體會什麼叫做「看不見的枷鎖」。

腋毛論命格？

進入青春期後，無論男女都會長出腋毛、陰毛等體毛，這些都可視為性成熟的表徵。有人認為體毛很性感、很自然，有人對體毛非常反感必除之而後快，當然也有人拿體毛來大作文章。

常被奉為相術經典的《公篤相法》似乎不喜歡腋下無毛的男人，所以才會說沒有腋毛的男人要麼「凶死」，要麼「憂愁剛燥而死」，反正都是不得好死。[5]

若是有腋毛，則又區分為「粗濃」和「柔細」兩種，他們認為男人的腋毛如果又粗又濃，代表「急躁而恃勇，多勞而反復」；如果又細又柔，便代表「聰敏而謹慎，清閒而平安」。這種論調可能與古時候推崇儒生，「萬般皆下品，唯有讀書高」的觀念有關，所以不喜歡豪放怒張的腋毛，較偏好溫文儒雅的腋毛。

對於女人的腋毛，他們的意見就更多了，沒有腋毛的女人若是出身富貴，那就會「淫亂而私奔，以致喪節敗名，服毒自剄」；若是出身貧賤將「流落而無依，以致痼疾困苦，終身遭

恨」。在這種觀點下，當然沒有女人敢剃掉腋毛。

可是，有腋毛的女人也不好過，因為他們認為粗濃的腋毛代表個性孤僻急躁，會剋夫再嫁，最後以守寡收場。

倘若有狐臭，那就更加麻煩，評語非常難聽，「淫亂下賤，三嫁未休，次亦刑克勞苦，惡病不已」，可謂又淫、又賤、又苦、又病，下場淒涼。古時候沒有自來水，對老百姓來說，每天洗澡是不可多得的奢侈享受，身上帶點兒體味很正常，實在犯不著把有狐臭的女人罵成這樣。

同樣的，他們也偏好腋毛柔細的女人，認為這樣的女人會「和順而賢淑，旺夫而多祿」。假使腋毛柔細又帶有汗香，那就是「富貴之相」，不但個性明敏賢良，而且母貴子貴，號稱「古人選妃之定法」。這種說法實在讓人啼笑皆非，人類的汗水中帶有含氮廢物，類似稀釋的尿液，想要找到「香汗」恐怕難如登天呀！

相信你已經發現了，以上關於腋毛的相術對女人非常不利，無論有腋毛、沒有腋毛都很容易被歸入淫亂、敗節、剋夫、困苦的行列。再說要論斷「粗濃」和「柔細」該依照什麼標準？又該由誰來論斷？

用腋毛的有無、粗濃、柔細就想將芸芸眾生分類並預測命運，實在荒謬無比。說穿了，這些無中生有的論調根本就是用來箝制女人的工具，只要丈夫不開心就能隨隨便便給妻子安上一個

罪名，再名正言順理直氣壯地休掉。

　　所以囉，自己的命運自己顧，何必理會江湖上的蜚短流長、招搖撞騙呢？

陰毛論命格？

　　最後，來看看算命仙對於陰毛的看法，他們依照陰毛的顏色、質地分門別類做了一番描述。[6]

　　金黃色陰毛被視為大貴、聰敏、剛愎、恃才、又淫又毒，評價算是有褒有貶。

　　紅色陰毛被視為大貴、淫亂、急躁、明敏、任性、嫉才。

　　擁有「五色陰毛」的男人可能是為時勢所逼而獲得異路功名的草莽英雄，女人則會先賤後貴。

　　陰毛暗沉滯手的人是貧苦下賤，刑夫剋子的勞碌命。

　　陰毛蜷曲如珠的人是英明、大貴、志向遠大、才智絕倫的女中豪傑。

　　陰毛柔細滑潤的人賢淑、慈良、助夫旺子、多才智勇為。

　　陰毛粗而濃多的人長壽而好淫、旺子女而剋夫，所以可能再嫁、三嫁。

　　沒有陰毛的人大多淫亂、短命、貧賤，且性情怪異。

　　算命書中還一一指出漢呂后、楊貴妃、武則天的陰毛分別屬於那種類型，讓人嘖嘖稱奇，啼笑皆非。

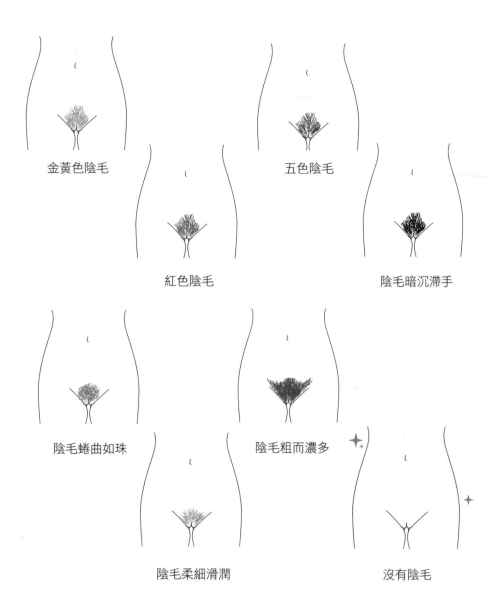

金黃色陰毛

五色陰毛

紅色陰毛

陰毛暗沉滯手

陰毛蜷曲如珠

陰毛粗而濃多

陰毛柔細滑潤

沒有陰毛

經常會有人理直氣壯地說「相術是幾百幾千年累積下來的智慧之語、經驗之談」，甚至強調「這是從大規模統計中所做出來的結論」，堂而皇之稱其為「科學相命」，許多人也會抱持寧可信其有的態度，希冀在千變萬化、像符又像畫的掌紋中找到破譯人生的密碼，然而，看完了陽具、乳房、陰毛、腋毛相命術，您覺得這些內容是可以驗證的科學？還是天馬行空的想像？是經驗之談？還是無稽之談？

床伴滿天下？
──有趣的「性伴侶計算機」

「六度分隔」（Six Degrees of Separation）是個相當有趣的理論，提出該理論的學者斯坦利‧米爾格拉姆（Stanley Milgram）認為「世界上的任何人之間只要經由少數的幾個人際關係就能相互產生關聯」。舉例來說就是，小明的同學的表哥的老師的阿姨的鄰居的同事，可能就是大名鼎鼎的歐巴馬，或是魔鬼阿諾，或是女神卡卡。

把這種連結的概念套用在「性伴侶」可就加倍的引人遐思，充滿無限想像。

這個「性伴侶計算機」是由一家英國藥廠所設計，目的是希望大家重視性傳染病的威脅，及「安全性行為」的重要性。[7]

他們在二〇〇九年做了項性行為調查，詢問六千個十六歲以上的人，關於性伴侶的數目。根據此調查設計了這個「性伴侶計算機」。

只要輸入您的性別、年齡、性伴侶的數目、性伴侶的年齡

等，就可以得到一個粗略的估計值，也就是直接性伴侶和間接性伴侶的總數。

從「性伴侶計算機」，我們可以發現，假設一個人的性伴侶數目隨著年齡逐漸增加，那間接性伴侶的數量也會不斷增加。一個四十歲的中年人若有三位直接性伴侶，其間接性伴侶可能達到四十六萬人。

那如果把年齡設定在三十歲，隨著性伴侶的增加，會看到什麼結果呢？

結果當然是間接性伴侶的數量暴增，若有五個直接性伴侶時，間接性伴侶的數量會接近一百四十萬人；如果有八個直接性伴侶，那間接性伴侶的數量會到達一百八十七萬人。哇嗚！怪不得性病的傳播可以無遠弗屆。

這樣的數據當然只是粗略的估計值，畢竟這樣的調查永遠得不到「真確」的數字。

相信「性伴侶計算機」的重點還是要提醒大家，「安全性行為」的重要性，畢竟您永遠無法知曉妳的他的她的他的她的他，究竟幾多人？

第 30 課

按摩棒竟然也是醫療器材？

維多利亞時代是大英帝國強盛輝煌的一段歲月，也是許多電影偏好的場景。假若搭乘時光機回到十九世紀，我們可能會降落在綠草如茵的大莊園裡。女士們盛裝打扮，頭上頂著花枝招展的帽子，而紳士們的穿著也同樣隆重，領帶、背心，及西裝外套缺一不可，有人還會拿著手杖，昂首闊步儀表非凡。

國力富強的英國在科學、醫學的發展上也都扮演重要的角色。當時李斯特醫師[1]已提出了關於消毒的學說，能夠降低傷口感染的機會，但是，仍有不少守舊勢力堅持「放血治百病」的觀念，所以醫院裡依然充滿了感染與死亡。

然而，那時候還有一種相當特別的診所，既沒有水蛭也沒有手術刀，醫師會驕傲地說他們對抗的是一種「瘟疫」，不但治療效果好，而且能夠達到「零死亡率」。

走進診所後，你會見到候診區有不少病患，清一色均是盛裝打扮的女性。從護士與病患打招呼的方式就能得知，這群患者皆是診所常客。

診間裡的對話大概會是這個樣子。

　　「醫師，求求你，你一定要幫幫我。」穿著蕾絲長裙的婦人約莫四十歲，她捂著胸口，眉頭深鎖。

　　「小姐，請說說看你的困擾。」面容嚴肅的醫師正經八百地問。

　　婦人的雙手移至腹部，摸著勒在腰際的緊身馬甲，說：「我覺得心好慌，睡不著。」

　　醫師推了推單眼眼鏡，摸摸下巴短鬍鬚，繼續問道：「還有呢？」

　　「嗯，我肚子下方好像有顆沉重的球，很不舒服。有時候這顆球會往上升，那種壓迫感讓我想吐，胸口好悶。還有……」婦人低下頭，遲疑了一會兒，接著說：「我的下體感覺總是溼溼的。」

　　聽到這點，醫師鄭重地點點頭，肯定地說：「那就是了，小姐，你的病就叫做『歇斯底里』。」

　　「那要怎麼辦？」婦人滿臉憂慮。

　　「不要擔心，讓我們替你做一些治療，狀況就會改善了。」

　　也許你會以為醫師準備替婦人做心理治療或開些「安腦丸」來緩解她的緊張、慌亂或失眠，可是，實際治療狀況遠遠超出了我們的想像！

　　西裝筆挺的醫師引導婦人躺到治療椅上，而婦人會將裙子拉

高，再張開雙腿跨在腳架上，兩人中間隔著一張沒有多少阻隔力的小布簾。接著醫師會伸出手指頭開始替病人進行「骨盆腔按摩術」。

「骨盆腔按摩術」聽起來是如此拗口的醫學術語，不過用白話一點講，差不多就是「愛撫」，醫師會用手指頭持續規律地按摩婦人的外生殖器或是插入陰道。當時的醫師相信「骨盆腔按摩術」能讓女性從極度緊繃中釋放並達到放鬆的境界，如此一來歇斯底里就被治好了。

治療過程中，醫師會保持嚴肅與淡然的表情，而婦人在結束之後總會心滿意足地離去，還不忘預約下一次的療程。

活蹦亂跳的子宮？

在認識「骨盆腔按摩」之前，我們得先了解「歇斯底里」於人類歷史上所扮演的重要角色。「歇斯底里」是直接從英文「Hysteria」音譯而來，希臘文中「hystera（或做 ὑστέρα）」即為「子宮」，顯然，歇斯底里指的就是源自於子宮的病。

過去人們所稱「源自於子宮的病」，並非子宮肌瘤、子宮頸癌這些問題，而是泛指與情緒變化有關的問題，曾有十九世紀的醫師說：「單要列舉所有歇斯底里的症狀，就得花上一整天，它們可是多得不得了呢！」

為何女人的情緒會被歸因於子宮呢？其實也不難理解。性器

官是人身上頗為特殊的部分，它的反應不太受到個人意志的控制，有時讓人感到力不從心，有時又充滿旺盛的活力。性器官亦掌管了生殖，能夠孕育生命，這對先人來說根本就是神奇的魔術，自然會衍生出許多迷信、恐懼或崇拜。而女性性器官中最神祕、最難以捉摸的，大概就是深藏在體內的子宮。因為子宮可以從拳頭大小變成一顆容納胎兒的大球，所以就被描述成最不受控制，能在體內興風作浪的「動物」。

是的，動物。由於具備了難以捉摸的特性，子宮被描述成一隻「蟄伏在人體內的動物」。人們相信，子宮是住在女人體內具有自由意志的個體，當牠不開心、發脾氣時，會開始衝撞，表達自己的不滿，進而造成女人的不適或情緒起伏。

雖然子宮四周有厚實的韌帶，將子宮固定在骨盆腔中，但在古人的想像中，子宮可以越過橫膈膜，上升到喉嚨，甚至能夠離開身體到森林及草原遊蕩。

那子宮為什麼會這麼不聽話呢？根據柏拉圖的說法：「如果在合適的季節下，很久都沒有懷孕，它就會變得非常生氣，並在體內到處走動，擋住出氣開口，阻礙呼吸，陷人於迷惘，引起其他疾病。」也就是說，子宮發脾氣、到處亂跑的原因是「很想生小孩」。所以當女孩子較叛逆或堅持己見時，人們傾向將任性不聽話、不可理喻歸咎於歇斯底里，父母便會急急忙忙地替女兒張羅婚姻，希望結婚生小孩能治好女孩的病。

阿萊泰烏斯[2]是西元二世紀的醫師，他曾精準地描述了糖尿病、破傷風，和白喉等疾病。面對女人情緒的起伏，阿萊泰烏斯同樣將問題歸咎到子宮，甚至在其著作中以「論子宮的窒息」為名來介紹女性疾病。他認為遊走的子宮可能會壓到腸子、肝臟、心臟，讓女人出現腸胃道不適及心臟無力等症狀；而亂跑子宮還可能導致重心失調，讓婦女頭重腳輕、失去感覺、胃腸鬆弛、神經系統變得特別敏感。簡而言之，女人的許多問題都被認定是亂跑漫遊的子宮所引發，而且阿萊泰烏斯在書中還提到：「子宮的毛病好發於年輕、而非上了年紀的女性身上。因為年輕人的生活方式和處理事情的態度較為浮動，符合子宮漫遊的天性。至於上了年紀的人其生活方式和子宮都會出現穩定的特質。從子宮而來的窒息，只發生在女人身上。」

　　不僅醫學界相信子宮會亂跑，宗教經文同樣對不安分的子宮提出譴責：「你為何發瘋？為何像狗一樣團團轉？為何又像兔子一樣跳躍？」只要女性感到恐慌，身體處處不適，醫師卻無法找出病因時，就會被認定是遊走子宮所引發的歇斯底里。歇斯底里成了女人身體不適的大總匯，症狀包含：暈倒、昏眩、抽搐、發冷、打哈欠、伸懶腰、沮喪、焦慮、發笑及哭泣。十九世紀的醫學教科書說：「有時可以從感覺事先知道這個毛病即將發作，就好像有個球從腹部下方逐漸往上升至胃部，引起脹氣、不舒服，偶爾還會嘔吐。之後還可能上升至喉嚨，造成窒息、喘不過氣，

接下來有心悸、頭昏、眼花、失聰、呼吸急促，伴隨四肢及身體其他部分的抽搐。」

　　凡是出現失眠、緊張、情緒躁動、陰道濡溼等情況的婦女，幾乎都會被診斷為「歇斯底里」。而性格剛烈、不願順從，或想要走出家庭期待自己有所作為的婦女，甚至會被安上「歇斯底里」然後關進療養院。

對抗歇斯底里的電動按摩棒

　　有這麼多症狀被歸入歇斯底里，當然就有大量的女人被診斷為歇斯底里，相關療法亦應運而生。最常見的大概就是 Spa 治療，有人建議熱浴或冰浴，或直接對著下腹沖水，迫使亂跑的子宮回到原位。有人提倡催眠術讓子宮冷靜，別再亂跑。文藝復興時期的醫師建議，可以用金屬擴張器撐開陰道，放入裝有肉桂、薰衣草、薄荷等香料的管子，然後在女人的大腿間生火薰出香氣，嘗試引誘亂跑的子宮循著香氣回到骨盆腔。

　　我們在文章開頭提到的「骨盆腔按摩術」同樣是治療歇斯底里的老法子，起源能追溯到西元前四世紀的希波克拉底[3]時代，到了十六世紀又有位被尊稱為「荷蘭希波克拉底」[4]的醫師建議，以畫圓般規律按壓女性陰蒂，即能舒緩女人的歇斯底里。聽到「用性高潮來治病」的理論，大家可能會感到匪夷所思，但我們要曉得，當時的社會普遍認為只有男性能從性交中獲取快

感，女性沒有所謂的性高潮，所以由「骨盆腔按摩術」所誘發的性高潮並不被稱為「性高潮」，而被稱為「醫師輔助的爆發（Physician-assisted paroxysm）」。

以現代眼光來看，或許會覺得婦女為了要達到性高潮而至醫院求診是很不可思議的事情。然而，當時的男醫師們可是以嚴肅的態度來看待，他們覺得釋放女人、治療有如瘟疫般蔓延的歇斯底里是醫師的重責大任。

相較於動刀見血、經常與膿瘍搏鬥的醫師來說，處理歇斯底里的病人似乎輕鬆許多，既沒有傷口，也不會遭遇死亡，而且病人還會固定報到。不過乍看之下似乎輕鬆爽爽賺的醫師其實是很辛苦的，有時「治療」一個病人就得耗上一個多小時，還不一定能保證奏效，而醫師的手早就又痠又累。從早到晚、經年累月這樣操勞，「職業傷害」在所難免，甚至可能影響執業生涯。

為了應付大量歇斯底里的女人，推動工業革命的蒸汽機被引進診間，美國醫師泰勒[5]於一八六九年申請了「蒸氣式按摩器」的專利。這部大尺寸的「蒸氣式按摩器」被安裝在治療床下方，治療床中間會開個孔讓「蒸氣式按摩器」的活動滾輪伸出來，調整好位置後便能持續按摩患者的陰蒂。這時醫師的手不再需要反覆搓揉，而是改拿鏟子替「蒸氣機」添加煤炭。這部機器雖然省力，但是體積過於龐大且動作不夠細膩，患者的滿意度應該不高，所以沒有引起什麼流行。

位在大西洋另一端的英國當然不落人後。曾有醫師信誓旦旦地說：「歇斯底里至少困擾著全倫敦至少一半的女性。」面對如此龐大的需求，若沒有機器的幫忙，「骨盆腔按摩」絕對是名副其實的「血汗行業」。英國醫師格蘭佛[6]在「電力」出現後，發明了名為「格蘭佛錘」的電動按摩棒。

雖然身為電動按摩棒的始祖，格蘭佛醫師其實是位容易害羞的人。他說，會發明按摩棒主要是為了紓解男士的肌肉痠痛，並說自己從沒有使用這種工具來進行骨盆腔按摩，後來還一直想要與這個發明撇清關係。剛開始，「格蘭佛錘」的電池有一個行李箱那麼大，重達四十磅，但許多廠商立刻看出電動按摩棒背後的巨大商機，而精於「骨盆腔按摩」的醫師們也開始採用電動按摩棒來取代疲累不堪的雙手。到了西元一九〇〇年巴黎萬國博覽會舉辦時，已有各式各樣的電動按摩棒參展，手動的、腳控的，甚至還有超級豪華版，讓人眼花撩亂。

讓青春永駐的小家電

廠商對電動按摩棒的野心絕不僅止於供給醫師使用，短時間內按摩棒就從「醫療器材」變成家庭用品，甚至是第五樣走入家庭的「小家電」，排在縫紉機、電風扇、熱水壺，與烤麵包機之後，比吸塵器和電熨斗進入家庭的時間還早了十年。

如果翻開一九一〇年代的郵購目錄，我們會看到許多關於電

電動按摩棒在 1967 年時是母親節促銷商品。（圖片來源：http://www.
newspapers.com）

動按摩棒的廣告，大喇喇吹噓：「震動就是生命！」「讓你拋開
一切煩惱！按摩棒能讓你痊癒！」甚至還能看到「按摩棒是由女
人發明的，因為她了解女人的需求！」這樣的不實廣告，格蘭佛
醫師倘若地下有知，肯定會苦笑不已吧！

　　當然，除了拿來按摩陰蒂達到高潮之外，廠商也宣稱按摩棒
能夠舒緩全身肌肉的緊繃，廣告詞寫著：「年齡的祕密就藏在
『震動』裡。科學家發現，震動能帶出我們的活力、精神和美
麗……震動你的身體吧！你將擁有不再生病的權利！」電動按摩
棒被吹捧得有如萬靈丹，還刻意主打「健康、活力、美麗」這三
點，完全滿足女人的渴望，不難想像當時按摩棒的地位就像現今

的「青春露」一般，儼然是青春永駐的保證。廣告上還提醒男士們可以替女伴準備電動按摩棒當成聖誕節禮物，保證能夠「找回她雙眸的神采及兩頰的紅暈」。電動按摩棒的風潮延續了好多年，一直都是讓女人容光煥發的祕密武器。

萬萬沒想到，成人電影竟然成了半路殺出的程咬金。話說，十九世紀末電影技術剛起步時，雖然僅有黑白影像，不過成人電影便已經誕生，爾後更是蓬勃發展。一九二〇年代，成人電影裡竟然出現了美女拒絕帥哥登堂入室，卻進入房間裡使用電動按摩棒自慰的情節。許多男士們這才驚覺，原來老婆從郵購目錄中買來的電動按摩棒居然還有這種功能，於是憤怒地向郵購公司提出抗議。（從這裡也能見到男人的蠻橫與霸道，允許自己看成人電影，卻不准女人使用按摩棒，實在很小氣啊！）

另一方面，佛洛伊德的心理分析盛行之後，醫師們開始放棄骨盆腔按摩，改用精神分析來治療歇斯底里，手動或電動性高潮治療終於走入歷史。如今，歇斯底里更已從教科書上徹底除名。

順道一提，古代中國雖然沒有「歇斯底里」這個診斷，不過卻也曾有人將按摩棒當成「醫療器材」來販賣，名叫「子宮保溫器」[7]。這東西長六寸，有棱有莖做得跟陽具一模一樣，根部還有睪丸的造型，裡頭是中空的，可以灌入熱水，讓按摩棒溫溫熱熱，非常貼心。商販叫它做「子宮保溫器」，宣稱能夠治療「子宮寒冷」。在過去無法懷孕的女人常會被診斷為「子宮寒冷」，

按摩棒廣告:「可以放入皮包的按摩棒,能像魔術般消除疲勞,讓人煥然一新。」(圖片來源:http://www.newspapers.com)

以此類推,想要順利懷孕的話當然是要「溫暖」子宮。

這樣的說詞著實啟人疑竇,所以該書作者明查暗訪後發現,將按摩棒包裝成醫療器材來販售最主要是為了規避查緝,才巧立名目,至於真正的用途買賣雙方自然是心知肚明。除了規避查緝之外,將按摩棒包裝成醫療器材來販賣應該也能減輕客戶選購時的羞赧,大大提高購買意願,可說是相當巧妙的行銷手法。文末還有一闋「詠按摩棒」的詞令人莞爾,便留給各位自行體會:「被池自啟葳蕤鎖,喜熱中洩

透春光。盡銷魂，不滅宮砂，不褪蜂黃。」

歷經大起大落，電動按摩棒終究還是在許多女人的抽屜裡頭留了下來，《慾望城市》中無論是以工作為中心的律師米蘭達，或生性浪漫的夏綠蒂，都深愛著抽屜裡的電動按摩棒。[8] 根據一份涵蓋二千餘位十八到六十歲女性受訪者的統計報告，有 52.5% 的人曾經使用過電動按摩器。還有研究顯示，較容易焦慮的女性較難從陰道性交中獲取高潮，但卻比較能夠經由電動按摩棒來獲得高潮。

當然，最後還是要提醒大家，使用按摩棒時務必注意清潔，才能安全又盡興。

健身房裡的性高潮

　　運動會增加我們體內的腦內啡（Endorphin）使人感到愉悅，所以養成運動習慣之後就好像上癮一般，只要一天沒運動就會渾身不對勁。

　　規律的運動可以提升心肺功能，改善性功能，甚至偶爾還能遇到令人驚喜的彩蛋，那就是健身房裡的性高潮。

　　這樣的傳說時有所聞，於是印第安納大學的研究人員便著手調查。他們訪問了五百三十位年齡介於十八到六十三歲之間的女性，其中有一百二十餘位女性表示曾經體驗過運動引發的性高潮，有兩百四十餘位女性表示曾經體驗過運動引發的性愉悅。約四成受訪者曾經有過十次以上的經驗。[9]

　　運動引發的性高潮大多是在鍛鍊核心肌群時出現，核心肌群指的是涵蓋腹部、背部及骨盆的肌肉群，較常引發性高潮的是腹部運動、舉重、瑜珈、騎自行車等運動。

　　受訪者表示，出現性高潮時她們的腦子裡並沒有性幻想也沒有去刺激性器官。大部分受訪者說在公共場所她們可以自我控

制，不過也有部分受訪者說她們無法控制。

　　有些人對運動引發的性高潮相當熟練，很清楚自己在做了哪些動作之後能夠引發高潮。體驗過這類性高潮的女性認為這對她的性生活有很正面的影響，因為她能夠控制自己的肌肉以獲得更強烈的性高潮。

　　大家肯定很好奇，究竟那些腹部運動較容易引發性高潮呢？有不少受訪者表示，她們在使用鍛鍊腹肌的將軍椅（Captain's Chair）時體驗到了性高潮，有興趣的人可以嘗試看看，不過，這樣的驚喜可是「女人限定」喔！

第 31 課

月經是靈丹妙藥？

　　月經週期是性成熟的重要表徵，從十多歲進入青春期到更年期為止，月經將會定期到訪。現在的我們曉得，子宮內膜會週期性增厚以利受精卵著床發育，若沒有受精成功，子宮內膜便會剝落出血。不過在古人的想像裡，經血和生殖有關，其中必然蘊含了許多的奧妙。

　　因為經血會按月出現，所以月經又稱做「月水」、「月信」、「月事」。生殖能力被認為是人體元氣的展現，在男人為「精」、在女人為「血」，古籍中稱之為「天癸」，古老的醫書《素問》是這樣描述女性的生理：「女子二七而天癸至，任脈通，太衝脈盛，月事以時下，故有子；……七七，任脈虛，太衝脈衰少，天癸竭，地道不通，故形壞而無子也。」在信仰「數術」的年代，人們相信數字具有神祕的力量，並習慣用數字來解釋生命或大自然的規律，他們以七年為一個段落，文中的「二七」即是「十四」、「七七」則是「四十九」，這兩個年齡約略是女人的青春期與更年期。當充滿神祕的數字與神祕的經血

相遇，竟然漸漸發展出一套令人瞠目結舌的養生之道。

經血煉靈丹！？

　　偽稱由唐代孫思邈編撰的《華佗神方》中有「取紅鉛祕法」[1]，紅鉛即為女孩子的初經。他們相信初經乃「陰中之真陽，氣血之元稟」，而視之為珍貴藥材。但是，初經來潮的時間並不好預測，所以書中教大家觀察女孩子的臉頰，假使兩頰若「桃花之狀」，則半個月內將初經來潮，可以預作準備。月經流出時多少會伴隨一些子宮內膜或血塊，這些魚眼大小的東西會被小心翼翼地收集起來。

　　對於費心收集到的初經，術士會慎重地煉製成丹藥，並稱其為「接命至寶」，若搭配陳年老酒服下，可以延年益壽。他們相信服用紅鉛可以「延壽一紀」，古籍中的「一紀」有好幾種說法，不過這裡所指的「一紀」應該是十二年。至於初經之後的月經，也會被拿來煉丹，搭配人乳服用可以除卻百病，接命延年。由此可知，「人乳」亦被當成藥方，又稱為「白鉛」。

　　由於性能力一直都被視為生命力的展現，所以會服食紅鉛除了想接命延年之外，壯陽絕對也是重要的目的。《明史演義》中這麼說：「用童女七七四十九人，第一次天癸，露曬多年，精心煉製，然後可服。服食後，便有一種奇效，一夕可御十女，恣戰不疲，並云：『可長生不死，與地仙無異。』」既想「一夕御十

女」，又想「長生不老」，人類的欲望果真是無窮無盡、貪得無厭。

這些口耳相傳的藥方，在流傳的過程中通常會不斷被加油添醋，西元十六世紀的《古今醫統大全》中收集初經的方法愈來愈講究，他們會用黑鉛或銀打造一隻容器兜在陰戶收集初經，晒乾之後加以收藏。欲服用紅鉛時，可以搭配人蔘、當歸或秋石。這兒所說的「秋石」是什麼玩意兒呢？秋石乃是由童子尿煉製而成的丹藥。[2]

西元二世紀討論煉丹術的著作《周易參同契》有「淮南煉秋石，玉陽加黃芽」這樣的說法，淮南王劉安是西元前二世紀的人物，非常沉迷於煉丹術，在他死後，人們相信他是煉丹成功而順利登仙，連家中的雞犬都因為吃了丹藥紛紛成仙，「一人得道，雞犬升天」便流傳了下來。由此可見煉尿成丹的歷史非常久遠，還發展出陰煉、陽煉兩種方法，陰煉是靠著陰乾尿液來取丹，陽煉則是靠曝晒或燒煮來製作秋石。[3]

把尿液拿來當作丹藥聽起來實在不怎麼體面，不過有趣的是，還曾經有人因此而當上大官。明代的進士顧可學因為盜用公款而被罷官，多年之後他聽說明世宗[4]對長生不老之道很感興趣，便賄賂權臣嚴嵩向皇帝進言說自己有奇藥可以延年益壽。皇帝聽了之後非常高興，立刻大加賞賜並召他入京。顧可學的把戲便是取童男童女的尿液煉製秋石。想不到皇帝服用秋石之後竟然

覺得有效，於是龍心大悅，此後顧可學平步青雲，官拜尚書，相當於現今部長。能靠著煉製童子尿煉到升官發財實在不多見，當時的人們挖苦他說「千場萬場尿，換得一尚書」[5]，「煉尿尚書」的封號可謂實至名歸。

明世宗喜愛服用長生不老藥，可惜沒能長生不老，最後還可能是因為吃多了丹藥中毒而死，時年六十歲。世宗死後，穆宗[6]即位。年輕氣盛的穆宗縱情聲色，《萬曆野獲編》說他服用紅鉛、秋石等藥物，結果「陽物晝夜不仆，遂不能視朝」[7]。這位因時常勃起而荒廢朝政的皇帝，在位僅短短六年，便過世了。

用「少女經」配上「童子尿」來延年益壽，實在是匪夷所思，不過信徒眾多，況且又得到皇室的認可，所以術士們對於紅鉛的煉製方法不斷地「精益求精」，爾後又衍生出許多規矩。

他們將女孩子的身體比喻為煉製丹藥的「鼎」，甚為挑剔。被稱為「醫林狀元」的明代太醫院醫官龔廷賢，在著作中詳細描寫挑選女孩的標準，術士們彷彿是在菜市場裡挑菜買肉一般，對女孩子品頭論足[8]，恥骨太大的不可以、經血腥臭的不可以、聲音低沉皮膚太粗的不可以、多病瘡疽的也不可以。若是眉清目秀、齒白唇紅、髮黑面光、肌膚細膩、不瘦不肥、三停相[9]等，則被稱為「好鼎」。

對於推斷初經來潮的日子他們當然也很在意，「算他生年月日起約至五千四十八日之先後，先看他兩腮如桃紅花，額上有

光，身熱氣喘，腰膝痠痛，困倦呻吟，即是癸將降矣。」即從出生算「五千四十八日」約莫十四歲年紀，不過單算日子誤差較大，所以他們會去觀察身熱氣喘、腰膝痠痛、困倦呻吟等徵兆，這些皆是經前症候群，一旦出現便知初經將至。

既然是皇室御用，採集初經的工具肯定加倍高檔，此時已升級成金銀打造的「偃月器」[10]。根據數術的想法，如期到來的初經最好，乃「首鉛至寶」，是「接命上品」，後續的月經效用就會大打折扣。[11]

看過這些荒誕不經的說法，我們當然是一笑置之，不過熱中此道妄想長生的皇帝可都認真看待，絲毫馬虎不得，如此一來被選進宮裡的女孩肯定苦不堪言。

西元一五五二年，明世宗下令選三百位八至十四歲的女孩進宮，西元一五五五年，又挑選一百六十位十歲以下的女孩進宮，這數百位無辜的小女孩全都是為了拿來「煉藥」[12]。在極權專制下被視為「鼎」的女孩們，哪有人權可言，她們的悽慘命運恐怕遠遠超過我們的想像。

明世宗喜怒無常、暴虐無道，遭到殘殺的宮女難以計數。飽受壓迫的宮女們曾經聯手要勒死世宗，結果功敗垂成，史稱「壬寅宮變」。

吞下衛生棉？

　　女孩子的月經在宮裡被偏執地拿去煉製長生不老藥，在民間則有其他不同的用途。畢竟平民百姓沒有能力去收集大量的初經，所以只能取得一般婦人的月經。

　　除了被拿來治療房事過度，月經還被用於治療箭毒[13]、被馬咬傷[14]，連女人的「衛生棉」都被當作藥材。過去當然沒有像衛生棉這麼方便的產品，女人都得自己縫製「月經布」，外觀類似丁字褲，又稱「月布」、「月經衣」、「月經帶」、「騎馬布」。遇上生理期時，可以在月經布裡鋪上棉紙、棉花、棉絮或草灰來吸收經血，後來也有人會生產月經布到市面上販售。

　　使用過的月經布總要費一番工夫清洗，不過卻也有人異想天開地拿來加以「應用」。西元前二世紀由淮南王編輯而成的《淮南萬畢術》有「赤布在戶，婦人留連」的說法，「赤布」即為月經布，他們將月經布燒成灰，然後偷偷放在門框上，希望可以留住女人心，這當然是屬於巫術的思維。[15]

　　或許是因為月經布時常被拿來吸收經血，所以漸漸被聯想到外傷的治療。西元七世紀，相傳擔任過唐太宗御醫的孫思邈主張用月經布治療箭傷，若中箭無法拔除或是肉中積聚血塊，便將月經布燒成灰，配酒喝下。[16]

　　這種做法雖然荒謬，卻在流傳的過程中不斷被添油加醋，而愈來愈誇張，西元十世紀的《醫心方》中的「治箭鏃不出方」，

建議患者將沾有經血的月經衣燒成灰，配酒服下，一次一匙，到了第三天，便能拔出箭鏃。[17]

「月經布傳說」像野草一樣不斷蔓延，也像樹木一般日益繁盛，到了後來，不只箭傷，連被老虎、野狼咬傷的患者，也都用月經布來治療。[18]

月經布的應用可說是五花八門。西元十六世紀的《本草綱目》中列出許多使用月經布的藥方，包括熱病勞復、霍亂困篤、癰疽發背、箭鏃入腹、解藥箭毒、馬血入瘡、男子陰瘡、小兒驚癇發熱等。其中還有一項頗有趣的藥方叫做「令婦不妒」，可能是專為坐擁三妻四妾的男人所設計，希望可以舒緩女人間的妒忌與爭吵。作法是將月經布裹著蛤蟆，然後在廁所前挖坑，埋入地下五寸深。[19]相信當時有此困擾且願意挖坑埋蛤蟆的男人應該不少啊！既然連月經布都吃下肚了，那吃吃陰毛治病似乎也就不足為奇。《本草綱目》中記載「婦人陰毛，主五淋及陰陽易病」，指的是泌尿系統與性方面的疾病。不但如此，「陰毛治病」還男女有別。

他們將男人的陰毛拿來治蛇咬，認為患者只要吞下二十根陰毛，就能不受蛇毒侵害。[20]另外，男人的陰毛還被用來治療難產，正常的分娩，胎兒的頭會先出來，若是胎位不正，或是手、腳先出現在產道就很麻煩，胎兒與母親都將面臨生命危險。古人取蛇皮或蟬殼燒成灰讓產婦服下，這是期待胎兒能像蛇蛻皮或金

蟬脫殼一般順利生產。至於，用丈夫的陰毛來治療難產就很難理解，他們會取十四根陰毛燒成灰，以豬油和成藥丸，讓產婦服用，還很有自信地說此法具有神效。[21]

治蛇咬與難產這兩種方法皆是在西元七世紀便已經出現，爾後流傳了千餘年。從這些記載我們可以曉得，當時的醫書仍停留在巫術、神祕學的範疇，靠想像來論斷疾病，也靠想像來治療疾病。

上刀山下油鍋，統統沒在怕？

如今我們很難想像當年人們對於「月經煉丹」的癡迷，從天子到庶民為了長生壯陽無所不用其極。不過，還是有人抱持反對的態度。身在那個年代的李時珍對紅鉛頗不認同，西元一五七八年他完成了《本草綱目》，並於書中指責煉丹術士巧立名目，以邪術鼓弄愚人，糊裡糊塗的人也傻傻地將紅鉛吃進肚子。[22]

李時珍這麼一罵，可把天子、御醫一干人等全罵進去了，膽子實在不小。只要一個不小心，恐怕就是人頭落地。

不過由於找不到書商願意出版，所以直到西元一五九六年《本草綱目》才得以刊行。李時珍沒能見到自己的作品問世，便與世長辭了。

相傳起源於宋代的《玉歷寶鈔》是談論因果報應的勸世文，裡頭載明地獄各殿的刑罰，警告世人犯了什麼罪，就要在不同的

地獄受苦。其中第七殿是由泰山王所掌管的「熱惱大地獄」，裡頭有割胸、抽腸、火坑、頂石蹲、油釜烹、拔舌穿腮、惡鳥啄咬等多種可怕的刑罰。

犯下什麼罪名的人會被打入熱惱大地獄呢？

書中條列的第一項罪名即為「煉食紅鉛、陰棗、人胞等壯陽動淫的藥物害人」。

紅鉛是這篇文章的主角。陰棗則是另一種採陰補陽的方術，人們將棗放入陰道中以「吸收陰精」，隔天再取出食用。男人吃了陰棗大大補益，而陰精被吸走的女人則是面黃肌瘦，精神萎靡。[23] 至於人胞又稱胞衣、胎衣、河車，即是胎盤，被用來補陰治虛勞、延年益壽。

勸世文用恐嚇的方法希望遏止這些行為，不過縱使地獄的場景聽起來很可怕，但是仍舊有許多人溺於其中不可自拔，或許他們相信只要自己能夠長生不老，就永遠不會落入地獄受罰，刀山、油鍋何懼之有。

為了性愛，為了永生，欲望讓人盲目，也讓人瘋狂。

陰毛趣話

　　記得十多年前，在病房值班的實習醫師常會接到一個工作，要替術前的病患剃毛，通常需要剃的部位就是陰毛。無論是男醫師、女醫師、男病患或女病患，這都是個令人困窘的事情。不過回想起這段往事，卻也會讓人不禁好奇，為何人類全身大多光溜溜的體表會突兀地在會陰部出現異常濃密的毛髮。

　　青春期時，陰毛會逐漸長成，是人類重要的第二性徵，也是人類「特有」的性徵。是的，這是「人類限定」。下回參觀動物園時可以特別留意，猿猴在演化歷史上是人類的遠親，牠們具有濃密的體毛，但是會陰部的毛髮會比其他部位少。反倒是被稱為「裸猿」的人類，擁有了相當顯眼的陰毛。

　　對於陰毛的存在，生物學家提出了一些推論，認為在光溜溜的身體上出現的濃密陰毛，主要是當成「性成熟」的「廣告」，用來吸引異性。因為人類沒有鮮豔的羽毛或是在繁殖季會變紅的屁股，所以陰毛就提供了視覺上的訊息。除了視覺的刺激，陰毛也能夠協助散發由腺體所分泌的氣味，用嗅覺來吸引異性。

陰毛的存在是為了促成生殖的目的，不過在性接觸的過程中也會散播陰蝨。陰蝨喜愛棲息在陰毛裡，以吸食人類的血液維生，並產卵繁殖，雖然不會傳染疾病，也不會致命，但卻會讓男男女女「搔癢難耐」，相當困惱。

　　近年來除毛愈來愈流行，在西方國家裡大部分的年輕女性都會定期除毛，甚至不只有女人，連男人都加入除毛的行列，因此英國的學者做了件有趣的調查。他們統計了連續幾年陰蝨的盛行率，發現隨著除毛的流行，陰蝨的盛行率也有顯著的減少，但是卻也意外的發現淋病和披衣菌這兩種性病的盛行率上升。雖然此間的關聯並無法以此下定論，但是這樣的觀察也提供了更多的思考空間。

　　至於過去在病房裡替病患剃毛的工作，如今已走入歷史，為了降低感染的機率，現在都會在開刀房裡動手術前才進行剃毛，也省掉了許多不必要的尷尬。

第 32 課

引刀自宮，武林至尊？

在武俠小說裡想要練成絕世神功的第一步便是「引刀自宮」，這點子實在非常有創意，因為歷史上成為閹人的原因很多種，不過倒是沒有人為了習武而自宮。閹割的歷史恐怕在有文字記載前就已經存在，於歐洲、亞洲、非洲等各地的文明中都不罕見。

用雞雞鳥蛋換富貴榮華？

追溯歷史我們能發現，在西元前一千多年的商朝或更早以前就已經有「宮刑」存在。所謂的「宮刑」便是「丈夫割其勢，女子閉於宮」，主要目的就是摧毀一個人的生殖能力。在古代各種殘忍的刑罰中，宮刑排行第二，僅次於斬首。因為「丈夫割勢不能生子，如腐木不生寶」，所以宮刑又稱為「腐刑」。[1]

早期，遭到閹割的罪犯或俘虜可能先被當成奴隸，然後才漸漸被引入宮中擔任苦力，因為古時候皇帝的後宮有著大批嬪妃，讓其他男人出沒其中總是很難放心，偏偏宮裡工作繁重又不能沒

有男人幹活，所以便任用大量閹割過的男人。《周禮注疏》中寫了：「宮者使守內，以其人道絕也」，可見在西元前數百年，太監便已經存在，且規模也愈來愈龐大。

在缺乏無菌、止血技術的狀態下切除生殖器，死亡率肯定非常高。西元一四六〇年，鎮守貴州的太監一口氣俘虜了一千五百六十五個男童，然後全數閹割，結果死了三百二十九人，死亡率超過兩成。[2]

另一段記載更為駭人，據說建立太平天國的洪秀全曾經閹割六千多位男童，存活的僅有七百多人，死亡率逼近九成。[3]

造成死亡的主要原因應該有兩個，一個是失血過多，會讓人在短時間內死亡，另一個是傷口感染，會讓人在幾天內死亡。針對失血，執行閹割的刀子匠會用炙熱的鐵塊燒灼傷口，倘若傷口持續出血，他們還會祭出一個「妙招」，就是把切下來的生殖器搗成粉末配酒服下，這個令人瞠目結舌的方法後來也收錄在《本草綱目》之中。[4]

至於傷口感染，他們的對策是把人關進密室裡。這種密室叫做「蠶室」，古籍說接受宮刑的人最怕受風，所以會在密室裡生火，保持溫暖。[5] 你一定覺得很奇怪，保暖能夠對抗傷口感染嗎？當然不行，但是由於傷口感染進展到敗血症時，患者將反覆發燒，而在發燒之前患者都會畏寒、發抖，所以古人直覺地認為是患者受風著涼而死，所以才會想出這樣的方法。

那閹割之後需要待在密不透風、不見天日的「蠶室」裡多久呢？

《清稗類鈔》裡這麼記載：「閹割之後，須居密室，避風百日，露風即死，無藥可療。」可見割除陰莖與睪丸後，傷口的範圍很大，需要三個多月才有辦法癒合，這段時間裡隨時都可能受到感染，患者也就會一直被關在密室裡頭。不難想像，待在蠶室裡的日子絕對是苦不堪言。另外，閹割男童的傷口會比較小，也比較容易存活，是以他們通常會挑男童下手。[6]

一開始，太監被視為低賤的奴役，飽受歧視，當然不會是人們心目中理想的職業，不過在經歷幾個宦官得勢的朝代之後，觀念漸漸改變。由於社會走向商業化，貧富差距懸殊，金錢至上的思維瀰漫；另一方面朝廷裡又出現了幾位權傾一時、呼風喚雨的宦官，老百姓看待太監的眼光從鄙夷轉成了欽羨，這種畸形的風氣在明代甚為嚴重。當時，宦官數目高達十萬人，不僅握有軍權，甚至坐擁整個帝國六成以上的財富。最具代表性的當屬汪直、劉瑾、魏忠賢等人。

汪直乃奴隸出身，由服侍貴妃的小太監幹起，因為受到寵幸而步步高升，在統領西廠之後加倍的肆無忌憚，使得「天下之人但知有西廠，而不知有朝廷；但知畏汪直，而不知畏陛下。」除了權勢之外，汪直還坐擁田產萬頃，可謂大富大貴。

至於在幼時被太監收養的劉瑾，長大之後也進宮成了太監。

由於從小服侍太子，所以在明武宗即位之後便漸漸攬權。劉瑾索賄貪汙毫不手軟，被抄家的時候可說是富可敵國，據聞他的家產有黃金二百五十萬兩，銀子五千萬餘兩，其他珍寶更是不計其數。[7]

另外一位赫赫有名的宦官魏忠賢同樣也是貧窮人家的小孩。少年時候的魏忠賢嗜酒好色，目不識丁，混跡街頭，因為賭博輸了錢走投無路，便自宮當了太監。受寵得勢的魏忠賢囂張跋扈，甚至被稱作「九千九百歲」，只比「萬歲」少了一點點。

有了這些鹹魚翻身的「成功案例」，讓引刀自宮成了謀求生計的手段或是有機會通往富貴的捷徑。根據記載，有一回朝廷打算選淨身男子三千人入宮，結果竟然有兩萬多人前來應徵，競爭激烈可見一斑。[8]

除了自宮以爭取進宮當差，甚至還有人將年幼的子孫給閹了，巴望著有一天可以搭上飛黃騰達的順風車。《萬曆野獲編》裡有段令人髮指的記載，述說當時有許多人為了富貴榮華而將子孫閹割，一個村子裡就有數百人，雖然官府屢次聲明禁止自宮，但是依舊有許多人無視死刑的恫嚇。[9]

然而，我們還是要做點平衡報導，畢竟將太監一概視為十惡不赦、奸邪卑鄙的壞蛋其實有欠公允。

歷史上鼎鼎大名的蔡倫，便是在十來歲的年紀進宮當太監，後來被提拔為中常侍，秩俸達兩千石。《東觀漢記》中記載，蔡

倫用樹皮、破布、漁網造紙，深受皇帝賞識，於是大家便把蔡倫當成「造紙術」的發明人。不過隨著考古文物出土，愈來愈多證據顯示在蔡倫之前便已經有紙的存在，造紙術的真正始祖顯然另有其人，不過，蔡倫曾改良造紙技術並大力推廣仍是相當重要的貢獻。[10]

另一位是多次下西洋的航海家鄭和，他原名馬和，在十歲的時候被俘虜並遭到閹割，此後便成了太監。因為在鄭州立下戰功，皇帝便賜他姓「鄭」。相命仙描述鄭和「身長九尺，腰大十圍，四岳峻而鼻小，眉目分明，耳白過面，齒如編貝，行如虎步，聲音洪亮。」和我們印象中瘦弱猥瑣的太監形象大不相同。

鄭和曾經出使日本、暹羅，爾後又率領龐大的船隊下西洋，最遠曾經抵達東非海岸。他的一生中有二十多年的歲月在航海探險，成就非凡。

仕女的夢中情人？

在宮廷裡任用閹人的狀況也同樣發生在伊斯蘭及拜占庭帝國，後宮裡的閹人常常是王子們最先接觸的人，甚至會成為未來掌權者的老師，影響頗巨。倘若男人是在過了青春期後才遭到閹割，那可能還是有性衝動及性經驗，有的閹人因為性知識淵博還可以指導皇帝，有的則是與後宮佳麗們發生性關係。也就是說，閹人於喪失生殖器官後依舊能夠維持活躍的性關係，社會成就及

影響力亦不容小覷。

　　過去的歐洲社會禁止婦女於教堂唱詩班及舞臺上演唱，但是卻需要有人演唱女高音。因此，尚未經歷青春期變聲的小男生就成了首選。不過這些受訓後的男孩們終究要面對「變聲」、黯然退出演唱界的一天。有些男孩（或家長）為了保住甜美高亢的嗓音，在青春期到來之前就先進行閹割手術，切除生殖器官。千萬不要以為這是罕見的狀況喔，在十七、十八世紀那個缺乏麻醉、消毒的時代，光是歌劇發源地義大利每年就有超過五千名男歌手，會接受閹割手術，以求踏上演唱舞臺。

　　當時歐洲女性瘋狂崇拜閹人歌手的程度，大概就和現代女性崇拜搖滾巨星一般。這群失去男性特徵的歌手反而成為熱門的性幻想對象。而且，失去陰囊後的閹人歌手等於拿到通行證，能夠自由進出女性專屬的沙龍，甚至直達貴婦閨房提供性服務。

　　根據記載，當時的仕女們認為去除陰囊保留陰莖的閹人歌手是很好的性伴侶，因為他們比一般男人更持久，而且還能更快恢復。就算陰莖也被切除了，閹人仍然可以用手或輔助器具讓女方達到高潮。更重要的是這些閹人歌手絕對不會讓女人懷孕，自然便成了貴婦們體驗出軌、歡愉的心頭好。

　　除了凡間的宮殿會任用閹人之外，還有人說，上帝身旁圍繞著的天使們可能都是閹人，因為天使沒有鬍鬚，缺乏其他男性特徵，但又不是女人，那大概就是閹人吧。而且天使們總是忠誠、

服從，能夠擔任守衛、保護者，必要的時候也會提供建言，角色確實與皇帝身旁的宦官頗為類似。

現代閹人

　　說了這麼多關於閹人的故事後，大家可能會想，太監、東方不敗這些好像都是屬於舊時代的人物，閹割這檔事應該走入歷史了吧？

　　事實並非如此。如今印度有一群稱為「海吉拉」的閹人，數目已經超過兩百萬人，是法律所承認的「第三性」，無論在政界或時裝界均逐步嶄露頭角，第三性的勢力絲毫不容小覷。

　　不只在印度，世界各地都有男人希望除掉自己的陰莖和睪丸，而且這群人並不想變成女生，只是純粹對自己的生殖器官感到不自在。有些男人的右側大腦感覺區與眾不同，所以會覺得陰莖與陰囊不該出現在自己的身上；有些男人是在孩童時期受到虐待，經常被父母威脅說要把雞雞剁掉，因此在腦海裡埋下了「陰莖不該留在我身上」的念頭；有些人從小在農場工作，常常目睹或動手替動物進行閹割，亦可能出現替自己閹割的念頭；還有些人性慾較強，容易發生性衝動，但在事後又懊悔不已，認為自己會被宗教遺棄或詛咒，只好用閹割來抑制自己的性衝動。涉嫌暗殺林肯總統的疑犯在逃亡過程中遭到一名士兵開槍擊斃，這名士兵後來就是為了避免自己受到路邊的妓女誘惑，而使用剪刀去

勢。某些同性戀者苦於無法自我認同，最後亦可能走上自宮這條路。

雖然我們無法確切知道現代還有多少男人會因為這些念頭而自行閹割，不過有人估算，光美國就有至少超過一萬人「自宮成功」。從一份統計了一百三十五位自我閹割男人的問卷得知，這些男人平均從二十四歲開始出現自宮的念頭，而考慮期長達十八年，因此大多到了四十二歲才會實際動手。考慮十八年耶！可見自我閹割的男人幾乎都是經過深思熟慮才做出決定，而非一時衝動。[11]

在漫長的考慮期中，多數男人都會隱藏如此私密的願望，僅三成的人願意跟親密朋友提到閹割的想法，只有一成的人會跟家人說，當然更不敢去找泌尿科醫師聊，生怕被當成瘋子。

這群自我閹割者之中，有將近五成具有學士學位。在美國二十五歲以上的民眾具有學士學位者大約三成，相較而言，自我閹割者這個族群的學歷比一般民眾還要高。在性偏好方面，大約三分之一的自我閹割者是異性戀，近四成是雙性戀，兩成是同性戀，剩下有些閹割者認為自己沒有性偏好。

值得注意的事情是，由於他們無法經由正規醫療來切除生殖器，所以只好採用各種稀奇古怪的旁門左道。

網路上可以找到一些幫忙閹割的密醫，這些密醫通常沒有接受過醫學教育，可能是在野戰醫院當過助手，或是在農場裡閹

割馬匹、牛隻的老手，因此密醫們會使用閹割動物的方法和工具。例如有一種替牛隻去勢的鉗子（Burdizzo clamp）能夠夾緊陰囊，藉著阻斷睪丸的血液供應，讓睪丸縮小壞死。這種做法的好處是不需要動刀切開陰囊，縱使沒有接受過專業訓練也能執行，但是將鉗子夾在精索上，絕對會帶來極大的痛楚，若是沒有接受麻醉應該很難成功挺住。另外還有種替小羊去勢的工具（Elastrator），是用橡皮圈緊緊箍住陰囊，使睪丸缺血壞死，既簡單又便宜，完全不需要任何特殊技巧，不過這種做法同樣會造成劇烈的痛楚，而且會延續好幾天，非常難熬。

由於這些自我閹割方式讓人心生恐懼，所以又出現了另一種新式閹割。他們會用針筒替睪丸施打藥物，可以選用 95% 的酒精或高濃度的伏特加，因為高濃度酒精會使組織壞死，只要每一、兩個星期打一次，數個月後睪丸就會壞死變硬，摸起來很像睪丸癌的硬度，而且超音波檢查也會類似睪丸癌的表現，因此這些人就能合情合理地請泌尿科醫師施行睪丸切除手術。

除了酒精之外，乳酸、葡萄糖鋅、氯化鈣也都有人用過。根據使用者描述，對自己的睪丸施打酒精是會讓硬漢痛到跪地噴淚，還得一而再、再而三地重複注射，過程中的痛苦實在讓人難以想像。但是這個方法成功率很高，還能名正言順地請泌尿科醫師開刀切除睪丸，反而成為很受歡迎的自宮方式。

有個人在專門討論「閹割」的網站[12]描述自己的經驗：「泌

尿科醫師看起來有點愧咎，因為他切下我的睪丸，病理檢查卻沒找到癌細胞，而是多處的『局部壞死』。醫師說，他無法解釋為什麼會有這種狀況發生。醫師問我是否曾經罹患性病，或是受到撞擊，我告訴他都沒有，只是有的時候睪丸會突然疼痛和腫大。醫師說，這應該是某種嚴重的急性感染。總之，醫師對於切除我的睪丸卻沒有找到癌細胞充滿抱歉，而我告訴他說：『沒關係，我很開心。』」

可以想見，曾經與人類的歷史密不可分的閹割，將持續存在，並呈現出更多的樣貌。

〔性學小站〕

做愛可以減肥？

偶爾會聽到人家說：「做愛所消耗的能量等於跑了好幾圈操場，所以只要多多做愛就能夠減肥。」

滾滾床單就能瘦身，天底下真的有這麼好康的事情嗎？

加拿大學者招募了二十一對伴侶來做研究，並用「能量代謝測定儀」來測量跑步與做愛所消耗的能量。[13]

一開始，所有受試者都先在跑步機上慢跑三十分鐘，留下數據，然後帶著能量代謝測定儀回家。受試者會在每次做愛時配戴測定儀，且記錄從前戲到結束的時間。

實驗發現，慢跑時男人每分鐘大約消耗九‧二大卡，女人則約七‧一大卡；而做愛過程中男人每分鐘大約消耗四‧二大卡，女人每分鐘大約消耗三‧一大卡。換句話說，一場十五分鐘的性愛，男人大約消耗六十三大卡，女人大約四十六大卡，看來做愛消耗的能量其實相當有限。

別忘嘍，每三百毫升的可口可樂就含有一百二十六大卡的熱量，若想減重還是得扎扎實實地運動，單靠滾床單是絕對辦不到的。

注釋

第 1 課　G 點傳說

1　Addiego F, Belzer EG, Comolli J, Moger W, Perry JD, Whipple B. Female ejaculation: a case study. J Sex Res 1981;17:1-13.

2　Gräfenberg E. The role of the urethra in female orgasm. Int J Sexology 1950;3:145-8.

3　Ladas AK, Whipple B, Perry JD. The G spot and other discoveries about human sexuality. New York: Holt, Rinehart, and Winston; 1982.

4　Goldberg DC, Whipple B, Fishkin RE, et al. The Gräfenberg spot and female ejaculation: a review of initial hypotheses. J Sex Marital Ther. 1983 Spring;9(1):27-37.

5　Syed R. [Knowledge of the "Gräfenberg zone" and female ejaculation in ancient Indian sexual science. A medical history contribution]. Sudhoffs Arch. 1999;83(2):171-90.

6　O'Connell HE, Sanjeevan KV, Hutson JM. Anatomy of the clitoris. J Urol. 2005 Oct;174(4 Pt 1):1189-95.

7　Gravina GL, Brandetti F, Martini P, et al. Measurement of the thickness of the urethrovaginal space in women with or without vaginal orgasm. J Sex Med. 2008 Mar;5(3):610-8.

8　Ostrzenski A. G-spot anatomy: a new discovery. J Sex Med. 2012 May;9(5):1355-9.

9　Darling CA, Davidson JK Sr, Conway-Welch C. Female ejaculation:

perceived origins, the Gräfenberg spot/area, and sexual responsiveness. Arch Sex Behav. 1990 Feb;19(1):29-47.

10 Davidson JK Sr, Darling CA, Conway-Welch C. The role of the Gräfenberg Spot and female ejaculation in the female orgasmic response: an empirical analysis. J Sex Marital Ther. 1989 Summer;15(2):102-20.

11 Burri AV, Cherkas L, and Spector TD. Genetic and environmental influences on self-reported G-spots in women: A twin study. J Sex Med 2010;7:1842-1852.

12 If at the end of the day, someone's invented something and they feel pleasure from it, then I think that's great.

第 2 課　一個人的性愛

1 《笑林廣記》：一人年逾四旬始議婚，自慚太晚，飾言續弦。及娶後，妻察其動靜，似為未曾婚者。乃問其前妻何氏，夫驟然不及思，遽答曰：「手氏。」

2 《歡喜冤家》：國卿不聽他說，竟脫衣睡了。巫娘無奈，祇得上床就寢。一時間雲雨起來，津津聲響，花生聽見，那物直晝起來，不免五姑娘一齊動手。

3 且，與「居」字同音。

4 虔婆是「三姑六婆」中的一種職業，也就是媒介性交易的老鴇，又叫「媽媽生」。

5 《明史》「於是戶部定：鈔一錠，折米一石；金一兩，十石；銀一兩，二石。」

6 《南中紀聞》：緬鈴薄極，無可比似。大如小黃豆，內藏鳥液少少許，外裹薄銅七十二層，疑屬鬼工神造。以置案頭，不住旋運。握之，令人渾身麻木。收藏稍不謹細，輒破。有毫髮破壞，

更不可修葺，便無用矣。鳥液出深山坳中，異鳥翔集所遺精液也，瑩潤若珠，最不易得。

7　《簷曝雜記》：緬地有淫鳥，其精可助房中術，有得其淋於石者，以銅裹之如鈴，謂之緬鈴。余歸田後，有人以一鈴來售，大如龍眼，四周無縫，不知其真偽，而握入手，稍得暖氣，則鈴自動，切切如有聲，置於几案則止，亦一奇也。余無所用，乃還之。

8　太極丸，世稱緬鈴，為婦人所御。據彼處土人云，緬人覓鵬精，裹以小金，丸如綠豆大。男子微割其勢，納鈴於中，旋復長合，終其身弗復出矣。一名太極丸。鵬性最淫，遇牝即合，遺精於地，收之為鈴，得暖則跳躍不止，蓋氣所感也。土人求之，亦不易得。今世所傳，大如龍眼，俱係贋作，聊以欺人耳。

9　Rung-Jy Wang, Yu Huang, Yen-Chin Lin. A Study of Masturbatory Knowledge and Attitudes and Related Factors Among Taiwan Adolescents. J Nurs Res. 2007 Sep;15(3):233-42.

10　Gerressu M, Mercer CH, Graham CA, Wellings K, Johnson AM. Prevalence of Masturbation and Associated Factors in a British National Probability Survey, Arch Sex Behav. 2008 Apr;37(2):266-78.

11　Lindau ST, Schumm LP, Laumann EO, et al. A study of sexuality and health among older adults in the United States. N Engl J Med. 2007 Aug 23;357(8):762-74.

12　精確的數據如下：57 歲至 64 歲的男性自慰比率為 63.4%，65 歲到 74 歲男性自慰比率為 53.0%，75 歲至 85 歲男性自慰比率為 27.9%。57 歲至 64 歲女性自慰比率為 31.6%，65 歲到 74 歲女性自慰比率為 21.9%，75 歲至 85 歲女性自慰比率為 16.4%。

13　精確的數據如下：有伴侶或其他親密關係的人有 52% 的男性和

25% 的女性會自慰。沒有伴侶的人有 55% 男性和 23% 的女性會自慰。

14　Anderson RA, Bancroft J, Wu FC. The effects of exogenous testosterone on sexuality and mood of normal men. J Clin Endocrinol Metab. 1992 Dec;75(6):1503-7.

15　Schick V, Herbenick D, Rosenberger JG, Reece M. Prevalence and characteristics of vibrator use among women who have sex with women. J Sex Med. 2011 Dec;8(12):3306-15.

16　Henry Havelock Ellis，1859-1939，是個長期有陽痿困擾的性學專家。

17　Ruth Thomsen. Sperm Competition and the Function of Masturbation in Japanese Macaques. 2000

18　屋久島具有豐富的森林植被，宮崎駿動畫《魔法公主》正是以屋久島為背景。

19　Robin Baker

20　Giles GG, Severi G, English DR, McCredie MR, Borland R, Boyle P, Hopper JL. Sexual factors and prostate cancer. BJU Int. 2003 Aug;92(3):211-6.

21　Atum 或作 Tem、Temu、Tum、Atem。

22　Insanity and Death from Masturbation, Boston Med Surg J 1842; 26:283-286

23　Effects of Masturbation on Vision, Boston Med Surg J 1835; 12:175

24　Surgical Treatment of Hopeless Cases of Masturbation and Nocturnal Emissions, Boston Med Surg J 1883;109:130

25　Smith D, Over R. Correlates of fantasy-induced and film-induced male sexual arousal. Arch Sex Behav. 1987 Oct;16(5):395-409.

第 3 課　那話兒的尺寸愈大愈好？

1　《笑林廣記》：「一人謀娶婦，慮其物小，恐貽笑大方，必欲得一處子。或教之曰：『初夜但以卵示之，若不識者，真閨女矣。』其人依言，轉諭媒妁，如有破綻，當即發還。媒曰：『可。』及娶一婦，上床解物詢之，婦以卵對。乃大怒，知非處子也，遂遣之。再娶一婦，問如前，婦曰：『雞巴?』其人詫曰：『此物的表號都已曉得，一發不真。』又遣之。最後娶一年少者，仍試如前，答曰：『不知。』此人大喜，以為真處子無疑矣，因握其物指示曰：『此名為卵。』女搖頭曰：『不是。我也曾見過許多，不信世間有這般細卵。』」

2　《笑林廣記》：「有寡婦嫁人而索重聘。媒曰：『再醮與初婚不同，誰肯出次高價。』婦曰：『我還是處子，未曾破身。』媒曰：『眼見嫁過人，今做孤孀，那個肯信?』婦曰：『實不相瞞，先夫陽具渺小，故外面半截，雖則重婚，裡邊其實是個處子。』」

3　《子不語》：「壬辰二月間，余過江寧縣前，見道旁爬一男子，年四十餘，有鬚，身面縮小，背負一肉山，高過於頂，黃脹膨亨，不知何物。細視之，有小竅，而陰毛圍之，方知是腎囊也。囊高大，兩倍於其身，而拖曳以行，竟不死。乞食於途。」

4　Sharma K, Gupta S, Naithani U, Gupta S. Huge vulval elephantiasis: Anesthetic management for caesarean delivery. J Anaesthesiol Clin Pharmacol. 2011 Jul;27(3):416-7.

5　Chintamani, Singh J, Tandon M, Khandelwal R, Aeron T, Jain S, Narayan N, Bamal R, Kumar Y, Srinivas S, Saxena S. Vulval elephantiasis as a result of tubercular lymphadenitis: two case reports and a review of the literature. J Med Case Rep. 2010 Nov 18;4(1):369.

6　Dillon BE, Chama NB, Honig SC. Penile size and penile enlargement surgery: a review. Int J Impot Res. 2008 Nov-Dec;20(6):519-29.

7 Mautz BS, Wong BB, Peters RA, Jennions MD. Penis size interacts with body shape and height to influence male attractiveness. Proc Natl Acad Sci U S A. 2013 Apr 23;110(17):6925-30.

8 Lever, J., Frederick, D. A., & Peplau, L. A. (2006). Does size matter? Men's and women's views on penis size across the lifespan. Psychology of Men & Masculinity, 7, 129-143.

9 《思無邪小記》，姚靈犀著。

10 Shah J, Christopher N. Can shoe size predict penile length? BJU Int. 2002 Oct;90(6):586-7.

11 Orakwe JC, Ogbuagu BO, Ebuh GU. Can physique and gluteal size predict penile length in adult Nigerian men? West Afr J Med. 2006 Jul-Sep;25(3):223-5.

12 Aslan Y, Atan A, Omur Aydın A, Nalçacıoğlu V, Tuncel A, Kadıoğlu A. Penile length and somatometric parameters: a study in healthy young Turkish men. Asian J Androl. 2011 Mar;13(2):339-41.

13 身體質量指數（Body Mass Index）＝體重 (kg) / 身高 (m)2

14 Mehraban D, Salehi M, Zayeri F. Penile size and somatometric parameters among Iranian normal adult men. Int J Impot Res. 2007 May-Jun;19(3):303-9.

15 Shalaby ME, Almohsen AE, El Shahid AR, Abd Al-Sameaa MT, Mostafa T. Penile length-somatometric parameters relationship in healthy Egyptian men. Andrologia. 2014 Apr 2. doi: 10.1111/ and.12275.

16 Lutchmaya S, Baron-Cohen S, Raggatt P, Knickmeyer R, Manning JT. 2nd to 4th digit ratios, fetal testosterone and estradiol. Early Hum Dev. 2004 Apr;77(1-2):23-8.

17 Choi IH, Kim KH, Jung H, Yoon SJ, Kim SW, Kim TB. Second to fourth digit ratio: a predictor of adult penile length. Asian J Androl. 2011 Sep;13(5):710-4.

18 Hönekopp J, Voracek M, Manning JT. 2nd to 4th digit ratio (2D:4D) and number of sex partners: evidence for effects of prenatal testosterone in men. Psychoneuroendocrinology. 2006 Jan;31(1):30-7.

19 Ponchietti R, Mondaini N, Bonafè M, Di Loro F, Biscioni S, Masieri L. Penile length and circumference: a study on 3,300 young Italian males. Eur Urol. 2001 Feb;39(2):183-6.

第 4 課 睡前維他命

1 《驗方新編》清代鮑相璈著於 1846 年。

2 Giles Skey Brindley，1926-

3 Papaverine

4 Robert Joseph "Bob" Dole，1923-

5 Larry King Live

6 Larry King，1933-

7 Alan C. Greenberg，1927-，時任貝爾斯登公司總裁。

8 Cialis

9 Levitra

第 5 課 乳房愈大愈性感？

1 聖伯納德，St. Bernard de Clairvaux，西元 1090 ～ 1153 年。

2 《思無邪小記》：「今南中婦女，悉用兜子，以尺方之布為之，折其一角，以金絡索系之。挂於頸上，橫端兩角，以繩系腰，而緊束前胸，用以防風迫乳。」

3 《笑林廣記》：「一婦人兩乳極大，每用抹胸束之。一日，忘緊

抹胸，偶出見人。人怪而問曰：『令郎是幾時生的？』婦曰：『還不曾產育。』人問曰：『既不是令郎，你胸前袋的是甚麼？』」

4　《玉房指要》：「不必皆須有容色妍麗也，但欲得年少未生乳而多肌肉者耳。但能得七八人，便大有益也。」

5　朱彝尊，字錫鬯，號竹垞，西元 1629 年～ 1709 年。

6　因為芡實富含澱粉，在乾燥磨成粉末後可以用於烹飪，使湯汁變得濃稠，這便是「勾芡」、「打芡」，不過已漸漸被其他的澱粉取代。

7　Frederick DA, Peplau A, Lever J. The barbie mystique: satisfaction with breast size and shape across the lifespan. International Journal of Sexual Health. 2008;20(3):200-211.

8　Ateya A, Fayez A, Hani R, Zohdy W, Gabbar MA, Shamloul R. Evaluation of prostatic massage in treatment of chronic prostatitis. Urology. 2006 Apr;67(4):674-8.

第 6 課　隆乳一百年

1　Dixson BJ, Grimshaw GM, Linklater WL, Dixson AF. Eye-tracking of men's preferences for waist-to-hip ratio and breast size of women. Arch Sex Behav. 2011 Feb;40(1):43-50.

2　Frank Gerow

3　Thomas Cronin

4　Timmie Lindsey

5　Dow Corning Corporation

6　Cosmetic Surgery Statistics–The American Society for Aesthetic Plastic Surgery, 2012

7　Walker PS, Walls B, Murphy DK. Natrelle saline-filled breast implants: a prospective 10-year study. Aesthet Surg J. 2009 Jan-Feb;29(1):19-25.

8   "Important Information for Women About Breast Augmentation with INAMED Silicone-Filled Breast Implants" (PDF). 2006-11-03. Retrieved 2007-05-04.

9   Hedén P, Nava MB, van Tetering JP, et al. Prevalence of rupture in inamed silicone breast implants. Plast Reconstr Surg. 2006 Aug;118(2):303-8.

10   Maijers MC, Niessen FB. Prevalence of rupture in poly implant Prothèse silicone breast implants, recalled from the European market in 2010. Plast Reconstr Surg. 2012 Jun;129(6):1372-8.

11   Heather Bryant, Penny Brasher. BREAST IMPLANTS AND BREAST CANCER–REANALYSIS OF A LINKAGE STUDYN. Engl J Med 1995;332:1535-9.

12   Diana L. Miglioretti, Carolyn M. Rutter, Berta M. Geller, et al. Effect of Breast Augmentation on the Accuracy of Mammography and Cancer Characteristics. JAMA. 2004;291:442-450.

13   Cook, L. S., Daling, J. R., Voigt, L. F., et al. Characteristics of women with and without breast augmentation. JAMA. 1997;277:1612.

14   Figueroa-Haas CL. Effect of breast augmentation mammoplasty on self-esteem and sexuality: a quantitative analysis. Plast Surg Nurs. 2007 Jan-Mar;27(1):16-36.

15   Koot, V. C. M., Peeters, P. H. M., Granath, F., et al. Total and cause specific mortality among Swedish women with cosmetic breast implants: Prospective study. B.M.J. 326:527, 2003.

16   Pukkala, E., Kulmala, I., Hovi, S. L., et al. Causes of death among Finnish women with cosmetic breast implants, 1971-2001. Ann. Plast.

Surg. 51:339, 2003.

第 7 課　有潮吹才算性高潮？

1　蓋倫，Claudius Galenus，簡稱 Galen，西元 129 ～ 200 或 216 年。

2　伊本・西那，Ibn Sīnā，西元 980 ～ 1037 年。

3　《醫述》，清代程杏軒撰於西元 1826 年。

4　《外科全生集》：「男精洩於先，而女精後至，則陰裏陽，主男孕。如女精洩於先，而男精後至，則陽裏陰，主女孕。」清代王維德撰於西元 1740 年。

5　《攝生總要》：「爐鼎者，可擇陰人十五六歲以上，眉清目秀，齒白唇紅，面貌光潤，皮膚細膩，聲音清亮，語言和暢者，乃良器也。若元氣虛弱黃瘦，經水不調，及四十歲上下者不可用也。凡與之交，擇風日暄和之候，定息調停，戰之以不洩之法，待其情動昏蕩之際，舌下有津而冷，陰液滑流，當此之時，女人大藥出矣。上則緊唖其舌，以左手搣其右脅下，則神驚精氣洩出，吸其氣和液咽，之則玉莖亦能吸其陰精入宮，如水逆流直上，然後御劍，則神妙矣。夫上採舌者，謂之天池水；中採乳者，謂之先天酒；下採陰者，謂之後天酒。崔公云：先天氣，後天氣，得之者，常似醉。豈戲語哉？依法採其三次，若其陰實不過，候其情甚，快唖其舌，退龜少出，如忍大便狀，則其陰精自洩矣。此法巧妙，功用極大，不可輕傳，以洩天機。慎之！慎之。」明代洪基撰於西元 1638 年。

6　《目經大成》：「紅鉛乃室女初次經水，取法用新棉花濃鋪馬布上，漬透扭下，換花復漬，至盡曬乾。白鉛即人乳，擠一碗傾瓷盆中，裂日逼乾，庶不變味。」

7　《傅青主女科》：「臨產交骨不開者，多由於產前貪欲，泄精太

甚，精泄則氣血失生化之本，而大虧矣。」清代傅山撰於西元 1827 年。

8　《傅青主女科》：「蓋產門之上，原有骨二塊，兩相鬥合，名曰交骨。未產之前，其骨自合，若天衣之無縫；臨產之際，其骨自開，如開門之見山。」

9　《丹溪心法》：「思想成病，其病在心……因夢交而出精者，謂之夢遺；不因夢而自泄精者，謂之精滑。皆相火所動，久則有虛而無寒也。」元代朱震亨撰於西元 1347 年。

10　《一見能醫》：「帶下之狀，如涕之稠黏，與男子遺精同也。」清代朱時進撰於西元 1873 年。

11　《黃帝內經素問補註釋文》：「思想無窮，所願不得，意淫於外，入房太甚，宗筋弛縱，發為筋痿，及為白淫。白淫，謂白物淫衍，如精之狀，男子溺便而下，女子陰器中綿綿而下也。」

12　《素靈微蘊》：「其在男子，則病遺精，其在女子，則病帶下。……液溢而下流於陰，髓液皆減而下，下過度則虛，虛故腰背痛而脛酸，即遺精帶下之証也。」清代黃元御撰於西元 1754 年。

13　《四聖心源》：「帶下者，陰精之不藏也。相火下衰，腎水漸寒，經血凝瘀，結於少腹，阻格陰精上濟之路，腎水失藏，肝木疏洩，故精液淫，流而為帶。」清代黃元御撰於 1749 年。

14　《竹泉生女科集要》：「濁証則與男子遺精無異，由精竅出，多自覺之。但欲以情白醫者而不可為言，故莫能辨之也。」

15　Amy L. Gilliland. Women' s Experiences of Female Ejaculation. Sexuality & Culture, 2009, Volume 13, Issue 3, pp 121-134.

16　Schubach G. Urethral expulsions during sensual arousal and bladder catheterization in seven human females. E J Hum Sex 2001;4.

17　《AV 女優的工作現場》，作者：溜池五郎，譯者：王榆琮，時報

出版。

18　德‧格拉夫，Reinier de Graaf，西元 1641 ～ 1673 年。

19　斯梅利，William Smellie，西元 1697 ～ 1763 年。

20　亞歷山大‧斯基恩，Alexander Skene，西元 1837 ～ 1900 年。

21　「G 點」的原文為 Gräfenberg Spot，簡稱「G spot」，即是以葛雷
　　芬柏格醫師來命名。

22　攝護腺特定抗原，prostate- specific antigen，簡稱 PSA。

23　攝護腺酸性磷酸酶，prostate-specific acid phosphatase，簡稱
　　PSAP。

24　Zaviacic M, Ablin RJ. The female prostate. J Natl Cancer Inst. 1998
　　May 6;90(9):713-4.

25　Wimpissinger F, Stifter K, Grin W, Stackl W. The female prostate
　　revisited: perineal ultrasound and biochemical studies of female
　　ejaculate. Sex Med. 2007 Sep;4(5):1388-93.

26　Zaviacic M, Ablin RJ. The use of prostate-specific antigen as a
　　criterion for condom effectiveness. Am J Epidemiol. 2005 Oct
　　1;162(7):704-5.

27　Borchert GH, Giai M, Diamandis EP. Elevated levels of prostate-
　　specific antigen in serum of women with fibroadenomas and breast
　　cysts. J Natl Cancer Inst. 1997 Apr 16;89(8):587-8.

28　Korytko TP, Lowe GJ, Jimenez RE, Pohar KS, Martin DD. Prostate-
　　specific antigen response after definitive radiotherapy for Skene's
　　gland adenocarcinoma resembling prostate adenocarcinoma. Urol
　　Oncol. 2012 Sep;30(5):602-6.

29　Wallen K, Lloyd EA. Female sexual arousal: genital anatomy and
　　orgasm in intercourse. Horm Behav. 2011 May;59(5):780-92.

第 8 課　吞下春藥，慾火焚身？

1　《北戶錄》：「紅蝙蝠出隴州，皆深紅色，惟翼脈淺黑，多雙伏紅蕉花間，採者若獲其一，則一不去，南人收為媚藥。」

2　《證類本草》：「形長小，兩股如石蟹，在草頭能飛，螽之類，無別功。與蚯蚓交，在土中得之，堪為媚藥。」

3　《本草綱目拾遺》：「雲南有小蟲，名曰隊隊，狀如虱，出必雌雄隨；人偶得之，以賣富貴家，價至四五金。富貴家貯以銀匣，置於枕頭內，則夫妻和好無反目，此則物氣之正人也。入媚藥，治夫婦不和。」清代趙學敏著於西元 1765 年。

4　《白虎通德論》：「德至鳥獸則鳳皇翔，鸞鳥舞，麒麟臻，白虎到，狐九尾，白雉降，白鹿見，白鳥下。」

5　《藝文類聚》九尾狐者，六合一同則見。文王時，東夷歸之，一本曰：王者不傾於色則至。

6　《東觀漢記》：「章帝時，鳳凰三十九，麒麟五十一，白虎二十九，黃龍四，青龍、黃鵠、鸞鳥、神馬、神雀、九尾狐、三足烏、赤烏、白兔、白鹿、白燕、白鵲、甘露、嘉瓜、秬秠、明珠、芝英、華苹、朱草、木連理實，日月不絕，載于史官，不可勝紀。」

7　《抱朴子》：「狐狸豺狼，皆壽八百歲。滿五百歲，則善變為人形。」東晉葛洪著於西元 317 年。

8　《搜神記》第十二卷。

9　《太平廣記》宋代李昉等人編於西元 978 年。

10　《本草蒙筌》：「狐，能為妖魅迷人，由古淫婦所化。口中涎液，合媚藥合接易成。以小口罐盛肉，置狐所常經處，狐見肉欲啖，爪不能入，徘徊不舍，涎皆入罐中，故得取為媚藥。」明代陳嘉謨編於西元 1565 年。

11　《廣異記》：「唐劉全白說云。其乳母子眾愛。少時，好夜中將

網斷道，取野豬及狐狸等。全白莊在岐下，後一夕。眾於莊西數里下網。己伏網中，以伺其至。暗中聞物行聲，覘見一物，伏地窺網。因爾起立。變成緋裙婦人。行而違網，至愛前車側，忽捉一鼠食。愛連呵之，婦人忙遽入網，乃棒之致斃，而人形不改。愛反疑懼，恐或是人，因和網沒漚麻池中。夜還與父母議，及明，舉家欲潛逃去。愛竊云：「寧有婦人食生鼠，此必狐耳。」復往麻池視之，見婦人已活，因以大斧自腰後斫之，便成老狐。愛大喜，將還村中。有老僧見狐未死，勸令養之，云：「狐口中媚珠，若能得之，當為天下所愛。」以繩縛狐四足，又以大籠罩其上。養數日，狐能食。僧用小罐口窄者，埋地中，令口與地齊，以兩戴豬肉，炙於罐中。狐愛炙而不能得，但以口囓罐，候炙冷，復下兩臠。狐涎沫久之，炙與罐滿，狐乃吐珠而死。珠狀如棋子，通圓而潔。」

12 《賢博編》：「龍涎香，大海中山島下龍潛處有之，沒人覓取，多為龍所害。致之甚難，不啻如頷下珠也。每兩價值百金。廣州府庫向有數兩，儲以備官家不時之需，稅使聞之，悉奪而進御矣。余聞是香氣腥，殊不可近，有言媚藥中此為第一者。」明代葉權著。

13 《嶺外代答》：「龍涎，大食西海多龍，枕石一睡，涎沫浮水，積而能堅。鮫人探之以為至寶。」

14 《蟲鳴漫錄》：「紀文達公自言乃野怪轉身，以肉為飯，無粒米入口，日御數女。五鼓如朝一次，歸寓一次，午間一次，薄暮一次，臨臥一次。不可缺者。此外乘興而幸者，亦往往而有。」

15 《嘯亭雜錄》清代昭槤著。

16 《閱微草堂筆記》：「嘗宿友人齋中，天欲曉，忽二鼠騰擲相逐，滿室如飆輪旋轉，彈丸迸躍，瓶罍罌洗，擊觸皆翻，砰鏗碎裂之聲，使人心戒久之。一鼠躍起數尺，復墮於地，再踢再仆，

乃僵。視之，七竅皆流血，莫知其故。急呼其家僮收驗器物，見
桦中所晾媚藥數十丸，齧殘過半，乃悟鼠誤吞此藥，狂淫無度，
牝不勝嬲而竄避，牡無所發洩，蘊熱內燔以斃也。友人出視，且
駭且笑，既而悚然曰：『乃至是哉！吾知懼矣。』盡復所蓄藥於
水。夫燥烈之藥，加以鍛鍊，其力既猛，其毒亦深，吾見敗事者
多矣。蓋退之硫黃，賢者不免。慶子此友，殆數不應盡，故鑒於
鼠而忽悟歟？」

17　《華佗神方》：「患者頭角忽生瘡癤，第一日頭重如山，越日即
變青紫，再越日青紫及於全身即死。本症多得之於常服媚藥。」

18　《瘍醫大全》：「蓋春藥之類不過一丸，食之即強陽善戰，非用
大熱之藥，何能致此？世間大熱之藥，無不過陽起石、附子二
味，俱有大毒。且陽起石必經火而後入藥，是乾燥之極，自然克
我津液，況窮極工巧，博婦女之歡，筋骸氣血俱動，久戰之後，
必大洩盡歡，水去而火益熾矣。久久貪歡，必然結成大毒，火氣
炎上，所以多發在頭角太陽之部位也。」清代顧世澄著於西元
1760 年。

第 9 課　男人的包皮割不割？

1　《醫門補要》：「大人小孩，龜頭有皮裹包，只留細孔，小便難
瀝。以骨針插孔內，逐漸撐大。若皮口稍大，用剪刀，將馬口旁
皮，用鉗子鉗起，量意剪開，速止其血。或用細針穿藥線在馬口
旁皮上穿過約闊數分，後將藥線打一活抽結，遂漸收緊，七日皮
自豁，則馬口可大矣。」

2　J Hutson. Circumcision: a surgeon's perspective. J Med Ethics. Jun
2004; 30(3): 238-240.

3　To T, Agha M, Dick PT, Feldman W. Cohort study on circumcision of
newborn boys and subsequent risk of urinary-tract infection. Lancet.

1998 Dec 5;352(9143):1813-6.

4   Schoen EJ, Colby CJ, Ray GT. Newborn circumcision decreases incidence and costs of urinary tract infections during the first year of life. Pediatrics. 2000 Apr;105(4 Pt 1):789-93.

5   Alcena, Valiere MD. AIDS in third world Countries. New York State Journal of Medicine, Vol. 86, August 1986 (attached)

6   Gray RH, Kigozi G, Serwadda D, Makumbi F, Watya S, Nalugoda F, Kiwanuka N, Moulton LH, Chaudhary MA, Chen MZ, Sewankambo NK, Wabwire-Mangen F, Bacon MC, Williams CF, Opendi P, Reynolds SJ, Laeyendecker O, Quinn TC, Wawer MJ. Male circumcision for HIV prevention in men in Rakai, Uganda: a randomised trial. Lancet. 2007 Feb 24;369(9562):657-66.

7   Tobian AA, Gray RH. Male foreskin and oncogenic human papillomavirus infection in men and their female partners. Future Microbiol. 2011 Jul;6(7):739-45.

8   Mehta SD, Gaydos C, Maclean I, Odoyo-June E, Moses S, Agunda L, Quinn N, Bailey RC. The effect of medical male circumcision on urogenital Mycoplasma genitalium among men in Kisumu, Kenya. Sex Transm Dis. 2012 Apr;39(4):276-80.

9   Tobian AA, Gaydos C, Gray RH, Kigozi G, Serwadda D, Quinn N, Grabowski MK, Musoke R, Ndyanabo A, Nalugoda F, Wawer MJ, Quinn TC. Male circumcision and Mycoplasma genitalium infection in female partners: a randomised trial in Rakai, Uganda. Sex Transm Infect. 2014 Mar;90(2):150-4.

10   Van Howe RS. Sexually Transmitted Infections and Male Circumcision: A Systematic Review and Meta-Analysis. ISRN Urol. 2013 Apr 16;2013:109846.

11 Namavar MR, Robati B. Removal of foreskin remnants in circumcised adults for treatment of premature ejaculation. Urol Ann. 2011 May;3(2):87-92.

12 參閱《玩命手術刀：外科史上的黑色幽默》第四章，作者：劉育志、白映俞，商業周刊出版。

13 Shaeer O. The global online sexuality survey (GOSS): The United States of America in 2011 Chapter III--Premature ejaculation among English-speaking male Internet users. J Sex Med. 2013 Jul;10(7):1882-8.

14 Waldinger MD, Quinn P, Dilleen M, Mundayat R, Schweitzer DH, Boolell M. A multinational population survey of intravaginal ejaculation latency time. J Sex Med. 2005 Jul;2(4):492-7.

15 Morris BJ, Krieger JN. Does male circumcision affect sexual function, sensitivity, or satisfaction?--a systematic review. J Sex Med. 2013 Nov;10(11):2644-57.

16 Donald A. Calsyn, PhD, Sarah J. Cousins, BS, Mary A. Hatch-Maillette, PhD, Alyssa Forcehimes, PhD, Raul Mandler, MD, Suzanne R. Doyle, PhD, and George Woody, MD. Sex Under the Influence of Drugs or Alcohol: Common for Men in Substance Abuse Treatment and Associated with High Risk Sexual Behavior. Am J Addict. 2010 Mar-Apr; 19(2): 119-127.

第 10 課　通往女人心的路，是陰道？

1 Kendrick KM, Keverne EB, Baldwin BA. Intracerebroventricular oxytocin stimulates maternal behaviour in the sheep. Neuroendocrinology. 1987 Jun;46(1):56-61.

2 Kendrick KM, Keverne EB, Baldwin BA, Sharman DF. Cerebrospinal

fluid levels of acetylcholinesterase, monoamines and oxytocin during labour, parturition, vaginocervical stimulation, lamb separation and suckling in sheep. Neuroendocrinology. 1986;44(2):149-56.

3 Kendrick KM, Lévy F, Keverne EB. Importance of vaginocervical stimulation for the formation of maternal bonding in primiparous and multiparous parturient ewes. Physiol Behav. 1991 Sep;50(3):595-600.

4 Theodoridou A, Rowe AC, Penton-Voak IS, Rogers PJ. Oxytocin and social perception: oxytocin increases perceived facial trustworthiness and attractiveness. Horm Behav. 2009 Jun;56(1):128-32.

5 McClintock, M. K. Menstrual Synchrony and Suppression. Nature 229:244-245.

第 11 課　腎虧損身，精盡人亡？

1 《飛燕外傳》：「帝病緩弱，太醫萬方不能救，求奇藥，嘗得慎恤膠遺昭儀。昭儀輒進帝，一丸一幸。一夕，昭儀醉進七丸，帝昏夜擁昭儀居九成帳，笑吃吃不絕。抵明，帝起御衣，陰精流輸不禁，有頃，絕倒。挹衣視帝，餘精出湧，沾汙被內。須臾帝崩。」

2 《玉房祕訣》：「人有強弱，年有老壯，各隨其氣力，不欲強快，強快即有所損。故男年十五，盛者可一日再施，瘦者可一日一施；年二十，盛者日再施，羸者可一日一施；年三十，盛者可一日一施，劣者二日一施；四十，盛者三日一施，虛者四日一施；五十，盛者可五日一施，虛者可十日一施；六十，盛者十日一施，虛者二十日一施；七十，盛者可三十日一施，虛者不瀉。」

3 Landripet I, Štulhofer A. Is Pornography Use Associated with Sexual Difficulties and Dysfunctions among Younger Heterosexual Men? J

Sex Med. 2015 Mar 26.

第 12 課　吃鞭補鞭，睪丸可以回春？

1　《五雜俎》：「今山東登、萊間，海狗亦不可多得，往往偽為之，乃取狗腎而縫合於牝海狗之體以欺人耳。」明代謝肇淛撰於西元 1616 年。

2　《本草備要》：「海狗腎，一名腽肭臍。補腎助陽，治虛損勞傷，陰痿精冷，功近蓯蓉、鎖陽。出西番，今東海亦有之。似狗而魚尾。置器中長年溼潤，臘月浸水不凍。置睡犬旁，犬驚跳者為真。」

3　《明宮史》：「內臣又最好吃牛驢不典之物，曰挽口者則牝具也，曰挽手者則牡具也，又羊白腰者則外腎卵也，至於白牡馬之卵尤為珍奇貴重不易得之味，曰龍卵焉。」

4　《五雜俎》：「山獺，淫毒異常，諸牝避之，無與為偶，往往抱樹枯死，其勢入木數寸，破而取之，能壯陽道。」

5　《滇南本草》：「淫羊藿：月白綠葉，上有粉霜，邊上有刺，根類陽物。主治凡陽事不舉、痿縮不升、久無子嗣者，服之可以興陽治痿，其應如響。」

6　《本草綱目拾遺》：「狗卵草，一名雙珠草。三四月間節椏中結子，形如外腎，內有兩細核，性溫，治疝氣」

7　《大明正德皇游江南傳》，清代何夢梅著。

8　布朗－塞卡，Charles-Édouard Brown-Séquard，西元 1817 年 4 月 8 日～ 1894 年 4 月 2 日。

9　Brown-Se'quard CE, The effects produced on man by subcutaneous injection of a liquid obtained from the testicles of animals. Lancet, 1889; 137:105-107.

10　史坦納赫，Eugen Steinach，西元 1861 ～ 1944 年。

11　沃羅諾夫，Serge Voronoff，西元 1866 ～ 1951 年。

12　利茲頓，Frank Lydston，西元 1858 ～ 1923 年。

13　史坦利，Leo L. Stanley，西元 1886 ～ 1976 年。

14　Stanley L.L. An analysis of one thousand testicular substance implantations. Endocrinology, 1922;6:787-794.

15　白克雷，John R. Brinkley，西元 1885 ～ 1942 年。

第 13 課　久久神功，性福久久？

1　Waldinger MD, Quinn P, Dilleen M, Mundayat R, Schweitzer DH, Boolell M. A multinational population survey of intravaginal ejaculation latency time. J Sex Med. 2005 Jul;2(4):492-7.

2　資料來源：http://spreadsheetsapp.com

第 14 課　男人勃起，愈久愈好？

1　《十葉野聞》：「咸豐中，貴陽丁文誠官翰林。一日，上疏言軍事，上大嘉賞，特命召見。上方駐蹕圓明園，文誠於黎明詣朝房，候叫起。時六月初旬，天氣甚熱。丁方御葛衫袍褂，獨坐小屋內。忽顧見室隅一小几，几上置玻璃盤一，中貯馬乳蒲桃十數顆，極肥碩，異於常種，翠色如新擷者。私訝六月初旬，外間蒲桃結實才如豆耳，安得有此鮮熟者？方渴甚，遂試取一枚食之，覺甘香敻異常品，因復食二三枚。俄頃腹中有異徵，覺熱如熾炭，陽道忽暴長，俄至尺許，堅不可屈，乃大驚。顧上已升殿，第一起入見已良久，次即及己。無如何，則仆地抱腹，宛轉號痛，內侍驚入視之，問所患，詭對以痧症驟發，腹痛欲裂，不能起立。內侍不得已，即令人掖以出。然尚不敢起立，並不敢仰臥。其從者以板至，側身睡其上，舁歸海淀一友人家中。友故內務府司官，習知宮內事。詢所苦，文誠命屏左右，私語之故，友

曰：『此媚藥之最烈者。禁中蓄媚藥數十種，以此為第一。即奄人服之，亦可驟生人道，與婦人交，藥力馳則復其初。此必內監竊出，未及藏度，而君誤食之爾，然亦殆矣。』急延醫診視，困臥十餘日始起。」

2　《史記‧大宛列傳》：「宛左右以蒲陶為酒，富人藏酒至萬餘石，久者數十歲不敗。俗嗜酒，馬嗜苜蓿。漢使取其實來，於是天子始種苜蓿、蒲陶肥饒地。及天馬多，外國使來眾，則離宮別觀旁盡種蒲萄、苜蓿極望。」

3　《唐書》：「葡萄酒，西域有之，前代或有貢獻。及破高昌，收馬乳葡萄實，於苑中種之，并得其酒法。上自損益造酒。酒成，凡有八色，芳春酷列，味兼醍盎。既頒賜群臣，京師識其味。」

4　《熙朝新語》：「一伏地公領孫，二伏地黑蒲桃，三伏地瑪瑙蒲桃，四哈密公領孫，五瑣瑣蒲桃，六哈密綠蒲桃，七哈密紅蒲桃，八哈密黑蒲桃，九哈密白蒲桃，十馬乳蒲桃。」

5　《淳熙三山志》：「花細而黃白，實如馬乳，碧者葉差厚，此果之珍者。」

6　赫密斯（Hermes），是宙斯與邁亞的兒子，掌管了商業、旅行、競技及偷竊等技能。赫密斯持有的雙蛇手杖後來被誤用為代表醫學的標誌。請參閱《玩命手術刀：外科史上的黑色幽默》，作者：劉育志、白映俞，商業周刊出版。

7　陰莖異常勃起又分為「高流量型」和「低流量型」，「高流量型」不會缺氧壞死，「低流量型」則會導致組織壞死與性功能障礙。

8　《靈樞經》：「足厥陰之筋，起於大指之上，上結於內踝之前，上循脛，上結內輔之下，上循陰股，結於陰器，絡諸筋。其病足大指支，內踝之前痛，內輔痛，陰股痛轉筋，陰器不用，傷於內則不起，傷於寒則陰縮入，傷於熱則縱挺不收。」

9 　《諸病源候論》：「強中，病者莖長興盛不痿，精液自出是也。由少服五石，五石熱住於腎中，下焦虛熱，少壯之時，血氣尚豐，能制於五石，及至年衰，血氣減少，腎虛不復能制精液。若精液竭，則諸病生矣。」隋代太醫博士巢元方等人編於西元610年。

10 　出自《神農本草經》。

11 　《抱朴子》：「五石者，丹砂、雄黃、白礬、曾青、慈石也。一石輒五轉而各成五色，五石而二十五色，色各一兩，而異器盛之。欲起死人，未滿三日者，取青丹一刀圭和水，以浴死人，又以一刀圭發其口內之，死人立生也。欲致行廚，取黑丹和水，以塗左手，其所求，如口所道，皆自至，可致天下萬物也。欲隱形及先知未然方來之事，及住年不老，服黃丹一刀圭，即便長生不老矣。及坐見千里之外，吉凶皆知，如在目前也。人生宿命，盛衰壽夭，富貴貧賤，皆知之也。」

12 　《普濟方》，明代朱橚等編撰於西元1406年。

13 　《儒門事親》：「筋疝，其狀陰莖腫脹，或潰或膿，或痛而裡急筋縮，或莖中痛，痛極則癢，或挺縱不收，或白物如精，隨溲而下。久而得於房室勞傷，及邪術所使。宜以降心之劑下之。」金代張從正撰於西元1228年。

14 　《石室祕錄》：「強陽不倒，此虛火炎上，而肺金之氣不能下行故爾。……然而自倒之後，終歲經年，不能重振，亦是苦也。」

第15課　男人也有更年期？

1 　《黃帝內經・素問・上古天真論篇》：「丈夫八歲，腎氣實，髮長齒更；二八，腎氣盛，天癸至，精氣溢瀉，陰陽和，故能有子；三八，腎氣平均，筋骨勁強，故真牙生而長極；四八，筋骨隆盛，肌肉滿壯；五八，腎氣衰，髮墮齒槁；六八，陽氣衰竭於

上，面焦，髮鬢頒白；七八，肝氣衰，筋不能動，天癸竭，精少，腎藏衰，形體皆極；八八，則齒髮去。腎者主水，受五藏六府之精而藏之，故五藏盛乃能瀉。今五藏皆衰，筋骨解墮，天癸盡矣，故髮鬢白，身體重，行步不正而無子耳。」

2　《靈樞經》：「經脈者，所以能決死生、處百病、調虛實，不可不通。」

3　杰德‧戴蒙，Jed Diamond。

4　《男性更年期》，Diamond, Jed (1998). Male Menopause. Naperville, Ill: Sourcebooks. ISBN 1-57071-397-9.

5　戴蒙所使用的「男性停經（Male Menopause）」並不太正確，畢竟男人沒有月經，且沒有喪失生殖能力，用停經較不恰當。較正確的說法應該是「男性荷爾蒙低下症（hypogonadism）」。

6　Association of testosterone therapy with mortality, myocardial infarction, and stroke in men with low testosterone levels. Vigen R, O'Donnell CI, Barón AE et al. JAMA. 2013 Nov 6;310(17):1829-36.

第 16 課　男人老了膀胱就無力？

1　《黃帝內經》：「膀胱不利為癃，不約為遺溺。」

2　《黃帝內經》：「胞痺者，少腹膀胱按之內痛，若沃以湯，澀於小便，上為清涕。」

3　《金匱要略》「淋之為病，小便如粟狀，小腹弦急，痛引臍中。」東漢張仲景撰於西元三世紀初。

4　《諸病源候論》：「水道不通，水不上不下，停積於胞，腎虛則小便數，膀胱熱則水下澀。數而且澀，則淋瀝不宣，故謂之為淋。其狀，小便出少起數，小腹弦急，痛引於臍。」

5　《諸病源候論》：「小便不通，小腹脹滿氣急。甚者，水氣上逆，令心急腹滿，乃至於死。」

6　《諸病源候論》：「熱淋者，三焦有熱，氣搏於腎，流入於胞而成淋也。其狀：小便赤澀。亦有宿病淋，今得熱而發者，其熱甚則變尿血。亦有小便後如似小豆羹汁狀者，蓄作有時也。」

7　《諸病源候論》：「血淋者，是熱淋之甚者，則尿血，謂之血淋。」

8　《千金翼方》，唐代孫思邈撰於西元 682 年。

9　《醫學綱目》：「閉癃，合而言之，一病也。分而言之，有暴久之殊。蓋閉者暴病，為溺閉，點滴不出，俗名小便不通是也。癃者久病，為溺癃，淋瀝點滴而出，一日數十次或百次，名淋病是也。」明代樓英編撰於西元 1565 年。

10　《中藏經》：「三不鳴散。治小便不通及五淋：取水邊、燈下、道邊螻蛄各一個，上內於瓶中，封之，令相噬，取活者焙乾，餘皆為末，每服一錢匕，溫酒調服立通。」

11　《驗方新編》，清代鮑相璈刊於西元 1846 年。

12　《本草綱目》，明代李時珍撰於西元 1578 年。

13　《普濟方》，明代朱橚等編撰於西元 1406 年。

14　《備急千金要方》：「凡尿不在胞中，為胞屈辟，津液不通，以蔥葉除尖頭，納陰莖孔中深三寸，微用口吹之，胞脹，津液大通即愈。」

15　《外台祕要》：「張苗說不得小便者，為胞轉，或為寒熱氣所迫，胞屈辟不得充張，津液不入其中為尿，及在胞中尿不出方。當以蔥葉除尖頭，納入莖孔中吹之，初漸漸以極大吹之，令氣入胞中，津液入便愈也。」

16　《本草綱目》：「小便不通：土瓜根搗汁，入少水解之，筒吹入下部。」

17　《衛生寶鑑》：「用豬尿胞一個。底頭出一小眼子。翎筒通過。放在眼兒內。根底以細線繫定。翎筒子口細杖子觀定。上用黃蠟

封尿胞口。吹滿氣七分。繫定了。再用手捻定翎筒根頭。放了黃蠟。塞其翎筒。放在小便出裡頭。放開翎筒根頭。手捻其氣。透於裡。小便即出。大有神效。」元代羅天益著，刊行於西元 1281 年。

18 《景岳全書》：「通塞法：凡敗精乾血，或溺孔結垢，阻塞水道，小便脹急不能出者，令病人仰臥，亦用鵝翎筒插入馬口，乃以水銀一二錢徐徐灌入，以手逐段輕輕導之，則諸塞皆通。路通而水自出，水出則水銀亦從而噴出，毫無傷礙，亦最妙法也。」明代張介賓撰於西元 1624 年。

第 17 課　維納斯的詛咒

1　Charles VIII, 1470-1498.

2　Marcello Cumano

3　Girolamo Fracastoro，西元 1478 ～ 1553 年，除了是詩人、醫師外，他同時還身兼天文學家、地理學家和數學家。為了紀念他在天文學上的貢獻，月亮上還有個火山口「Fracastorius」以他為名喔。

4　《Syphilis or The French Disease》，拉丁原文為《Syphilis sive morbus gallicus》。

5　《論感染性疾病》，英文《On Contagious Diseases》。

6　明代 李時珍，字東璧，西元 1518 ～ 1593 年。

7　明代 陳實功，字毓仁，西元 1555 ～ 1636 年。

8　明代 張景岳，字會卿，西元 1563 ～ 1640 年。

9　明代 汪機，字省之，西元 1463 ～ 1539 年。

10　Civilization means syphilization.

11　Christopher Columbus, 1451-1506.

12　Columbian theory

13 梅毒亦被稱為「美洲大陸的復仇」。

14 pre-Columbian theory

15 Hippocrates, 460-377 BC.

16 Guaiacum

17 Gabriele Falloppio，1523-1562，文藝復興時期義大利以性學聞名的解剖學教授。

18 這句話的原文很有意思：A night in the arms of Venus leads to a lifetime on Mercury. 剛好愛神維納斯 Venus 也指「金星」，水銀 Mercury 也可指「水星」，於是整句話讀起來也會有「在金星臂膀裡睡一晚，過來就要一輩子待在水星」的雙關語趣味性。

19 Louis Pasteur, 1822/12/27 ～ 1895/9/28.

20 Erich Hoffmann, 1868-1959.

21 Fritz Schaudinn, 1871-1906.

22 Treponema pallidum

23 Paul Ehrlich, 1854-1915.

24 Sahachiro Hata, 1873-1938.

25 Arsphenamine，二胺基二氧偶砷苯。

26 Salvarsan

27 Department of dermatology and syphilology

28 Julius Wagner-Jauregg, 1857-1940.

第 18 課　世紀末的瘟疫

1 http://www.cdc.gov/mmwr/preview/mmwrhtml/june_5.htm

2 在當時以為致病菌是原蟲，於是被稱為 Pneumocystis carinii pneumonia，簡稱 PCP。目前已經發現致病菌是非典型黴菌，正名為 Pneumocystis jiroveci pneumonia，簡稱 PJP。中文均是肺囊蟲肺炎。

3　　Rare Cancer Seen in 41 Homosexuals，http://www.nytimes.com/1981/07/03/us/rare-cancer-seen-in-41-homosexuals.html

4　　羅伯特・蓋羅，Robert Gallo，1937-。

5　　Human T-lymphotropic virus 1，第一型人類嗜 T 淋巴細胞病毒

6　　這四個族群──同性戀（Homosexual），血友病患（Hemophiliacs），異性戀藥癮者（heterosexual intravenous drug users），和海地移民（Haitian immigrants）──英文開頭均有 H，亦被稱為「4H」。

7　　Acquired Immune Deficiency Syndrome，簡稱 AIDS，音譯為愛滋病。

8　　呂克・蒙塔尼耶，Luc Montagnier，1932-，2008 年諾貝爾生理醫學獎得主。

9　　法蘭索娃絲，Françoise Barré-Sinoussi，1947-，2008 年諾貝爾生理醫學獎得主。

10　　Barré-Sinoussi F, Chermann JC, Rey F, Nugeyre MT, Chamaret S, Gruest J, Dauguet C, Axler-Blin C, Vézinet-Brun F, Rouzioux C, Rozenbaum W, Montagnier L. Isolation of a T-Lymphotropic Retrovirus From a Patient at Risk for Acquired Immune Deficiency Syndrome. Science. 1983 May 20;220(4599):868-71.

11　　《Science》，與《自然》期刊兩者共同為極具公信力，並全面探討各科學領域的科學期刊。

12　　Lymphadenopathy-associated virus

13　　美國健康與人類服務部，U.S. Department of Health and Human Services (DHSS)

14　　海克勒，Margaret Heckler，1931-。

15　　Human Immunodeficiency Virus，人類免疫缺陷病毒，俗稱愛滋病毒。

16：密特朗，François Mitterrand，1916-1996。

17   AZT (Zidovudine)

18   Highly active antiretroviral therapy，簡稱 HAART。

第 19 課　不可或缺的小雨衣

1   King Minos of Crete

2   Pasiphaë

3   15.24 公分

4   Gabriele Falloppio，1523-1562，文藝復興時期義大利以性學聞名
      的解剖學教授，以解剖觀察生殖器官。輸卵管是法羅皮奧教授的
      重大發現，而以他的名字命名為 Fallopian tubes。

5   King Charles I，1600-1649，是唯一一位被處死的英國國王。

6   Dudley Castle

7   King Charles II，1630-1685.

8   Classical Dictionary of the Vulgar Tongue

9   Giacomo Casanova, 1725-1798.

10   Mrs. Philips

11   Mrs. Perkins

12   Miss Jenny

13   Charles Goodyear, 1800-1860.

第 20 課　改變女人命運的小藥丸

1   Margaret Sanger, 1879-1966.

2   子宮帽是一種半球形的避孕工具，女性可在性交前放入陰道並覆
      蓋於子宮頸，阻擋精子的進入。

3   平克斯，Gregory Goodwin Pincus, 1903-1967.

4   洛克，John Rock, 1890-1984.

5   Enovid

6   The Time Has Come: A Catholic Doctor's Proposals to End the Battle over Birth Control

7   Pill 在英文裡是藥丸、藥片的統稱。

8   Kost K, Singh S, Vaughan B, Trussell J, Bankole A. Estimates of contraceptive failure from the 2002 National Survey of Family Growth. Contraception. 2008 Jan;77(1):10-21.

9   Lidegaard Ø, Løkkegaard E, Jensen A, Skovlund CW, Keiding N. Thrombotic Stroke and Myocardial Infarction with Hormonal Contraception. N Engl J Med. 2012 Jun 14;366(24):2257-66.

10 這裡指 15 歲到 34 歲之間。

11 估算為 1,667,000 人中有一人因服用避孕藥而死亡。

12 Vessey M, Yeates D, Flynn S. Factors affecting mortality in a large cohort study with special reference to oral contraceptive use. Contraception. 2010 Sep;82(3):221-9.

第 21 課　避孕與墮胎

1   Onan，猶大之子。

2   Silphium

3   Avicenna，980-1037.

4   The Canon of Medicine

5   騾是馬和驢的雜交種，染色體有 63 個，並不成對，無法行使減數分裂，因此沒有生殖能力。

6   Charles Knowlton，1800-1850.

7   Fruits of Philosophy

8   《婦人大全良方》南宋陳自明著於西元 1237 年。

9   《本草綱目》明代李時珍撰於 1578 年，1596 年正式刊行。

第 22 課　孕與不孕的大學問

1　Soranos of Ephesus，西元一至二世紀，著有《論婦女病》，並有計畫有組織地訓練助產士。

2　蓋倫，Claudius Galenus，簡稱 Galen，AD 129-200 或 216.

3　：Be fruitful, and multiply, and replenish the earth.

4　Queen Mary of England, daughter of Henry VIII and Katherine of Aragon

5　《備急千金要方》又名《千金要方》，唐代孫思邈著於西元 652 年。

6　《婦人規》即《景岳全書》裡的卷三十八和三十九，明代張介賓著於西元 1624 年。

7　月亮盈虧所對應的日期。弦：月中分謂之弦。因此有上弦（每月農曆初七初八）和下弦（每月農曆廿二、廿三）。望：每月十五月圓之日。晦：每月最後一日。朔：每月月初，又指新月。

8　《備急千金要方》：若欲得子者，但待婦人月經後一日、三日、五日，擇其王相日，生氣時夜半後乃施泄，有子皆男，必壽而賢明高爵也；以月經絕後二日、四日、六日施泄，有子必女；過六日後勿得施泄，既不得子，亦不成人。

9　《祕本種子金丹》，清代葉天士著於西元 1896 年。

10　《胎產指南》，清代張曜孫著於 1856 年。

11　《女科切要》，清代吳道源著於 1773 年。

12　《祕本種子金丹》

13　《古今醫統大全》又名《醫統大全》，明代徐春甫編於西元 1556 年。

14　《聖濟總錄》宋代太醫院編於 1117 年。

15　《三因極一病證方論》宋代陳言著於西元 1174 年。

16　《婦人大全良方》南宋陳自明著於西元 1237 年。

17 《華佗神方》卷六 華佗婦科神方。

18 羅伯特‧愛德華，Sir Robert Geoffrey Edwards，1925-2013.

19 斯特普托，Patrick Christopher Steptoe，1913-1988.

20 其實體外受精的過程是在培養皿上完成，為什麼會稱為試管嬰兒，應該是一開始的媒體報導誤植。

21 露易絲‧布朗，Louise Joy Brown，1978-。露易絲還有一個小她四歲的妹妹娜塔莉 Natalie，也是試管嬰兒。後來露易絲及娜塔莉兩人都是自然懷孕生產。

22 Bourn Hall Clinic

23 諾貝爾獎不頒發給逝者。2010 年時，斯特普托醫師已經去世，因此獎項由愛德華獨得。

第 23 課　難道我懷孕了嗎？

1 瑪麗一世，Mary I，1516-1558。

2 瑪麗一世死後由伊莉莎白一世繼位，Elizabeth I，1533-1603。

3 《脈經》：「婦人懷胎，一月之時，足厥陰脈養。二月，足少陽脈養。三月，手心主脈養。四月，手少陽脈養。五月，足太陰脈養。六月，足陽明脈養。七月，手太陰脈養。八月，手陽明脈養。九月，足少陰脈養。十月，足太陽脈養。諸陰陽各養三十日活兒。手太陽、少陰不養者，下主月水，上為乳汁，活兒養母。懷娠者不可灸刺其經，必墮胎。

4 《脈經》：「手太陽、少陰不養者，下主月水，上為乳汁，活兒養母。」

5 《脈經》：「尺脈左偏大為男，右偏大為女，左右俱大產二子。」

6 《脈經》：「遣妊娠人面南行，還復呼之，左回首者是男，右回首者是女也。」

7 《脈經》：「看上圊時，夫從後急呼之，左回首是男，右回首是

女也。」

8　《脈經》：「婦人妊娠，其夫左乳房有核是男，右乳房有核是女也。」

9　男人的乳房組織若太發達，便會出現「男性女乳症」，而男人的乳房組織雖然不多，卻也可能產生癌症。

10　《千金方》：「轉女為男，丹參丸，用東門上雄雞頭。又方取雄黃一兩，縫囊盛帶之。」

11　《靈苑方》：「治婦人經脈住三個月，驗胎法。真川芎為細末，濃煎艾湯下一匕，投。腹內漸動，是有胎也。試孕有無。」

12　《古今醫鑒》：「如過月難明有無，如月數未足難明，好醋炒艾服半盞後，腹中翻大痛，是有孕，不為痛，定無。」

13　《胎產心法》：「用皂角、炙草各一錢，黃連少許，共末，酒調服。有孕則吐，無孕則不吐。」

14　《胎產心法》：「但皂角探胎，未有不吐，恐胃弱之婦，即無胎亦不免於吐耳。姑錄此方，用者慎之。」

15　P. Ghalioungui, SH. Khalil, A. R. Ammar. On an ancient Egyptian method of diagnosing pregnancy and determining foetal sex. Med Hist. 1963 Jul;7:241-6.

16　Jan Steen，西元 1626 ～ 1679 年。

17　參閱《肚子裡的祕密》，作者：劉育志、白映俞，臺灣商務出版。

18　Ludwig Fraenkel，西元 1870 ～ 1951 年。

19　阿許海姆，Selmar Aschheim，西元 1878 ～ 1965 年。

20　榮戴克，Bernhard Zondek，西元 1891 ～ 1966 年。

21　原本阿許海姆和榮戴克醫師以為 HCG 是由腦垂體前側分泌。

22　要注意，這種說法其實不大正確，在這類動物試驗中，兔子、老鼠都會被解剖才能判斷婦女是否懷孕。換句話說，無論有沒有懷

孕，動物都是會被犧牲掉的。

23　Early Pregnancy Test，也有人稱 Error Proof Test，簡稱 E.P.T.。

24　《秋燈叢話》：「萊郡叔嫂二人素通於室，結伴進香岱嶽，礙眾目不能遂其欲，乃與嫂謀登岱日偽為疾作者，屆期行及山畔，嫂呼腹痛不可忍，咸信之，令叔扶歸逆旅，遂偕至岩穴深處私焉。眾返寓不見其回，復至山畔競覓無蹤，方疑訝間，聞有喘息聲，跡之，兩人交股而臥力撼不能解，因置諸床而覆以被，舁之歸，沿途知其事者競來聚觀，兩人悔恨欲死，終莫能轉移，及抵家，宗黨醜其行乃告於族而活瘞焉。」

第 24 課　男人可以懷孕嗎？

1　《漢書》：「哀帝建平中，豫章有男子化為女子，嫁為人婦，生一子。」

2　《宋史》：「宣和六年，都城有賣青果男子，孕而生子，蓐母不能收，易七人，始娩而逃去。」

3　《戒庵老人漫筆》：「蘇州府吳縣九都一圖人孔方，年五十四歲，嘉靖二年十月內晚行曠野，兩次聞呼其姓名，視不見人。後每夜睡夢中覺有一小兒在傍，如此數次。至十一月間，腹內覺有肉塊，日漸長大，嘉靖四年正月內，肚腹時加攪痛，至二十四日谷道出血不止，二十六日巳時產下一包，當即暈倒。妻沈氏驚異，隨將磁瓦劃開看，有一男子小軀在內，身長一尺，髮長二寸，耳目口鼻俱全。鄰婦徐氏看，稱怪異，即棄撒太湖中。里老宋盛等申呈巡按御史朱實昌，牌仰縣丞戴珍拘送體勘。孔方因病，於五月二十日該縣繖申送到府，覆審俱同，實為災異，具本奏聞，仍引宋宣和六年都城賣青果男子事，以祈修省。」

4　參閱《玩命手術刀：外科史上的黑色幽默》，作者：劉育志、白映俞，商業周刊出版。

5   Brännström M, Johannesson L, Dahm-Kähler P, Enskog A, Mölne J, Kvarnström N, Diaz-Garcia C, Hanafy A, Lundmark C, Marcickiewicz J, Gäbel M, Groth K, Akouri R, Eklind S, Holgersson J, Tzakis A, Olausson M. First clinical uterus transplantation trial: a six-month report. Fertil Steril. 2014 May;101(5):1228-36.

6   Brännström M, Johannesson L, Bokström H, Kvarnström N, Mölne J, Dahm-Kähler P, Enskog A, Milenkovic M, Ekberg J, Diaz-Garcia C, Gäbel M, Hanafy A, Hagberg H, Olausson M, Nilsson L. Livebirth after uterus transplantation. Lancet. 2015 Feb 14;385(9968):607-16.

7   http://www.advocate.com/news/2008/03/14/labor-love

8   Mitchell KR, Mercer CH, Ploubidis GB, Jones KG, Datta J, Field N, Copas AJ, Tanton C, Erens B, Sonnenberg P, Clifton S, Macdowall W, Phelps A, Johnson AM, Wellings K. Sexual function in Britain: findings from the third National Survey of Sexual Attitudes and Lifestyles (Natsal-3). Lancet. 2013 Nov 30;382(9907):1817-29.

第 25 課　同性戀

1   《尚書‧商書‧伊訓》：敢有恆舞于宮，酣歌于室，時謂巫風，敢有殉于貨、色，恆于游、畋，時謂淫風。敢有侮聖言，逆忠直，遠耆德，比頑童，時謂亂風。惟茲三風十愆，卿士有一于身，家必喪；邦君有一于身，國必亡。臣下不匡，其刑墨，具訓于蒙士。

2   《韓非子‧說難》：昔者彌子瑕有寵於衛君。衛國之法，竊駕君車者罪刖。彌子瑕母病，人閒往夜告彌子，彌子矯駕君車以出，君聞而賢之曰：「孝哉，為母之故，忘其刖罪。」異日，與君遊於果園，食桃而甘，不盡，以其半啗君，君曰：「愛我哉，忘其口味，以啗寡人。」

3　《漢書・佞幸傳》：常與上臥起。嘗晝寢，偏藉上袖，上欲起，賢未覺，不欲動賢，乃斷袖而起。

4　《漢書・佞幸傳》：上使善相人者相通，曰：「當貧餓死。」上曰：「能富通者在我，何說貧？」於是賜通蜀嚴道銅山，得自鑄錢。鄧氏錢布天下，其富如此。

5　《漢書・佞幸傳》：衛青、霍去病皆愛幸，然亦以功能自進。

6　《三國志・明帝紀》：桂性便辟，曉博弈、蹴鞠，故太祖愛之，每在左右，出入隨從。桂察太祖意，喜樂之時，因言次曲有所陳，事多見從，數得賞賜，人多餽遺，桂由此侯服玉食。太祖既愛桂，五官將及諸侯亦皆親之。

7　曹肇有殊色，魏明帝寵愛之，寢止恆同。嘗與帝戲賭衣物，有不獲，輒入御帳，服之徑出，其見親寵類如此。

8　《清異錄》：四方指南海為煙月作坊，以言風俗尚淫。今京師鬻色戶將及萬計，至於男子舉體自貨，進退恬然，遂成蠱窠巷陌，又不止煙月作坊也。

9　《笑林廣記》：有好男風者，夜深投宿飯店，適與一無鬚老翁同宿。暗中以為少童也，調之。此翁素有臀風，欣然樂就。極歡之際，因許之以製衣打簪，俱云不願。問所欲何物，答曰：「願得一副好壽板。」

10　interstitial nucleus of the hypothalamus

11　LeVay S. A difference in hypothalamic structure between heterosexual and homosexual men. Science. 1991 Aug 30;253(5023):1034-7.

12　這裡還有另一種想法：地中海型貧血是由基因缺陷導致。但本身地中海型貧血的人若罹患了瘧疾，死亡率反而會比較低。因此，在瘧疾猖獗的國度裡，存有地中海型貧血的基因就是一種優勢。於是也有人猜測，假設不利繁衍後代的「同志基因」真的存在的話，或許也可能是因為會帶來其他我們還不知道的好處。

13   Bailey JM, Pillard RC. A genetic study of male sexual orientation. Arch Gen Psychiatry. 1991 Dec;48(12):1089-96.

14   Hamer DH, Hu S, Magnuson VL, et al. A linkage between DNA markers on the X chromosome and male sexual orientation. Science. 1993 Jul 16;261(5119):321-7.

15   q28 region on the X chromosome(Xq28)。染色體的長臂是 p，短臂是 q。Xq28 代表著位置。

16   Blanchard R, Bogaert AF. Homosexuality in men and number of older brothers. Am J Psychiatry. 1996 Jan;153(1):27-31.

17    $2.5\% + 2.5\%*33\% = 3.3\%$

18    $2.5\% + 2.5\%*66\% = 4.2\%$

19   決定性別的性染色體：女生是從父母各拿一個 X 染色體，組成 XX；男生是從爸爸拿到 Y 染色體，從媽媽拿到 X 染色體，組成 XY。

20   請注意，這裡講的是胚胎發育時的狀況。等到成年之後，男同志身上的睪固酮濃度比直男身上的還要高。甚至還有科學家曾經研究過直男及男同志的性器官尺寸，發現男同志的性器官是比較大的。男同志的性覺醒亦比較早發，可能在十歲左右就會對人有性的聯想。

21   Diagnostic and Statistical Manual of Psychological Disorders

第 27 課　山腳下的變性之都

1   Stanley Biber, 1923/05/04 - 2006/01/16

2   Trinidad

3   Mt. San Rafael Hospital

4   Mobile Army Surgical Hospital，簡稱 MASH。

5   Johns Hopkins Hospital

6　Sex Change Capital of the World

7　Marci Bowers

8　Mark Bowers

第 28 課　充滿性愛的文字

1　《詩經》鄭風‧褰裳。

2　《潘朵拉的種子：人類文明進步的代價》天下文化出版，2011。

第 29 課　陽具、乳房相命術

1　《柳莊相法》：「陰囊玉莖，乃性命之根本。凡囊宜黑，紋宜細，不宜下墜。如火暖，生貴子，如冰冷，主子少。玉莖乃靈龜之說，皇帝為玉莖，常人為龜頭，凡龜宜小，白堅者貴，如大、長、黑、弱為賤，大者招凶，人必賤，小而秀者好賢郎。凡龜小者妻好、子好，大者不好。」

2　《思無邪小記》：「彼累累垂垂者皆下流人物，大而無當，俗謂『癡鞭』。男子陽道不在長而巨，而在龜頭棱高而肥。故相內五行者亦有『草裡藏珠是貴人』之口訣。夫草裡藏珠，乃陰莖全部恆縮盡無餘，只龜頭伸在毛外，如置珠草上。大丈夫能屈能伸，不似寒乞相興衰一例也。」姚靈犀著。

3　《公篤相法》陳公篤著於西元 1922 年。

4　《柳莊相法》：「凡乳不宜小，金木水土四形宜皮土厚，如皮薄，乳必薄，乳頭圓硬子富，乳頭方硬子貴，乳頭破小，子息難成。乳白色不起，難言子息。婦人乳宜黑大為妙，小者子少，大者子多，乳頭方圓子富貴，白小低偏子息難，若黑若堅毫且美，子貴孫榮福壽昌。」

5　《公篤相法》：「腋毛在肩井之下，夾窩之間，內為肺絡之正系，亦有重要關係。余考男子無腋毛，主凶死者，十居其七，憂

愁剛躁而死者，十居其三。有腋毛而粗濃者，主急躁而恃勇，多勞而反復。有腋毛而柔細者，主聰敏而謹慎，清閒而平安。女子無腋毛，富貴者主淫亂而私奔，以致喪節敗名，服毒自剔，貧賤者主流落而無依，以致痼疾困苦，終身遺恨。女子有腋毛而粗濃者，主性偏僻而急躁，刑夫再嫁，次亦孤宿守寡。女子有腋毛而狐臭，主淫亂下賤，三嫁末休，次亦刑克勞苦，惡病不已。女子有腋毛而柔細者，主和順而賢淑，旺夫而多祿。女子有腋毛而汗香者，主大貴而子女亦貴，性明敏而賢良，古人選妃之定法也。」

6　《公篤相法》：「牝戶者，即生殖器是也。坎中之精，丹中之鉛，外陰而內陽，關係子女之重要部位也。又關人名譽氣節，是為貴賤之門，亦平生之志也。茲故錄之。

　　一、黃毛：黃毛者，牝戶之毛，黃如金絲也，主大貴而聰敏，剛愎而恃才，及淫而有壽，毒而驕傲，漢呂后有之，貴為帝后也。

　　二、紅毛：紅毛者，牝戶之毛，紅鮮而如珠砂也，主大貴而淫亂，及不善終，性情窄狹而急躁，明敏而偏見，任性而嫉才，唐楊貴妃有之。

　　三、暗滯：暗滯者，灰睛滯手而不潤也，主貧苦下賤，刑夫克子，本身勞碌，而多遺累，及牽制也。

　　四、拳珠：拳珠者，陰毛曲卷如珠也，主大貴而操國柄，英明過人，志向遠大，剛愎自用，才智絕倫，為女中之傑，大周武后有之，亦主淫而有壽也。

　　五、柔細：柔細者，牝戶之毛，柔細清潤也，主賢淑而和蘊，慈良而才能，助夫旺子，今世亦有貴名，而占政治地位者，多才智勇為，而又貞靜也。

　　六、粗濃：粗濃者。牝戶之毛，粗而濃多也，主壽而好淫，旺子

女而刑夫，有再嫁三嫁者，稟受之氣粗濁，故也，亦有貞操
而刑夫者，孤房獨宿也。

七、不樹：不樹者，牝戶完全無毛也，主淫亂居多數，不壽居少
數，又主貧賤居多數，富貴而有缺點居少數，凡無毛者，皆
有偏僻窄狹之怪異性情也。

八、挺角：挺角者，牝戶有突肉如鼓角，或挺肉如旋螺也，主勞
苦居多，而無生育也，又主父母破群，初年無倚，而寄食於
族戚也。

九、五色：五色者，陰毛有五色合並也，男主草澤英堆，因時勢
逼迫而發達，異路功名也，女主先賤後貴，因人力愛惜而貴
祿，庶妾寵幸也。

十、豐腴：豐腴者，牝戶豐突肥膩而高也，主坤道之正氣，柔和
而有氣節，旺夫又旺子女，而有恆志也。

7　Sex Degrees of Separation Calculator：http://calculators.
lloydspharmacy.com/SexDegrees/

第 30 課　按摩棒竟然也是醫療器材

1　李斯特，Joseph Lister，西元 1827 ～ 1912 年。

2　阿萊泰烏斯，Aretaeus of Cappadocia。

3　希波克拉底，Hippocrates，西元前 460 ～前 377 年。

4　Pieter van Foreest，西元 1521 ～ 1597 年，其墓碑上刻著：「如
果荷蘭有希波克拉底的話，那這位就是了。」

5　喬治・泰勒，George Taylor。

6　格蘭佛，Joseph Mortimer Granville，西元 1833 ～ 1900 年。

7　《思無邪小記》：「子宮保溫器，係韌皮所製。長六寸許，有棱
有莖，絕類男陽。其下有大圓球如外腎，球底有螺旋銅塞。器內
中空，注以熱水，則全體溫暖。本以療治子宮寒冷，不能受孕之

病，乃用者不察，多以代藤津偽具，且盛誇製作精妙。後詢諸肆夥，謂購者紛沓，余始疑之。及潛心體察，始知藥房巧立名目，規避禁罰。試問子宮寒冷，豈外間物所能溫暖？而腔內受此溫暖之具，能不將情慾勾引？倘執其端以動搖，慰情勝無，遂旦旦而伐之矣。」姚靈犀著。

8 Herbenick D, Reece M, Sanders S, Dodge B, Ghassemi A, Fortenberry JD. Prevalence and Characteristics of Vibrator Use by Women in the United States: Results from a Nationally Representative Study. J Sex Med. 2009 Jul;6(7):1857-66.

9 Frappier J, Toupin I, Levy JJ, Aubertin-Leheudre M, Karelis AD. Energy expenditure during sexual activity in young healthy couples. PLoS One. 2013 Oct 24;8(10).

第 31 課　月經是靈丹妙藥

1 《華佗神方》：「華佗取紅鉛祕法。紅鉛為女子第一次初至之天癸。凡女子二七而天癸至，是為陰中之真陽，氣血之元稟。將行之前，兩頰先若桃花之狀，陽獻陰藏，則半月之內必來。可預以白綿綢一尺五寸，洗淨。常狀如魚眼，色紅而明，光澤如珠；餘經換綢兜取。陰乾浸於上白童便內，片時後，其經自然脫下，聚置磁盆，陰乾聽用。如次經以後，但未破身者，俱可聚取。陰乾於瓷盆升煉之，色如紫霜。本品之第一次至者，為接命至寶。服法以陳酒和下。超時即昏醉不醒，飲以人乳，日後自蘇。服後如能屏絕房室，得延壽一紀。其第二次以後之經水，如合入二元丹，用人乳服之，亦能接命延年，卻除百病。次方異常神祕，不宜輕洩。」

2 《古今醫統大全》：「用無病室女月經首行者為最，次二次三者為中，次四次五為下，然亦可取用。取法以黑鉛或銀打一具，形

如黃衣冠子樣，候月信動時，即以此具令老嫗置陰戶上，以絹幅兜住，接聚收起，頓瓷器中，曬乾收貯。或用人參為末，或用當歸煎湯，或配秋石調和，酒溫空心服五分，大補真元。」明代徐春甫輯於西元 1556 年。

3　《本經逢原》：「陰煉淡秋石法，將大缸一隻，近底三寸許，艾火燒三十餘炷，打成一孔，杉木塞之，秋月取童子溺入缸內，衝河水攪，澄定，去木塞，放去上水，每日增童便，河水如前攪之，只留缸底者，積至月餘，用絹篩襯紙瀝乾收之。又陰收秋石法，將鉛球大小數十枚，俱兩片合成，多鑽孔眼入尿桶中浸，每日傾去宿尿，換溺浸之，經秋收取，置鉛罐藏之，此為最勝。陽煉秋石，將草鞋數百隻，舊者尤佳，長流水漂曬七日，去黃色，浸尿桶中，日曬夜浸一月許，曝乾，烈日中燒灰，須頻挑撥，令燒盡，滾湯淋汁，澄數日，鍋內燒乾，重加雨水煮溶，篩襯紙數重，濾淨，再澄半月餘，銀缶內煮乾，色白如霜，鉛罐收之。」（西元 1695 年）

4　明世宗朱厚熜，西元 1507 ～ 1566 年。

5　《萬曆野獲編》：「顧可學者，常州無錫人，由進士官布政參議，罷官歸且十年，以賂遺輔臣嚴嵩，薦其有奇藥，上立賜金帛，即其家召之至京。可學無他方技，惟能煉童男女溲液為秋石，謂服之可以長生。世宗餌之而驗，進秩至禮部尚書，加太子太保，至命撰進士題名記，用輔臣恩例。吳中人為之語曰：千場萬場尿，換得一尚書。」

6　明穆宗朱載垕，西元 1537 ～ 1572 年。

7　《萬曆野獲編》「嘉靖間，諸佞幸進方最多，其祕者不可知，相傳至今者，若邵、陶則用紅鉛取童女初行月事煉之如辰砂以進；若顧、盛則用秋石取童男小遺去頭尾煉之如解鹽以進。此二法盛行，士人亦多用之。然在世宗中年始餌此及他熱劑，以發陽氣，

名曰長生，不過供祕戲耳。至穆宗以壯齡御宇，亦為內官所蠱，循用此等藥物，致損聖體，陽物晝不仆，遂不能視朝。」

8　《萬病回春》：「擇十三、四歲美鼎，謹防他五種破敗不用。五種者，羅、紋、服、交、脈也。羅者，陰戶上有大橫骨，不便採擇，一也；紋者，體氣發黃，癸水腥，不堪製用，二也；服者，實女無經，三也；交者，聲雄皮粗，氣血不清，四也；脈者，多病瘡疽，經中帶毒，五也。有此五種，非為補益之妙丹。務擇眉清目秀，齒白唇紅，發黑面光，肌膚細膩，不瘦不肥，三停相等，好鼎。」明代龔廷賢撰於西元 1587 年。

9　「三停」是將臉部分成三個部分，分別是髮際至眉毛、眉毛至鼻子下緣、鼻子下緣至下巴下緣。

10　《遵生八箋》：「先備絹帛，或用羊胞做成橐籥，或用金銀打的偃月器式，候他花開，即與系合陰處，令他於椅凳上平坐，不可欹側。如覺有經，取下再換一付。多餘處用絹帛夾展更換，收入磁盒內，待經盡同制。」明代高濂撰於西元 1591 年。

11　《萬病回春》：「如得年月應期，乃是真正首經至寶，實為接命上品之藥。如前後不等，只作首鉛初至，金鉛二次，紅鉛三次，以後皆屬後天紅鉛。只堪製配合藥，不宜單作服食。既明採取之法，聽後製服。三腥五膻濁氣必須仔細修煉，方成至藥者焉。」

12　《萬曆野獲編》第三十一卷：「嘉靖中葉，上餌丹藥有驗。至壬子冬，命京師內外選女八歲至十四歲者三百人入宮，乙卯九月，又選十歲以下者一百六十人，蓋從陶仲文言，供煉藥用也。其法名先天丹鉛，云久進之可以長生。」

13　《古今醫統大全》：「交州夷人以焦銅為鏃頭毒藥，鏃鋒上中之即死，月水汁解之。」（西元 1556 年）

14　《醫心方》：治馬咋人方，以月經敷上最良。（西元 982 年）

15　《淮南萬畢術》：「取婦人月事布，七月七日燒為灰，置楣上，

即不復去，勿令婦人知。」

16 《備急千金要方》：「治卒中箭不出，或肉中有聚血方：取女人月經布燒灰屑，酒服之。」（西元 652 年）

17 《醫心方》：「取婦人月經衣已汙者，燒末，酒服方寸匕，日三，立出。」（西元 982 年）

18 《藥性切用》：「月經之衣。熱熨金瘡血涌，鏃入腹，虎野狼所傷，俱燒灰酒服。」

19 《本草綱目》：「取婦人月水布裹蛤蟆，於廁前一尺，入地五寸埋之。」

20 《本草綱目》：「男子陰毛，主蛇咬，以口含二十條咽汁，令毒不入腹。」

21 《備急千金要方》：「治逆生及橫生不出，手足先見者；又方取夫陰毛二七莖燒，以豬膏和丸如大豆吞之，兒子即持丸出，神驗。」

22 《本草綱目》：「今有方士邪術，鼓弄愚人，以法取童女初行經水服食，謂之先天紅鉛，巧立名色，多方配合，謂《參同契》之金華、《悟真篇》之首經皆此物也。愚人信之，吞咽穢滓，以為祕方，往往發出丹疹，殊可嘆惡。」

23 《思無邪小記》：「有某大老者，後房多寵人。粉白黛綠，列屋而居。爭豔鬥媚，各不相讓。大老年近古稀，貌似童子，周旋其間，雨露均沾，無竭蹶之虞。此何故耶？後耳其親信某君所言，方知大老日食陰棗七枚，故能夜御十女，老當益壯。採陰補陽，雖屬旁門左道，不可為法，然其效果，常有出人意料之外者，不可以無稽之談視之也。大老所用女僕，為數十四，均年輕貌美，以重資雇來。每晚以乾紅棗七枚，分置於七人。女僕分兩班，隔日一易，川流不息。棗經浸潤一宵，次晨（按：原作最）取而食之。女僕經六個月後，即遣之歸家，無不面黃肌瘦，精神萎靡。

休養數月，始復原狀。體弱之人，有因而致死者。嗚呼，萬惡金錢，何所求而不得！以生命為兒戲，供一己之淫樂，雖曰筋強骨壯，能御多女，然缺德過多，終受天譴。有識之士，所不取焉。」

第 32 課　引刀自宮，武林至尊？

1　《西漢會要》

2　《萬曆野獲編》：天順四年，鎮守湖廣貴州太監阮讓，閹割東苗俘獲童稚一千五百六十五人，既奏聞，病死者三百二十九人，復買之以足數，仍閹之。

3　《清稗類鈔》：「道、咸間，粵寇洪秀全肆擾，所至掠人。嘗取幼童十二三歲以上者六千餘人，悉數閹割，剜去腎囊，得活者僅七百餘人。被閹幼童之蠢陋者，俱令服役，名為打扇。端麗者悉裹足，有一童不允，即斬足以徇。既裹足，皆令作女裝。楊秀清先選之，蓄為男妾，合格者給黃羅手帕，不合格者給素羅手帕。」

4　《本草綱目》：「杭州沈生犯奸事露，引刀自割其勢，流血經月不合。或令尋所割勢，搗粉酒服，不數日而愈。觀此則下蠶室者，不可不知此法也。」

5　《文獻通考》：「蠶室，宮刑獄名。宮刑者畏風，須暖，作窨室蓄火如蠶室，因以名焉。」

6　《清稗類鈔》：「又須選取未成童者為之，壯者受宮多危險。宮後，即聲雌頜禿，髭鬚不生，宛然女子矣。」

7　《廿二史箚記》：「天下三司官入覲，例索千金，甚至有四、五千金者。……稗史又記：布政使須納二萬金，則更不止四、五千金矣。瑾敗後，籍沒之數，據王鏊筆記：大玉帶八十束，黃金二百五十萬兩，銀五千萬餘兩，他珍寶無算。計瑾竊柄不過

六、七年，而所積已如此。」

8　《明熹宗實錄》：「乙酉先是有詔選淨身男子三千人入宮，時民間求選者至二萬餘人，蜂擁部門，喧嚷無賴。」

9　《萬曆野獲編》：「時宦官寵盛，愚民盡閹其子孫以圖富貴，有一村至數百人者，雖禁之，莫能止。」

10　《東觀漢記》：「黃門蔡倫，字敬仲，典作上方，造意用樹皮及敝布、魚網作紙，奏上，帝善其能，自是莫不用，天下咸稱蔡侯紙也。」

11　Johnson TW1, Brett MA, Roberts LF et al. Eunuchs in contemporary society: characterizing men who are voluntarily castrated (part I). J Sex Med. 2007 Jul;4(4 Pt 1):930-45.

12　http://www.eunuch.org

13　Herbenick D, Fortenberry JD. Exercise-induced orgasm and pleasure among women. Sexual and Relationship Therapy. 2011;26(4):373–388.

【本書圖片若無特殊註明，皆來自 Wikimedia Commons（https://commons.wikimedia.org/wiki/Main_Page）】

索引

G 點　16-22, 102, 259, 410

四～五劃

月經　76, 121, 134-135, 239, 242, 244, 248, 254, 259, 264-265, 269, 279-
285, 295-299, 318, 341-342, 377-384

包皮　41, 121-127, 129, 266

六劃

同性戀　211-217, 304-316, 395, 425

早洩　57, 93, 120, 125-126, 158, 301

自慰　23-43, 96, 117, 160, 172, 318, 337, 372, 401-402

七劃

壯陽藥　56-61, 115, 137, 165

快感　18, 20, 78- 79, 143, 318, 336, 368-369

更年期　150, 174-177, 342, 377, 421

九劃

保險套　28, 125, 159, 205, 210, 226-237, 241, 247, 252, 256

勃起　25, 34, 44-45, 49, 53, 57-68, 100, 114-115, 120, 123, 138, 144,
163-173, 175, 291, 301-302, 319, 337, 380, 419

威而鋼　55-68, 81-82, 115-117, 162

按摩棒　29, 33, 35, 79, 363-374

春藥　29, 107-119, 170-171

十劃

射精　37, 39-40, 42, 66, 92-93, 102, 126, 141, 143, 155, 158-160, 163, 168, 261, 272

高潮　17-22, 35, 39, 42, 68, 92, 95, 99-100, 102, 105-106, 117, 120, 126, 144, 159, 270-272, 301-302, 323, 368-376, 393

十一劃

做愛　94, 101, 113, 157-161, 253, 258, 268-270, 398

梅毒　125, 193, 195-210, 229-230, 235-236, 423

陰毛　47, 128, 340, 348-349, 356, 358-360, 383-384, 386-387, 403, 436-437, 441

陰莖　19, 25, 31-32, 36-37, 40, 44-54, 58-66, 100, 114-117, 121-122, 126, 137-138, 146, 160, 163-165, 167-173, 188-190, 196, 202, 227-230, 255, 290-291, 318-320, 323, 337-343, 345-347, 348-351, 390, 393-394, 419-420, 422, 435

陰蒂　19-20, 105-106, 368-371

陰道　17-22, 98-100, 105-106, 126, 130-131, 172, 228-229, 239, 252, 254-257, 267, 271, 293, 296-297, 302, 320, 323, 329, 337, 365, 368, 374, 385, 426

陰鎖　290

十二劃

陽具　25-29, 46, 49, 160, 199, 229, 348-349, 360, 372, 403

陽痿　66, 82, 136, 162-163, 164, 168, 402

十三劃

隆乳　69, 75, 80-91

愛滋病　124-125, 193, 210, 211-223, 236-237, 308, 425

夢遺　41, 97-98, 409

十四劃以上

精液　23, 31, 37, 39-41, 92-104, 122, 134, 138, 141-143, 148, 155-156, 183, 228, 256, 267, 272, 274, 352, 409, 420

墮胎　239, 252-288, 429

潮吹　17-18, 92-104

緬鈴　29-32, 400, 401

閹割　36, 322, 388-397, 442

避孕　17, 28, 61, 65, 210, 227, 229, 234, 236, 238-251, 252-262, 275, 288, 426, 427

懷孕　39, 48, 88, 93, 95, 155, 159, 228-229, 238-250, 252-256, 259, 262, 263-266, 270-271, 273-275, 279-289, 292-300, 312, 317, 339, 342, 366, 372-373, 393, 429, 430, 431

變性　299-300, 316-326, 327-334

驗孕　280-289, 297

家庭醫學館 010

好色醫學必修 32 堂課：專業醫師剖析、解謎、手把手教導正確的性愛

作　　　者　劉育志（小志志）、白映俞
選書主編　陳妍妏、李季鴻
責任編輯　陳妍妏、李季鴻、黃瓊慧
校　　對　黃瓊慧、林昌榮、魏秋綢
內頁插畫　劉曜徵
版面構成　張靜怡
封面設計　廖勁志

行銷業務　鄭詠文、陳昱甄
總 編 輯　謝宜英
出 版 者　貓頭鷹出版

發 行 人　涂玉雲
發　　行　英屬蓋曼群島商家庭傳媒股份有限公司城邦分公司
　　　　　104 台北市中山區民生東路二段 141 號 11 樓
　　　　　畫撥帳號：19863813；戶名：書虫股份有限公司
城邦讀書花園：www.cite.com.tw　購書服務信箱：service@readingclub.com.tw
購書服務專線：02-2500-7718~9（周一至周五上午 09:30-12:00；下午 13:30-17:00）
24 小時傳真專線：02-2500-1990；25001991
香港發行所　城邦（香港）出版集團／電話：852-2877-8606／傳真：852-2578-9337
馬新發行所　城邦（馬新）出版集團／電話：603-9056-3833／傳真：603-9057-6622
印 製 廠　中原造像股份有限公司
初　　版　2019 年 12 月
定　　價　新台幣 540 元／港幣 180 元
ISBN　978-986-262-404-3

讀者意見信箱　owl@cph.com.tw
投稿信箱　owl.book@gmail.com
貓頭鷹知識網　www.owls.tw
貓頭鷹臉書　facebook.com/owlpublishing

【大量採購，請洽專線】(02) 2500-1919

城邦讀書花園
www.cite.com.tw

國家圖書館出版品預行編目資料

好色醫學必修32堂課：專業醫師剖析、解謎、
手把手教導正確的性愛 / 劉育志、白映俞合
著 . -- 初版 . -- 臺北市：貓頭鷹出版：家庭傳
媒城邦分公司發行 , 2019.12
面；　公分 .
ISBN 978-986-262-404-3（平裝）

1. 性知識　2. 性醫學

429.1　　　　　　　　　　　　　108017593